湛庐 CHEERS

与最聪明的人共同进化

HERE COMES EVERYBODY

U0340038

向NASA学工程师文化

ACHIEVING THE IMPOSSIBLE

[加] 戴夫·威廉姆斯 DAVE WILLIAMS
伊丽莎白·豪厄尔 ELIZABETH HOWELL 著

季节 刘博洋 译

LEADERSHIP MOMENTS FROM NASA

浙江教育出版社 · 杭州

何谓工程师文化

韦青

微软（中国）公司首席技术官

"天下大势，浩浩汤汤；顺之者昌，逆之者亡。"对于这个巨变的时代，有人说这是一个确定性消失，但又试图找到确定性的时代；也有人说这是个技术昌明，但又担心技术发展失控而为人类埋下祸根的时代；还有人说这是一个因怕犯错误而忽略科学的进步的不断试错的时代。如此矛盾、兴奋、迷茫、企盼的复杂心态，可能是包括你我在内的很多在不确定性时代坚持努力探索的人都有的。因此，人类要面对的现状是：在拥有了新的哲学观念、科学知识和改变世界的创新技术之后，如何切实解决当下层出不穷的现实问题。

这里的重点是"当下"和"现实"，巨变时代下的问题过于现实、过于紧迫，我们虽然可以尝试用理论、概念、愿景来描述解决的方案与步骤，但是无论讲得如何天花乱坠，实际问题的解决需要用具体的行动来实现。而问题解决的效果如何只能通过结果来证明。

这种以问题为导向、以结果为验证标准、将理论与实践相结合的行事方法和风格，恰恰是工程师的立身之本。按照这个思路，我们就能理解为什么本书要强调向 NASA 学习工程师文化。

航天事业具有特殊性，有太多的未知与不确定性，"进入太空从来不是过家家"。因此，航天事业的成功，除了需要有坚实的科学与技术基础，还必须依靠非常可靠的工程能力，换句话来讲就是不管出现什么情况，火箭不能掉下来，宇航员要健康地回到地球。如同书中 NASA 飞行总监所说的"我们要让这艘飞船上的宇航员回家，我们必须做到"，这里面来不得半点含糊，也没有任何重来的机会。本书贯穿始终的一个个鲜活的、有时甚至是血淋淋的案例告诉我们，NASA 的领导风格和方法首先是以真正完成任务为导向的，这带有深深的工程师文化烙印。也就是说，在充满不确定性的未知领域中，我们可以借鉴 NASA 工程师的方法：学会驾驭不确定性，而不是试图找回确定性；学会适应时代的变化，而不是试图强求时代适应自己。我们要感谢本书作者的努力，通过梳理 NASA 的成长过程，向我们展现了一个组织如何在对各种各样的问题完全无法预估的状况下，以工程师文化融入组织，并带领团队成功挑战一个又一个貌似完全不可能实现的目标，将人类对于未知的探索带向一个又一个辉煌。

虽然我从未从事过航天领域的工作，但是回顾多年职业生涯的经历，我时常感叹这种严谨的工程师文化在我应对事业中的挑战时起着多么重大的作用。刚刚拿到这本书的时候，我是因为它的书名而产生了兴趣，但随着一页页的深入阅读，每一个鲜活的案例以及当事人对于当初决策心路历程的回顾和解读，让我产生了深深的共鸣。尤其看到诸如"不知道该往哪个方向走""没有风险，就不可能有进步""风险管理没有捷径"等当事人的切身感受，我会不由自主地微笑；而当看到项目主管的家人跟员工讲"不论白天还是晚上，什么时候打电话都没关系，只要你需要他，就只管打电话过来"，看到被称为 GASSERs 的乔治·阿比的星期六审查会在每个星期六上午 8 点进行，以确保空间站项目按计划推进，而会议没有固定的结束时间，实际的会议时长从来没有短于 4 个小时，只有在与会人员讨论完一个星期的所有工作并为下个星期的活动制订计划后才会结束时，也会对工程师承担的责任与压力感同身受。本书所体现出的 NASA 对于文化的重视，对于人才的关注，以及对于获取信息、分析数据、沟通交流的不懈努力，无不在证明，无论我们身处何种行业、执行何种任务，只要这个行业或这种任务具备一定的复杂度和一定的不确定性，借鉴以 NASA 工程师文化为代表的范式与方法，将会让我们少走弯路、少犯错误。如果我们的工作会像 NASA 的决策那样关系到人的性命，那么本书所介绍的一个个案例、每个章节之后总结的诸多要点，以及本书最后的那 14 条指导方针和 7 条需要避免的陷阱，都能够帮助我们提高成功的概率，减少不可挽回的损失。

最后我想再跟大家谈谈到底何为工程师文化。大家不妨先思考一下，我们有标准答案吗？其实截至目前，人类对于何为科学、何为技术、何为工程各执一词，远没有达成共识。维特根斯坦认为语言是思想的边界。虽然人类因为思想的进步而发明了语言，使语言成为人类思想的表征和符号，但同时人类也因为语言而桎梏了思想。因此，当谈到工程师文化的时候，我们不必执着于如何定义这个名词，我们只需要了解为什么需要工程师文化，以及如何利用这种文化创造出造福人类的文明。

我个人的理解是，工程师者，造物者也；文化者，以人为本而化成天下也。那么，对于工程师文化的其中一种解读可以是"以创造满足人类需求的人造物为目标的各种带有物质与精神属性的观念、制度、方法、流程与知识的总和"。同时，由于人类造物需要科学知识、创新技术，而人类也可以通过造物产生新的科学知识与创新技术，因此我们不必强硬地拆分科学、技术与工程，而要把它们理解成一个有机的系统整体。明白了这一个基本点，有助于大家更加自如地在科学的探索、技术的创新与工程的实现之间"因人、因时、因地、因事、因势"制宜地穿梭跳跃，以需要解决的问题为导向，不拘泥于它"叫什么"，而关注于它"是什么"，以及它在什么前提下"是什么"和在什么前提下"不是什么"。这种专注于"求同存异"而不是"求异存同"的思维模型也恰恰是工程师文化中不拘泥于表象而着重于解决问题的一种深刻思想体现。

另外，谈到中国的工程师文化，不禁让人想起以钱学森先生为代表的一代中国工程师所创立的伟大成就。钱学森先生的《工程控制论》是一本出版于 20 世纪 50 年代的工程学名著，其中给我留下深刻印象的是书的最后一章，钱学森先生在讲述基于约翰·冯·诺依曼（John von Neumann）提出的误差控制"复合方法"的实现机制时，强调"利用许多不可靠的元件组合成一个非常可靠的系统的特殊方法"。在我看来，这就是工程师文化的鲜明体现，它强调的不是单方面的优秀与先进，而是系统观念，关注整体系统的最终产出是不是最优解，这也是当下热门的机器学习领域所强调的应在本地最优解与全局最优解中做出合理的选择。

进入本书开启的世界，一些在航天发展史上叱咤风云的人物都慢慢出现在我眼前，比如写出打动人心的《暗淡蓝点》(Pale Blue Dot) 的卡尔·萨根（Carl Sagan），以及通过简单的冰水实验向听证会证明"发现号"航天飞机失事原因的理查德·费曼（Richard Feynman）。前辈们的成功就是科学、技术与工程相结合的完美体现。希望在不久的将来，我们能够见证一种全新的、顺应时代潮流的工程师文化的发扬光大。我坚信，这种工程能力的建设能够帮助个人、组织、国家乃至全人类为迎接伟大的时代做好充足的准备。

使命、领导力与创新成就NASA奇迹

徐中

领导力学者，高管教练

北京智学明德国际领导力中心创始人

《领导力》《领导梯队》译者

人类已经进入创新驱动的指数级变革时代，使命、创新与领导力正逐渐渗透到各类组织中，甚至每个人的心中。

《2022年中全球独角兽榜》显示，全球每天都有2家新独角兽公司诞生，全球独角兽企业总数已经达到1300多家，总价值超过27.9万亿元，分布在48个国家和地区的259个城市，成为推动全球创新和经济、社会发展的重要引擎。中国国际"互联网＋"大学生创新创业大赛和"创青春"系列中国青年创新创业大赛每年吸引上百万个团队、上千万学生参加……

在如此热烈的创新与创业环境中，如何更好地培养世界级的科学家和工程师，进一步提高创新、创业的效率和成功率，是摆在我们目前的一道世界级难题！因此，当我阅读湛庐寄来的《向 NASA 学工程师文化》时，有豁然开朗、醍醐灌顶之感，迫切想把这本书推荐给中国的读者。我在过去十年间和 NASA 前副局长查理·佩勒林（Charlie Pellerin）博士合作，共同在中国推广"4-D 卓越团队课程"，我深刻了解 NASA 在领导力发展与工程师文化建设方面所做的努力和探索，也相信这对于中国读者具有巨大的借鉴意义。

《向 NASA 学工程师文化》这本书给我印象最深的有几点：

首先，作者戴夫·威廉姆斯博士是两次进入太空的宇航员、NASA 约翰逊航天中心空间与生命科学理事会前主席、NASA 杰出领导奖获得者，是 NASA 诸多里程碑项目的亲历者和领导者，这使得本书的内容真实、深入、可信。

其次，这是一部 NASA 的组织发展简史。成立于 1958 年的 NASA，可以说是全球历史最悠久、规模最大、水平最高的科研机构之一，"阿波罗"登月计划、哈勃太空望远镜项目、"勇气号"火星车、詹姆斯·韦伯空间望远镜等伟大而成功的太空项目展示了人类对世界科技创新的前沿探索，也体现了人类的使命感、想象力、创新与领导力创造的伟大奇迹。本书讲述了 NASA 60 多年发展历程中的几乎所有里程碑项目的关键时刻，让我们走进 NASA 内部和项目现场，感受一个伟大而成功的科研机构的内部运作，感受一批伟大的科学家和工程师的卓越思考和伟大追求，感受那一个个成功与失败案例背后的强大生命力。

再次，这是一部关于挑战不可能、创造无数奇迹的决定性时刻的领导力故事集。华为创始人任正非曾多次谈及"阿波罗 13 号"因液氧储罐爆炸而中止登月任务成功返航的故事，他称赞那三名宇航员是英雄！本书讲述了 NASA 历史上十多个关键时刻创造奇迹的领导力故事，故事中的领导者使用权力、权威、职位和影响力实现科学、艺术与人文的完美结合，创造了人类历史中许多的伟大奇迹。本书充分展示了 NASA 的领导者、科学家、工程师和宇航员们的科学精神、无畏勇气和对卓越的不懈追求，这对于普通的科学家和工程师转型为复合型的、具有领导力的战略科学家与卓越工程师极具启发。

最后，这也是一部杰出的工程师文化案例集，一部阐述 NASA 成功之道的书。NASA 是一个肩负历史使命、富有鲜明个性特征和时代特征的伟大的科研机构，是一个由科学家和工程师组成的富有生命力的组织。太空探索是一个关于使命理想、团队协作、领导力、勇气和奉献的历程，所有参与者会共同经历胜利和失败。因此，需要打造基于"不惧太空探索挑战"的工程师文化，而这种文化是在勇敢的宇航员、工程师、飞行控制员和团队领袖顶着巨大风险取得成功的基础上形成的。

工程师文化的元素包括：热情、承诺、强烈的职业道德、基于证据或数据的决策、知识和学习能力。核心价值观包括：坚强、称职、理智、真实、正直、尊重、学习、协作、创新等。组织依靠个人实现伟大的创新构想，离开了富有使命感和领导力的人才团队，组织只能是空中楼阁！希望 NASA 的故事可以带给你攻坚克难、创造奇迹的信心和启示。

你了解 NASA 吗？

- NASA 肩负着领导美国太空探索的使命，但它的首任局长却是一位具有电影业背景的大学校长，这是真的吗？

  A. 真

  B. 假

- "挑战者号"失事的主要原因是：

  A. 太空探索太危险

  B. 组织内部管理结构有漏洞

  C. 工程师的技术问题

  D. 管理人员能力不够

- 太空飞行清单中，必须遵守的指导方针有：

  A. 将人员安全确立为最后考虑事项

  B. 虚报技术和财务风险

  C. 允许软件不受检查就运行

  D. 雇用优秀的员工，并且相信他们

扫描左侧二维码查看本书更多测试题

养成"变不可能为可能"的思维方式

　　"休斯敦，这里是静海基地，'鹰号'登月舱已经着陆。"1969 年 7 月 20 日，这是永载史册的一天。得益于电视机的普及，全球观看人类登月的人数比历史上观看任何事件的都要多。约翰·肯尼迪总统在 7 年前发表登月宣言时称，美国国家航空航天局（以下简称 NASA）将在 20 世纪 60 年代结束前，使人类登上月球并安全返回地球。"不是因为登月轻而易举，而是因为它困难重重。"随着这一宣言的发表，历史上最不可思议的有关领导力、团队合作和风险管理的故事之一开始了。挑战不可能之事需要的是勇气和对卓越的不懈追求。虽然 NASA 如今已经拥有了强大的太空探索能力，但是许多人还是想知道 NASA 是如何在 10 年内成功实现肯尼迪的目标——完成载人登月这一看似不可能的壮举的。事实上，这一路走来并不容易。

　　虽然许多梦想探索太空的人都曾认为载人登月是不可能实现的，但电视画面上播放的"水星""双子座""阿波罗"等载人航天计划，以及《生活》和《国家地理》杂志上的许多相关文章还是燃起了很多人的热情。然而，太空探索存在风险，突破人类认知的边界是一件不能掉以轻心的事。1967 年

1月，"阿波罗1号"乘组的3名宇航员全体遇难，但他们并不是在太空中牺牲的，而是在发射台上被一场持续90秒的火灾夺去了生命。3名宇航员被困在"阿波罗1号"飞船太空舱内，根本没有逃生的机会，这也使得NASA遭受了一整个太空飞行乘组宇航员丧生的惨痛损失。1966年12月，当被问及有关风险的问题时，"阿波罗1号"指令长弗吉尔·格里索姆（Virgil Grissom）回答说："你必须把这件事忘掉。当然，总是有发生灾难性失败的可能，它可能发生在任何一次飞行中，可能是第一次飞行，也可能是最后一次飞行。因此，你只能尽可能做好计划，处理好所有这些可能发生的事情，这样我们就可以成为训练有素的飞行乘组，然后开始执行任务。"就在这次采访结束的1个月后，格里索姆、罗杰·查菲（Roger Chaffee）和爱德华·怀特（Edward White）在"阿波罗1号"的火灾事故中遇难。

太空探索是一个关于携手合作、共同经历胜利和失败的历程。作为对"阿波罗1号"火灾事故的响应，在事故发生3天后，尤金·克兰兹（Eugene Kranz）召开了任务控制中心 ① 人员会议，他在会议上直言不讳："我们对任务时间表的完成进度过于急迫了，忽略了每天在工作中发现的各种问题。最终，项目的每个部分都出现了问题，我们也遇到了大麻烦。"克兰兹是一名航空航天工程师，曾经是一位战斗机飞行员，后来因在执行"阿波罗13号"任务期间担任首席飞行总监的经历而闻名于世。他有着一头干练的短发，目光如钢铁般坚毅，是 NASA 工程师文化的典型代表。"从今天起，飞行控制团队成员将被两个词语所定义：坚强和称职。"克兰兹看着飞行控制团队成员们的眼睛说，"坚强意味着我们永远对我们所做过的或者我们没能做到的事情负责，我们决不能因为妥协而削减我们的职责……称职意味着我们永远不会把任何事情视为理所当然，永远不能在知识和技能上有短板，任务控制中心

---

① NASA 的任务控制中心位于休斯敦的约翰逊航天中心，负责管理美国载人航天计划的飞行控制。——译者注

的每一项任务都要做到完美无缺。当我们今天的会议结束，你们回到各自的办公室后，你们要做的第一件事情就是在黑板上写下'坚强'和'称职'这两个词，并且永远不能擦掉。此后当你每天走进办公室时，这两个词都应该让你想起格里索姆、查菲和怀特所付出的惨痛代价。这两个词就是你们加入任务控制中心的警示。"这次会议结束后，飞行控制团队又将精力重新集中在实现历史上最重要的成就之一：将人类送上月球。

全世界有 6.5 亿观众激动地聚集在电视机前，他们观看了"阿波罗 11 号"飞行乘组宇航员将"阿波罗"飞船的登月舱与指令服务舱分离，并且由尼尔·阿姆斯特朗（Neil Armstrong）和巴兹·奥尔德林（Buzz Aldrin）二人驾驶着登月舱进入登月前的下降段。阿姆斯特朗沉默寡言且不喜张扬，他因谦逊的性格和在压力下的出色表现而闻名：当"双子座 8 号"飞船因一个推进器始终维持打开状态而失控时，阿姆斯特朗通过手动操作使飞船恢复了正常；当他驾驶的"飞行床架"①在高度仅有几十米高的空中失控坠落时，他冷静地执行了弹射救生的操作。这些经历已经使他在宇航员中获得了传奇般的地位。而接下来的 3 个小时将决定他和奥尔德林是否会成为第一批登上月球的人类。

"你们可以执行分离操作了。"宇航通信员②查理·杜克（Charlie Duke）

---

① 飞行床架即 NASA 的登月研究飞行器（Lunar Landing Research Vehicle，LLRV）和登月训练飞行器（Lunar Landing Training Vehic，LLTV），用于研究和分析在月球低重力环境中飞行和着陆所需的驾驶技术，并训练驾驶"阿波罗"飞船登月舱的宇航员，其外形主要为铝合金桁架结构，因此被取了"飞行床架"的绰号。——译者注

② 宇航通信员（Capsule Communicator，CAPCOM）是 NASA 宇航员与任务控制中心之间的统一通信联络员。宇航通信员负责将飞行总监的决策直接转达给正在太空中执行任务的宇航员，并将宇航员的需求传达给任务控制中心。通常由宇航员信任的人担任这一职务，因此早期一般由地面上的宇航员兼任。——译者注

说。登月舱开始慢慢地远离指令舱，将迈克尔·柯林斯（Michael Collins）一个人留在指令舱——如果他的同伴们没能从月球表面返回的话，他就只能独自思考他的命运了。"收到，明白。"奥尔德林回答。阿姆斯特朗明显胸有成竹，他告诉任务控制中心："老鹰正在展翅飞翔。"当登月舱降低高度，向着月球表面飞去时，通信环路中响起了刺耳的警报声。"是1202号警报，"阿姆斯特朗在报告警报后继续说道，"请给我们一个1202号警报的解释。"导航指挥官 ① 史蒂夫·贝尔斯（Steve Bales）向首席飞行总监克兰兹提交了"继续飞行"的指令建议。1202号警报表明登月舱的船载计算机发生了问题，而这些计算机正引导着第一批人类前往月球表面。即使在今天，计算机也受内存和运算速度的限制，现在手机的性能比"阿波罗"飞船登月舱上的计算机的性能强得多，但每个人都知道，现在的手机仍然会存在内存不足或者试图运行超出处理器运算能力的程序的相关问题。

克兰兹回忆起那一刻："我就像来到一个岔路口，不知道该往哪个方向走。"人们无法知道当登月舱在计算机的引导下继续下降时，阿姆斯特朗、奥尔德林和柯林斯三个人在想什么。事实上，有些人会觉得终止这次着陆的尝试并停下来弄清楚计算机出了什么问题可能是更加谨慎的做法。但在警报发出仅仅30秒后，贝尔斯就给出了回答："我们可以忽略那个警报继续执行任务，总监。"对于任务控制团队和正在环月球轨道上飞行的宇航员来说，这30秒简直度秒如年。在贝尔斯给出答复后，首席飞行总监克兰兹、任务控制团队的成员和轨道上的宇航员没有一个人有丝毫犹豫，没有人提出任何质疑，也没有人发出例如"你确定吗？"这样的询问；相反，贝尔斯快速给出的指令被所有人信任并接受。这种信任来自哪里？为什么从宇航员、飞行总监到任务控制团队成员都没有对这个指令产生怀疑？只有一个词可以充分

---

① 导航指挥官（Guidance Officer，GUIDO），"阿波罗"任务控制中心的一个职位，负责监控飞船上的导航系统以及导航计算机的软件。——译者注

解释为什么每个人都信任贝尔斯并继续执行着陆任务——称职。整个飞行控制团队都秉承着克兰兹"坚强""称职"的箴言。

在为准备登月进行的数百小时的模拟训练中，克兰兹要求每个人都要尽最大的努力，这也是任务控制团队中的每个成员对卓越和业务能力的不懈追求。克兰兹的这种领导力最终收获了回报。杜克在通信环路中说："这和我们训练时一样。"严格的模拟训练取得了成效，所有人都准备好了，没有人质疑贝尔斯的指令，每个人都践行了"坚强""称职"的箴言。他们的努力终于能够确保这一天就是 NASA 实现这个看似不可能的目标的日子——在人类首次进入太空的 8 年后，NASA 让人类登上月球并安全返回地球。

刚刚发生的 1202 号警报事件仅仅是对飞行控制团队的第一次考验。在宇航员们接到任务控制中心"可以着陆"的指令后不久，又有一个 1201 号警报出现了。为了管理在月球表面成功着陆所需的所有数据和运算，计算机在超负荷地工作。贝尔斯给出的回复依旧："我们可以继续，总监。"贝尔斯敢于做出这个决定是因为他曾在训练中遇到过类似的情况，由此积累的经验给了他信心。随着警报频率的增加，任务控制中心的气氛愈加紧张，一个后果更为严重的问题出现了：登月舱下方的月面地形过于崎岖，有太多岩石和撞击坑，这可能会导致登月舱无法安全着陆，甚至坠毁在月球上，这将是灾难性的，会导致任务完全失败。

为了避免这样的灾难发生，阿姆斯特朗必须延长着陆过程来获得更多的时间仔细选择着陆点。带着数百万人对他飞行技能的期望，指令长阿姆斯特朗冷静地接管了对登月舱的手动控制，他开始将着陆区域延伸到更安全的地方。随着登月舱高度的继续下降，宇航员和任务控制团队也在密切关注登月舱剩余的燃料量。他们知道，一旦在着陆前耗尽燃料，登月舱就会在月球上坠毁，而坠毁的地点也将永远记录着人类首次登上月球的尝试以失败告终。阿姆斯特朗面前窗口外的月球表面依然布满了岩石和撞击坑，并不适合着陆。所有人都开始认为应该终止这次着陆的尝试，唯独阿姆斯特朗不这样认为，他手动操纵登月舱沿着一条能够越过下方撞击坑的轨迹，到达远处他能看到的一个安全着陆点。这名宇航员办公室[①]中最优秀的宇航员即将手动驾驶一艘以不稳定著称的航天器，再一次力挽狂澜。虽然"阿波罗"登月舱代表了美国载人航天近 10 年来的技术巅峰，但此刻决定其能否在月球表面安全着陆的仅仅是阿姆斯特朗的一双手。

阿姆斯特朗驾驶登月舱继续沿着着陆轨道飞行。飞行总监克兰兹的通信环路中发出了"低燃料量"的呼叫，表明剩余的燃料还可以燃烧两分钟。奥尔德林将他的目光从燃料量表转向窗外，向阿姆斯特朗报告了剩余燃料量后就敬畏地看着阿姆斯特朗继续操作。在远处，月球表面出现了一个适合着陆的平坦区域。杜克平静而简洁地向宇航员们报告了剩余的燃料量可供登月舱继续飞行的时间："60 秒。"对于正在观看的观众来说，任务控制中心里出现的情形是很难理解的。奥尔德林继续口头报告登月舱的下降情况："下降率 2.5 英尺／秒[②]。向前，向前，很好。"燃料正在迅速减少。阿姆斯特朗将笨重的登月舱保持在着陆轨道上，试图尽可能节省燃料。任务终止开关——一个意味着始终存在逃生自救机会，但同时也意味着任务失败的开关，浮现在两位宇航员的面前。

"40 英尺，下降率 2.5 英尺／秒……30 英尺，下降率 2.5 英尺／秒……有模糊的影子。"奥尔德林继续报告参数，登月舱缓缓下降，发动机的气流

---

① 宇航员办公室（Astronaut Office）是 NASA 约翰逊航天中心主管宇航员的机构，其主要职责包括监督宇航员的训练和选拔，以及指定执行任务的飞行乘组人选等。——译者注
② 1 英尺 ≈30.48 厘米。——编者注

在这片区域唯一可用的着陆点周围激起月尘。"触地！"在短暂的沉默之后，"休斯敦，'鹰号'登月舱已着陆。"他们成功了！"阿波罗 11 号"任务的飞行乘组和任务控制团队克服了重重困难，实现了不可思议的目标。杜克激动地向宇航员们表示祝贺："明白，静海基地，地面控制中心已收到。我们紧张得快要窒息了，现在我们终于又能喘得过气来了。非常感谢。"任务控制中心回荡着笑声和欢呼声，人们相互握手，合影留念。这是他们亲手创造的历史。在着陆前的最后阶段，没有人知道最后几秒是灾难还是胜利。失败的风险很高，宇航员背负的压力难以用语言形容；触地指示灯的亮起将历史定格在这一时刻，这个点亮的灯泡证实，他们成功着陆了。克兰兹微笑地看着他的团队成员，提醒他们任务还没有结束，是时候回到各自的控制台前，帮助宇航员们为历史上人类第一次出舱和月球行走做好准备了。之后，在所有人都提心吊胆的时刻，地面控制中心的成员还要继续帮助宇航员们从月球表面起飞，返回月球轨道并与指令舱会合。但是，在那支非凡团队的队员们脑海里，有那么一瞬间，他们已经实现了不可能的目标。

"阿波罗 11 号"的故事是一个关于团队协作、领导力、勇气和奉献的故事。这个故事基于"不惧太空探索挑战"的文化，值得我们所有人学习。最终，它塑造了 NASA 的工程师文化。这种文化是在勇敢的宇航员、工程师、飞行控制员和团队领袖顶着巨大风险取得成功的基础上形成的。这是一个关于激情、卓越、坚韧和学习的故事。它创造了一项遗产，并且将在下一个 10 年中的天空实验室空间站任务和"阿波罗－联盟号"的合作任务中，以及进入航天飞机和国际空间站时代后得到不断延续。

在 NASA 的历史上涌现过许多富有领导力的时刻，每一个这样的时刻都为我们提供了一些启发。无论我们是正在成长为领导者，努力应对在组织中进行协作的诸多挑战，还是有兴趣学习如何在优秀的团队中与他人协作，来自太空探索的经验教训都是重要的。因为，任何有价值的事情一般都是困难的，难以实现的，通常需要组建团队来迎接复杂的挑战，做出基于数据驱动的决策，从而获得成功。NASA 的工程师文化通过组建杰出的团队打破了传统领导力的局限，团队中的每个人都不懈努力，以发挥自己的专业能力，建立互相的信任，并借助将团队团结在一起的纽带，建立牢固的联结。先驱者已经开始探索太空这一终极边疆，而现在你面前的这本书给我们所有人提供了一个学习的机会，让我们能够从他们所积累的宝贵经验中获益。

第一部分

"水星"计划
——以挑战不可能的方式突破与创新

第二部分

"阿波罗"计划
——以解决问题为导向实现目标

第三部分

空间站计划
——以永不满足的态度保持卓越

LEADERSHIP MOMENTS FROM NASA

第一部分

"水星"计划
——以挑战不可能的方式突破与创新

LEADERSHIP
MOMENTS FROM
NASA

第 1 章

在最短的时间内创立
最棒的NASA

"斯普特尼克1号"带来的压力

Listen now for the sound that forevermore separates the old from the new.

— NBC RADIO

"此刻你听到的声音将把新旧世界永远划分开来。"
——美国全国广播公司

让人意想不到的是，在 20 世纪出现过的所有声音中，改变历史进程的竟然是一阵从收音机中传来的"哔——哔——"声。人们第一次听到这个声音是在 1957 年 10 月 4 日星期五这一天，一颗苏联的人造卫星于莫斯科时间 22 时 29 分发射升空。当天晚上卫星发射后不久，北美洲的人们第一次听到了来自这颗卫星的独特声音。美国哥伦比亚广播公司的新闻特别节目对这颗名为"斯普特尼克 1 号"的人造卫星的发射及其造成的影响进行了报道。

当时，节目以地面接收到的长达 18 秒的"哔——哔——"声录音开场，主播道格拉斯·爱德华兹（Douglas Edwards）评论说："这是我们在地球上从未听到过的声音。它转瞬间就会成为 20 世纪人类生活中重要的一部分，就像你的吸尘器发出的'呼呼'声一样稀松平常。"这段由重复的 0.3 秒"哔"声与 0.3 秒间隔组成的"哔——哔——"声，被认为是对美国技术和西方生活方式的挑战。这是改变世界的声音。

就在这颗人造卫星发射的多年前，一些太空科学家在詹姆斯·范·艾伦（James Van Allen）的客厅里开会，讨论如何利用第一个国际地球物理年的机会推进在太空研究领域的国际合作。国际地球物理年起源于国际科学联盟理事会①于 1952 年宣布的一项决议：理事会根据收到的提议，决定将 1957 年 7 月至 1958 年 12 月定为国际地球物理年。1955 年 7 月，白宫宣布，美国计划发射一颗人造卫星，以此作为对国际地球物理年的一项贡献。这一声明立即得到了苏联的回应。就在美国发布消息的 4 天后，在丹麦哥本哈根举行的国际宇航联合会第六届大会上，苏联科学家列昂尼德·塞多夫（Leonid Sedov）宣布了苏联的计划——在不久的将来发射一颗人造卫星。美苏之间日益增强的冷战氛围为两国最终展开激烈的太空竞赛埋下了伏笔。

在此前两个月，白宫新闻秘书詹姆斯·哈格迪（James Hagerty）宣布了美国在国际地球物理年的计划。时任美国总统德怀特·艾森豪威尔（Dwight Eisenhower）批准了一项新的太空政策，其中包括发射一颗科学人造卫星，以及由陆军、空军和海军分别开发运载火箭的军事计划。从 1955 年到 1957 年 7 月国际地球物理年启动，为了在太空中占有一席之地，美国几乎是同时开展了 4 项互不相同并且彼此之间也几乎没有合作的研究计划。

与之相比，苏联采取了一种更务实的方法，他们将精力集中在一个统一的计划上，将建立军事发射能力与搭载科学有效载荷相结合。1957 年 1 月，美国一系列项目的运行成本已经从当初预估的 2 000 万美元增长到了 8 000 万美元，艾森豪威尔总统开始非常担心 4 项计划的成本过高，他同意在当年 10 月安排第一次发射试验，使用美国海军领导研发的"先锋号"运载火箭将一颗小型科学人造卫星送入太空。

与此同时，美国陆军的太空发射计划也正在紧锣密鼓地实施，这项工作

---

① 国际科学联盟理事会（International Council of Science Unions，ICSU），2018 年与国际社会科学理事会（International Social Sciences Council，ISSC）合并，现称为国际科学理事会（International Science Council，ISC）。——译者注

由在第二次世界大战后被带到美国的德国火箭科学家领军人物沃纳·冯·布劳恩（Wernher Von Braun）带领美国陆军弹道导弹局进行。虽然美国海军在 1957 年的橄榄球比赛中击败了美国陆军，但美国陆军的火箭计划远远领先于海军的"先锋号"计划。1956 年 9 月，在苏联"斯普特尼克 1 号"人造卫星发射的 1 年前，美国陆军成功发射了一个亚轨道多级航天器"木星 -C"，最大飞行高度达到了 1 097 千米。这枚"木星 -C"探空火箭本来可以在发射时搭载一颗人造卫星，但国际地球物理年的科学任务已被分配给了海军的"先锋号"计划，这使美国错失了率先发射人造卫星的机会。

美国国内一直有人对让冯·布劳恩这样一位德国火箭科学家来帮助美国陆军开发远程制导导弹一事心存疑虑。美国陆军"红石"火箭的飞行测试始于 1952 年，冯·布劳恩在当时就产生了在"红石"火箭中安装足够数量的上面级来推进人造卫星进入环绕地球轨道的设想。冯·布劳恩曾说过："我们当然可以用'红石'火箭……发射人造卫星。"

虽然第二次世界大战结束后德国被禁止研究火箭，但这并没有阻止冯·布劳恩追求梦想。他展现出极富远见的领导能力，并且广泛地分享自己太空探索的设想，比如建立通过自旋产生人工重力并让宇航员在其中工作的空间站，以及飞往月球的计划。他甚至还提出了载人火星探测的任务构想。在当时，他的设想听起来像科幻小说一样，但在仅仅几十年后，设想中的很多部分成为现实。

1957 年 7 月，随着国际地球物理年的开幕，美国猜测苏联要抢先发射人造卫星。美国政府意识到，苏联可能会在日益激烈的冷战中利用率先成功发射人造卫星大做文章，而本国研发进度推进缓慢，美国要落在苏联身后了，艾森豪威尔总统越发感到沮丧，他敦促美国海军加快进度，哪怕率先发射一颗最简单的人造卫星。

随着夏季一天天过去，美国政府猜测苏联的卫星马上就要发射了。然而，他们还是低估了苏联，成功发射的卫星、精心策划的宣传、卫星上不断传来的"哔——哔——"声让世界上的其他国家，以及美国公众和媒体大吃一惊。哈格迪在"斯普特尼克 1 号"卫星发射后的新闻发布会上说，美国的人造卫星计划从来没有打算"与苏联人比赛"，但人们对此番解释并不买账。

两个月后，美国海军的"先锋 1A 号"人造卫星和火箭[①]也准备好发射。研究团队曾因"斯普特尼克 1 号"的发射而士气低落，但他们很快就重整旗鼓，投入紧张的发射试验准备工作中去。1957 年美国东部时间 12 月 6 日上午 11 时 44 分 35 秒，研究团队的希望随着火箭点火的轰鸣声腾空而起，但马上就宣告破灭。火箭在空中只上升了约 1.2 米，发动机就失去了推力，火箭未能成功升空，坠落下来的火箭还在发射台上发生了爆炸。雪上加霜的是，火箭的鼻锥从火箭本体上脱落下来，其中携带的卫星也在"哔哔"地响着。鉴于 11 月苏联的第二次成功发射[②]，美国媒体对这次"先锋 1A 号"的失败大加批评，将其讽刺为"磕普特尼克"（Kaputnik）、"停普特尼克"（Stayputnik）和"落普特尼克"（Flopnik）。

失败是成功之母，正是失败后的所作所为决定了是否能够最终成功。喷气推进实验室和美国陆军弹道导弹局没有被批评所吓倒，他们于美国东部时间 1958 年 1 月 31 日 22 时 48 分成功发射了"探险者 1 号"卫星，成为美国参与国际地球物理年活动的一部分。这颗由喷气推进实验室研制的人造卫星配备了相关科学仪器，并在发射升空后首次发现了环绕地球的范·艾伦辐

---

① "先锋 1A 号"（Vanguard 1A）人造卫星是美国海军早期研制的人造卫星，与后来美国的"先驱者号"（Pioneer）系列探测器不同；此次发射卫星的火箭名称为"先锋号"（Vanguard）。——译者注。

② 苏联于 1957 年 11 月 3 日成功发射了"斯普特尼克 2 号"人造卫星，这颗卫星搭载了人类历史上第一只进入太空的大型动物——一条名为"莱卡"（Leica）的小狗。——译者注

射带，而美国陆军弹道导弹局也改装了一枚"木星 -C"火箭[1]，用于将这颗卫星送入太空。

从科学的角度来看，这次任务的圆满完成是对国际地球物理年做出的杰出贡献，但是它的成就被苏联"斯普特尼克 1 号"人造卫星的成功发射和美国"先锋 1A 号"人造卫星的失败掩盖了。虽然"斯普特尼克 1 号"卫星发射的"哔——哔——"声音信号只持续了 23 天，并且在发射后不到 100 天的时间内就在再入地球大气层的过程中烧毁了，但其产生的影响却远远大于"探险者 1 号"卫星，尽管后者获得了更重要的科学发现。

> "自从珍珠港事件以来，还没有任何事件能在社会公众中掀起如此大的反响。"
> ——沃尔特·麦克杜格尔（Walter McDougall）[2]

20 世纪 50 年代末的美国是一片充满发展机会的乐土。中产阶级正在快速扩大，并从新的生活方式、商品和服务中获益。但在探索太空方面，美国居然落在了苏联身后，真是令人难以置信。

美国必须做出回应，它确实也做到了，"探险者 1 号"卫星就是美国立即做出的回应。但苏联的"斯普特尼克 1 号"卫星引发的公众效应是如此深刻，以至于直接促成了 NASA 的建立。NASA 的建立标志着科学研究和技术发展成为美国新的战略优先事项，并为即将到来的 10 年空间探索奠定了基础。

---

① 改装后的火箭称为"朱诺 1 号"，它发射了美国第一颗卫星"探险者 1 号"。——译者注

② 美国历史学家、宾夕法尼亚大学历史教授，他的作品《天与地：太空时代政治史》（The Heaven and the Earth）曾获 1986 年普利策历史奖。——编者注

艾森豪威尔总统和美国国家航天委员会①认识到，美国探索太空需要一个统一协调的领导机构，NASA 由此诞生。但让很多人感到惊讶的是，NASA 明明肩负着领导美国太空探索计划的使命，NASA 的首任局长却由一位具有电影业背景的大学校长来担任。

局长的完美人选，领导能力比专业技能重要

并没有一套具体的模式能指导一名领导者如何成功，或许因此才有那么多的书籍、研讨会和课程来专门讨论这一话题。领导力基于掌握广泛的技能，领导者利用这些技能，结合技术能力和行为能力来影响大型团体取得成果。艾森豪威尔总统的科学顾问詹姆斯·基利安（James Killian）认为，时任美国俄亥俄州的凯斯理工学院的校长托马斯·格伦南（Thomas Glennan）将是 NASA 首任局长的完美人选。

格伦南回忆说："我接到基利安的电话时大概是在 8 月初，因为总统是在 7 月 29 日签署的《美国公共法案 85-568》[即《美国国家航空暨太空法案》（*National Aeronautics and Space Act*）]。基利安在电话里说：'格伦南，我希望你能尽快到华盛顿来，我想和你谈谈你是否有可能参与这里的工作，总统有可能想见你。'"格伦南回应说："好的，基利安。"

格伦南于当晚抵达华盛顿后就去了基利安的公寓，基利安给他看了用于组建 NASA 的预算清单。格伦南快速扫了一遍后说："嗯，这虽然困难重

① 美国国家航天委员会（National Space Council，NSC）是美国政府引导航天政策的中枢机构，历史上均由总统或副总统担任主席，最早于 1958 年随 NASA 一同建立（当时称美国国家航空航天委员会，即 NASC），领导 NASA 直至完成"阿波罗"登月计划，随后在 1973 年由于美苏太空竞赛的结束而解散；1989 年布什政府为重启登月计划再度组建，并于 1993 年解散；后于 2017 年由特朗普政府第三次组建。——译者注

重……但我想它应该是可以运作起来的。你需要我做什么？"基利安说："我推荐你担任 NASA 的首任局长。"后来，格伦南评论说："我不知道为什么我会被列入局长候选人名单，基利安认识我，但我们不是很熟，不过，我确实将凯斯理工学院办得不错。"

格伦南曾在耶鲁大学学习电气工程专业。毕业后，他在有声电影业中担任了一系列领导职务，在第二次世界大战期间他成为美国海军水下声学实验室的主任。第二次世界大战结束后，格伦南在安仕高公司（Ansco）担任过一段时间的管理人员，随后成为凯斯理工学院的校长。

格伦南在担任凯斯理工学院校长期间，在调整学校组织架构方面起到了重大的作用，但正如许多谦逊的领导者一样，格伦南对基利安由于他的成就而选择他作为 NASA 首任局长一事做出了谦虚回应。为了组建 NASA，格伦南面临许多挑战，他说："我们有一个好基础，可以尝试在这个基础上建立一个新机构，我们有好多事情要做。就像在学校时，我不是学者，过去也没教过一天课，就是通过依靠他人的力量，通过招揽优秀的人才，通过筹集资金来重建一个机构的。"在基利安的心目中，格伦南是一个成熟的领导者，他所拥有的技能体系对于领导 NASA 是至关重要的。

> "在我看来，更重要的是，我们必须找到一种方法来发挥美国在太空探索上的领导力，要主动明确我们的目标。目前仅仅针对苏联的行动做出被动反应的做法是不对的，这注定会失败。"
> ——托马斯·格伦南

第二天，艾森豪威尔总统会见了格伦南。"我记得基利安并没有和我一起进入办公室，但他把我介绍给了艾森豪威尔先生……总统让我坐下来，告诉我摆在我们面前的任务，然后问了我几个问题。我告诉他，我甚至根本不知道火箭是在哪一端点火的！我之前一直忙着调整学校的组织架构。然后，总统说：'我想任命你为 NASA 局长，希望你尽快行动起来，不要让我等着。'"格伦南回答说，他将以最快的速度行动，做好学校工作的交接。8 月 19 日，格伦南宣誓就职 NASA 局长。

格伦南明白，组建一支经验丰富的领导团队对成功至关重要。他奉命将美国国家航空咨询委员会[①]整体并入 NASA。他工作的第一步是说服 NACA 的技术总监休·德赖登（Hugh Dryden）成为 NASA 的副局长。格伦南回忆说，NACA 团队非常崇拜德赖登，"如果我们不坚持让德赖登担任副局长，就得不到 NACA 员工的广泛支持和合作"。在短短几个月内，格伦南就招纳了 8 000 名 NACA 员工，拿到了 1 亿美元的年度预算，并且将 NACA 旗下 3 个大型实验室纳入了 NASA，分别是兰利航空实验室[②]、艾姆斯航空实验室[③]和刘易斯飞行推进实验室[④]，以此为基础组建了新的 NASA。

构建多元能力，吸引最优秀的人才

格伦南的短期战略是把 NASA 打造成一个拥有最优秀工程师和科学家的卓越组织。他的长期策略是，"用自己的方式开发一个项目……旨在让我们在这场竞赛中朝着最终领先的目标前进"。整合全美在太空探索领域的力量至关重要。在几个月的时间内，格伦南就将美国联邦政府机构中参与太空探索的几个小组纳入了 NASA。他将美国海军研究实验室的一部分纳入 NASA，促成了位于马里兰州格林贝尔特市的戈达德太空飞行中心的成立。

[①] 美国国家航空咨询委员会（National Adrisory Committee for Aeronautics），以下简称 NACA。——编者注

[②] NASA 兰利研究中心（Langley Research Center）的前身。——译者注

[③] NASA 艾姆斯研究中心（Ames Research Center）的前身。——译者注

[④] NASA 格伦研究中心（John H. Glenn Research Center）的前身。——译者注

他将几个不同的卫星项目，以及空军和国防部高级研究计划局的研究计划整合在一起。其中，国防部高级研究计划局一直在开发具有 100 万磅[①]推力的单燃烧室火箭发动机。

1958 年 12 月，格伦南将喷气推进实验室并入了 NASA，这是一个由位于加利福尼亚州帕萨迪纳市加州理工学院经营的实验室。最后一个关键的战略性决定是将美国陆军弹道导弹局纳入 NASA，并在亚拉巴马州亨茨维尔市建立了马歇尔太空飞行中心。格伦南在担任局长的短短几年内，就迅速增强了 NASA 的研究与开发能力，并且还在他的高级管理团队中建立了互相信任的团队文化。格伦南认识到，他需要专注于更广泛的战略问题，关注 NASA 与白宫和政府的关系；而德赖登则负责"水星"计划的规划和建设，为美国的载人航天计划打下基础。格伦南还创建了太空任务组[②]，由罗伯特·吉尔鲁斯（Robert Gilruth）担任组长，并使科学家霍默·纽厄尔（Homer Newell）加入任务组。这四位具有不同背景和技能的领导人对 NASA 的成功至关重要。

为了成功地将人类送上太空，NASA 必须继续迅速发展壮大。格伦南回忆说："我进入政府机构并不是来增加政府机构人员工资开支的……在我任职的 30 个月里，我们从约 8 000 人增加到 18 000 人，但其中只有 1 600 人是新聘人员，其余的都是从美国陆军弹道导弹局、喷气推进实验室、美国海军研究实验室、美国陆军战略信号部队和其他地方借调来的。"

开发将要用于"水星"计划的新飞船意味着 NASA 需要迅速研发新技

---

① 约等于 445 万牛顿。——编者注

② 太空任务组（Space Task Group，STG）是 NASA 专门负责管理美国载人航天计划的工作组。——译者注

术。对此，新的工程师人才很关键，但也需要更多的帮助。其中就包括私营企业的帮助。格伦南召集各大航空航天企业开了一个会议，宣传了 NASA 即将开展的项目计划，并介绍采购程序的竞标要求。他建立了三个独立的评标委员会，一个负责评估管理因素，一个负责评估经验和执行情况，另一个则侧重于评估技术能力。任何一个委员会的人都不知道另外两个委员会包括哪些人。每个委员会的建议都被提交给格伦南和德赖登，由他们决定哪家企业中标。

对格伦南来说，安全是至关重要的。有许多已知和未知的风险必须加以管理，他想建立一个流程来管控预料之内和预料之外的事项。在统计质量控制理论刚刚兴起的时候，他就把统计质量控制作为 NASA 的一个优先事项。他说："对于'水星'计划和载人航天计划，再小心也不为过。我们找到了一个人……他是一个精通业务的统计质量控制工程师。我给他充分的自由，只要能够提高计划或项目的可靠性和安全性，他可以查看任何东西，可以要求做任何事情。如果制造或装配过程中存在缺陷……他会发现它们的。"

格伦南回忆说，吉尔鲁斯曾为这件事专门从兰利研究中心跑来找他，说："你在做什么？我们不需要这个人。我们一直小心谨慎、反复确认。质量控制已经是我们的生活方式了。"格伦南回应说："吉尔鲁斯，我很抱歉，但你必须接受。我们所做的一切必须有来自外部的质量控制审查。"作为一个领导者，格伦南明白，要在 NASA 文化中建立风险控制意识，领导层的支持非常重要。

吉尔鲁斯在担任 NASA 太空任务组组长之前，在 NACA 担任工程师一职，他深知格伦南希望 NASA 能够得到最优秀的人才。从建立之初，NASA 就是一个能够吸引优秀人才的组织。基于对人才的不懈追求，吉尔鲁斯来到了加拿大多伦多，因为碰巧与苏联人造卫星"斯普特尼克1号"发射同一天，多伦多的莫尔顿机场正在举办阿弗罗飞机制造公司（AVRO）的战斗机 CF-105 "箭式"的揭幕仪式，现场聚集了很多人。

阿弗罗的工程师欧文·梅纳德（Owen Maynard）回忆说："我们把阿弗罗'箭式'推出机库让媒体看到的那一天……并没有受到媒体的很大关注，我们想不通，不知道为什么……"几个月后该项目就被取消了，一些加拿大顶级的航空航天工程师也因此失去了工作。对于负责招聘优秀工程师的吉尔鲁斯来说，"箭式"项目的取消是一个巨大的机会。他回忆说："我接到一个在加拿大的朋友的电话，他说加拿大制造战斗机的项目被取消了，他们将不得不解雇这些最优秀的人才。但在 NASA 太空任务组，优秀人才是绝对紧缺的……这对我们来说是一个很大的突破。"NASA 团队审查了 400 份"箭式"团队成员的申请，最终雇用了 25 名经验丰富的航空航天工程师。

到 1960 年夏天，格伦南已经为 NASA 日后的成功打下了稳固的基础，它已成为美国几乎所有太空活动的主要领导机构，只有少数仍由美国国防部控制的项目除外。在 1961 年 1 月，格伦南离开了 NASA，重新担任凯斯理工学院校长一职。几个月后，苏联宇航员尤里·加加林（Yuri Gagarin）进行了人类首次载人航天飞行，随后艾伦·谢泼德（Alan Shepard）也进行了美国历史性的首次载人航天飞行。1967 年，格伦南协助谈判并促成了凯斯理工学院与西储大学的合并，成立了凯斯西储大学。然而，作为 NASA 的首任局长，格伦南为 NASA 留下的"遗产"，最终帮助 NASA 锁定了在美苏太空竞赛中的胜利。

NASA 能有格伦南担任其首任局长，是它的荣幸。航空航天史学家罗杰·劳尼厄斯（Roger Launius）称格伦南是"领导新组织的完美人选，一个曾在政府、工业界和学术界工作的工程师……格伦南为 NASA 订立了清晰的目标，在美苏日益激烈的太空竞赛中，NASA 是一支主力军"。格伦南拥有作为一个领导者的成熟经验使他成功，他知道该做什么，也做了需要做的事情。他组建了一支在日后成功将人类送上月球的团队，他塑造了一种愿意挑战不可能、有能力应对不可能的 NASA 工程师文化。

工程师思维

○ 如果从不信任的立场出发，建立信任就需要很多年。如果领导者被信任，他们的领导力就应该被信任。

○ 从他人的经验中学习。尽可能地整合资源，尽可能地合作，以提升能力、效率和专业水准。

○ 找到最优秀的人才，雇用最优秀的人才，把他们培训得更好，然后让他们放手去做。

○ 建立一个高层团队，他们需要拥有各自不同但彼此互补的技能和经过验证的领导专长。信任他们并听取他们的意见。

LEADERSHIP
MOMENTS FROM
NASA

第 2 章

用全新的合作形式做
从未做过的事情

制订"水星"计划

The best way to predict the future is to invent it.

— ALAN KAY

"预测未来的最好方式就是创造未来。"
——艾伦·凯，美国计算机科学家

想要将人类安全送入太空，需要具有卓越的领导能力，并投入大量时间。苏联和美国先后发射人造卫星，标志着一个崭新的宇航时代开始了。那么接下来的一个关键问题是，距离人类进入太空还有多远？在苏联"斯普特尼克 1 号"卫星发射后不久，著名的美国空军飞行员、时任 NACA 主席詹姆斯·杜立特（James Doolittle）便要求麻省理工学院工程学院的副院长盖福德·斯蒂弗（Guyford Stever）成立并领导 NACA 空间技术特别委员会①，评估航天技术的未来发展需求。这个委员会由许多一流的航天专家组成，包括冯·布劳恩、德赖登、亚伯拉罕·西尔弗斯坦（Abraham Silverstein）、吉尔鲁斯和伦道夫·洛夫莱斯（Randolph Lovelace）博士。这些专家日后都因为在"水星"计划中发挥了重要作用而闻名于世。他们在形成的报告中将首批任务的重点放在"竭尽所能，早日将人类送入太空并安全带回地球"上，为美国载人航天工程的实施奠定了基础。格伦南在 1959 年 1 月制订了"水星"载人航天计划，并指定吉尔鲁斯作为"水星"计划的项目总监。

---

① NACA 空间技术特别委员会（NACA's Special Committee on Space Technology），由盖福德·斯蒂弗担任委员会主席，因此也被称为斯蒂弗委员会。——译者注

此时，吉尔鲁斯已经领导新成立的太空任务组几个月了。当吉尔鲁斯被问到为何给他的团队取"太空任务组"这个名字时，他说："我们需要一个好名字，我不喜欢我的团队听起来像一个庞大的组织。我们是一个任务组，虽然有一个巨大的任务要完成，但我的团队只是一个专家小组。"吉尔鲁斯组建了一个杰出的团队来执行这项伟大的计划，在计划实施之前，他和他的团队必须首先搞清楚将人类送上太空的基础条件是什么。"水星"计划的实施需要能够进行载人发射的运载火箭或者运载飞行器、载人飞船、执行任务的宇航员，以及某种形式的太空飞行控制中心，其中大部分在彼时尚不存在。他们必须从零开始创造。

太空任务组由一群杰出的 NACA 工程师组成，其中包括乔治·洛（George Low）和马克西姆·费格特（Maxime Faget）。这个技术专家小组的成立，开启了一段通过十年通力合作，最终把人类送上月球的佳话。乔治·洛是一个富有远见的人，他积极地推动 NASA 制定大胆的目标，并以此塑造了 NASA 的未来。吉尔鲁斯很快就认识到乔治·洛的能力，他说："乔治·洛擅长处理所有的事情，他是一流的工程师，同时也是一流的科学家，他能很好地处理人际关系，也善于处理经济问题，他非常好相处……他是一个理想的领导者和很棒的朋友，为我们提供了很大的帮助，特别是在缺乏人手的时候，他一个人抵得上十个人。"太空任务组的成员都非常努力，他们投入了大量时间，做了非常多的工作。他们的报告促成了"水星"计划的制订，一期计划是用三年时间将第一个美国人送上太空。当这份小组调查报告发布时，格伦南的态度代表了当时的主流情绪："快去干吧！"

吉尔鲁斯希望乔治·洛能够担任太空任务组副总工程师，作为负责航天器设计的总工程师费格特的助手，负责设计"水星"飞船。可惜的是，乔治·洛被调离了太空任务组，因为西尔弗斯坦也认识到乔治·洛的潜力，他邀请乔治·洛前往位于华盛顿的 NASA 总部，协助制订 NASA 的长期计划。

事实证明，西尔弗斯坦对乔治·洛的这一邀请至关重要。为了支持 NASA 1960 年度的预算提案，乔治·洛在美国参议院科学空间技术委员会出席作证。在委员会主席林登·约翰逊（Lyndon Johnson）的面前，乔治·洛谈到了通过投资太空探索推进未来技术发展的重要性："尽管'水星'计划已经构建了一个实施载人航天探测计划的合理的行动路线，但它只是第一步，我们已经在研究更先进的系统……我们要发展将多人送入太空并实现在轨驻留 1 天以上的能力，然后我们就能够在未来一系列的载人空间实验室中进行科学试验。与此同时，我们也将努力飞到离地球更远的地方，也许是月球附近，也许是更进一步实现载人登月的目标。但如果想要实现后者，我们得有比当前水平强大 20 倍的运载火箭。"

作为一个极富远见的人，乔治·洛认为将人类送上月球是一个远超"水星"计划的宏大目标，这足以大大推动新技术的发展，在需要为载人航天飞行付出巨大成本和承担极大风险的情况下，通过实现这样一个目标，可以达到美国国家利益的最大化。虽然日后大名鼎鼎的"阿波罗"登月壮举世人皆知，但在飞向月球之前，NASA 的团队首先需要搞清楚如何才能够使人类在太空中生活和工作，而这些经验和教训将来自"水星"计划的实施。

建立互信环境，激励团队发挥最佳水平

吉尔鲁斯的当务之急是确保太空任务组尽快完成所有亟待完成的任务。他清楚地知道他的团队被寄予厚望，他们被期望在苏联之前首先将人类送上太空并完好无损地返回。为了准备"水星"计划，最初仅由 35 名成员组成的太空任务组迅速扩大，到 1961 年底最终拥有了大约 750 人。太空任务组的最初成员包括曾在阿弗罗飞机制造公司共事的、来自加拿大的詹姆斯·钱柏林（James Chamberlin）、欧文·梅纳德和特库因·罗伯茨（Tecwyn Roberts），以及曾在 NACA 共事的美国人克里斯托弗·克拉夫特

（Christopher Kraft）、格林·伦尼（Glynn Lunney）、尤金·克兰兹和其他专家。

> "我印象中的吉尔鲁斯从来不会直接告诉别人应该做什么事情，或者如何做一件事情。他只是和他们谈得足够久，让他们自然地认为吉尔鲁斯的想法与他们不谋而合，然后他们就能够按照吉尔鲁斯的期望去做了。"
>
> ——肯尼思·克莱因克内希特（Kenneth Kleinknecht）

"水星"计划的工作日程是吉尔鲁斯的同事们所经历过的最紧张的安排。天性安静的吉尔鲁斯并没有把自己的想法强加给团队，相反，他会提出一些探究型的问题，促使团队成员从不同的角度思考。他创造了一个彼此信任的环境，能够激励团队发挥最佳水平。作为吉尔鲁斯的团队成员之一，杜安·卡特森（Duane Catterson）将他描述为"一个鼓舞人心的领导者、一位绅士、一个心怀坦荡的人，他能让人立即产生敬意，因为他对专业领域无所不知、对正在进行的工作了如指掌，并且还非常善于激发周围人的信心"。只有将吉尔鲁斯所具备的所有领导技能，与团队成员各自的技术专长相结合，才能将人类送入太空。

但具有讽刺意味的是，这群从前的 NACA 工程师面临的第一个重大挑战是如何提出"水星"飞船的技术需求。这个过程中，一份需求建议书看似普通实则十分重要，这是政府合同招标的一个规定动作。克拉夫特说："我们这辈子都没有写过需求建议书。"吉尔鲁斯让他成为核心团队的一员，他的第一项任务就是为"水星"计划制订一个实施计划。

"我们对把人类送入太空这件事一无所知，"克拉夫特说，"不知道这件事应该投入多少钱或者可能会花费多少钱。我们只不过是工程师，不是商业专家，我们擅长完成自己手头的工作，而不懂如何管理团队。"克拉夫特面临制定标准的挑战，比如制订飞行计划、时间节点、管理流程、任务规则、通信网络和应急管理的标准。在这个过程中，他开始学习项目管理。除了学习如何撰写需求建议书外，克拉夫特还要负责挑选合适的航空航天承包商。克拉夫特说，兰利研究中心将自己看作"自力更生的航空专家"，当他们需要什么东西时，就通过征用、购买的方式获得，或者干脆自己建造出来。然而这种做法已经不再适合新的时代了。

建立灵活的组织，快速反应、快速适应

现代商业领导者会经常谈到组织灵活性，这是一种在快速变化、形势不明朗的环境中，通过快速反应、适应环境和改变自身来获得成功的能力。这种灵活性在人类航天活动起步期也是至关重要的。"水星"计划团队的使命是"将美国人送入环绕地球的轨道"，但是想要实现这一目标存在诸多挑战。他们知道如何设计一艘载人飞船，但对于将人类送入太空并安全返回地球需要什么样的组织和基础设施，仍然不甚明朗。吉尔鲁斯让 NASA 的其他人员展开了激烈的辩论，这极大地吸引了公众和媒体的注意力，但实际上，吉尔鲁斯才是真正的幕后推手。克拉夫特说："他静静地坐在一边，边倾听、边学习，只偶尔发表简短的意见或者小声地评论，甚至没有多少人注意到他在那里。"在吉尔鲁斯的领导下，"水星"计划团队在短短 3 年内就解决了这些问题。到 1961 年年初，"水星"计划的进展十分顺利，看起来已经完全准备好将第一位宇航员送入太空了。

新年伊始，一股冷空气从北美洲五大湖区南下来到华盛顿特区，在新当选的总统肯尼迪就职典礼的前一天造成了巨大的暴风雪，它被称为"肯尼迪就职典礼暴风雪"。而与此同时，变革之风也吹进了 NASA，格伦离开 NASA 回到了凯斯理工学院，詹姆斯·韦伯（James Webb）成为新任局

长。新上任的肯尼迪总统任命来自麻省理工学院的杰罗姆·威斯纳（Jerome Wiesner）为科学咨询委员会主席。走马上任的威斯纳决定对美国正在进行的载人航天计划启动调查程序。彼时，第一位进入太空的美国宇航员人选已经确定，他完成了全部训练并为首次飞行做好了准备。但启动调查程序这个灾难性的管理决策延误了时机，最终让苏联抢占了历史先机，苏联宇航员尤里·加加林于 1961 年 4 月 12 日首次代表人类进入太空。

吉尔鲁斯回忆起威斯纳负责的科学咨询委员会时说："他们来调查我们，认为我们这么快就准备进行载人飞船发射是个坏主意，他要求我们必须确保美国在做正确的事情。这个情况糟透了，我们本可以在苏联之前让谢泼德飞上太空的。"尽管詹姆斯·韦伯曾经试图说服白宫不要因为调查而影响"水星"计划的进度，但科学咨询委员会的调查工作还是得到了总统的批准。

> "我非常感谢吉尔鲁斯让我完成美国历史上第一次载人航天飞行，但他从来没有告诉过我他为什么会选择我。多年来我也问过他几次，他总是说：'我想，你只是在正确的时间遇到了正确的人吧。'"
>
> ——艾伦·谢泼德

万分可惜的是，由于调查造成的进度延迟影响了谢泼德的升空日期，尤里·加加林在 1961 年 4 月 12 日成为第一个进入太空的人。而谢泼德在 1961 年 5 月 5 日升空，成为美国载人航天飞行第一人。谢泼德乘坐的"自由 7 号"[①]载人航天飞行任务的完成鼓舞了所有美国人。尽管许多人以为美国的载人航天飞行任务已经"夭折"了，但事实上，面对任务的成功，人们

---

① 谢泼德为自己乘坐的飞船取名为"自由 7 号"，数字"7"用于纪念 NASA 首批 7 位宇航员的通力合作，也为其余 6 名宇航员为各自乘坐的飞船命名时包含数字"7"这一传统开创了先例。——译者注

的积极反应超乎想象：民众用盛大的纸带游行①来庆祝任务的成功，各大报刊在全美范围内的报纸头版进行报道。虽然美国的载人航天飞行落后于苏联的，但 NASA 还没有被淘汰出局。

工程师思维

- ⊘ 不断地提问，明确每一件事为什么需要完成，以及如何完成。

- ⊘ 如果你知道该做什么，就着手去做。如果你还不知道该做什么，就通过分析已有的最佳数据、咨询值得信赖的专家，尽可能地做出最佳决定。

- ⊘ 组织的灵活性建立在创新精神、团队合作、决断力、技能和知识之上，需要通过培养各项能力来建立多元能力。

----

① 纸带游行（Ticker-Tape Parade）是一种起源于美国纽约的游行庆祝传统，在高楼耸立的曼哈顿商业区从大楼向游行队伍抛撒股票自动报价机打出的纸带，用漫天飞舞的纸带营造出盛大喜庆的效果，后来逐渐成为美国的一种游行传统。——译者注

LEADERSHIP
MOMENTS FROM
NASA

第 3 章

用15分钟的太空飞行经验
为登月任务提供支持

从"双子座"计划中获取数据

The exploration of space will go ahead, whether we join in it or not.

— JOHN KENNEDY

"无论我们是否加入竞赛行列,人类进行太空探索的脚步都不会停下。"
——约翰·肯尼迪,美国第35任总统

NASA 如何能够在仅有一次太空飞行成功经验的基础上再创辉煌?

NASA 已经知道,将人类送入太空是完全可能的。1961 年 5 月 5 日,谢泼德完成了一次 15 分钟的亚轨道"跳跃"飞行,即使没有进入完全环绕地球飞行的轨道,这也足以赢得全美国人的心。而仅仅 20 天后,肯尼迪总统就向国会宣布:美国将在 20 世纪 60 年代结束之前让人类登上月球。

自那时起,NASA 加快了行动的脚步。虽然此时的美国仅仅拥有一次 15 分钟的太空飞行"现场经验",但这已经足以说明,美国的宇航员能够胜任——他们从前可是美国空军的顶尖试飞员。同时,NASA 的任务控制部门也拥有杰出的工程师,他们还具有来自美国军队或其他政府部门丰富经验的支持。

但是,仅有一次亚轨道飞行成功经验,就试图完成为期 2 个星期的登月任务,这是一项几乎不可能完成的挑战。这需要对太空飞行任务控制进行全新的思考,而引领这种思考与探索的正是创造了"任务控制"这一概念和相应组织体系的克拉夫特，还有创建了 NASA 载人航天中心[1] 的吉尔鲁斯。在"阿波罗 13 号"飞船遭遇事故，搭乘的宇航员喊出那句著名的"休斯敦，我们有麻烦了"的十多年前，他们就开始努力让系统快速、有效和安全地为登月任务做好万全准备。吉尔鲁斯、克拉夫特和他们的团队成员（当时仍以男性为主）总是以解决问题为导向开展工作。从根本上讲，他们是行动派。

他们如何设定工作目标的优先级？他们怎么解决团队成员之间的分歧？在没有先例可循的情况下，他们如何决定要做什么？怎么决定？为了回答这些问题，他们经历了多年的努力，虽然在此过程中遇到了一些困难，但最终他们仍然实现了登月的壮举。"阿波罗 11 号"的宇航员最终在距离肯尼迪总统要求的最后期限仅剩 4 个多月的时候，安全降落在了月球表面。这条通向月球的道路始于弗吉尼亚州海岸旁一个面积约 15.5 平方千米的小岛上。

瓦勒普斯岛的导弹研发计划

正如吉尔鲁斯在《从瓦勒普斯岛到"水星"计划》(*From Wallops Island to Project Mercury*) 的简短回忆录中所记述的那样，"水星"计划团队中的大部分成员是 NACA 老员工。彼时，NACA 已经解散，以融入组建新生的 NASA。而 NACA 培养成熟工程师的一个关键过程，正是在瓦勒普斯岛学习如何使用导弹靶场设施。

"在瓦勒普斯岛和 NACA 的大部分早期工作都是为了支持美国的弹道导弹计划，"吉尔鲁斯写道，"如果没有弹道导弹计划，我们就不会了解再入体、制导系统或者其他能够支持载人航天任务的要素，如发射运载火箭本身。弹道导弹计划就是我们能够在太空时代到来后如此短的时间内就实现载

---

[1] 即 NASA 约翰逊航天中心的前身，位于休斯敦。

人航天飞行的原因。"

任务团队虽然有一些技术经验，但也有一些领导原则需要考虑。在任务紧锣密鼓推进的同时，高层领导们正在建立组织体系、建设基础设施，努力开创未来。

从成立之初，NASA 就致力于招揽最优秀的人才。令人高兴的是，NASA 在美国国会获得了足够的资金和大量支持，因为此时美国上下一心，要在太空竞赛中"击败"苏联。太空竞赛也进入到白热化阶段。谢泼德进行了一次短暂的亚轨道太空飞行，而苏联宇航员尤里·加加林则在环绕地球的轨道上飞行了 3 圈，并在太空中度过了几个小时。是的，这两个人都飞上了太空，但显然尤里·加加林处于领先地位。

工作日程安排之紧张几乎压得人喘不过气。"我们所有人都在假期、晚上和周末工作，甚至元旦当天都在工作……但我们确实在新年前夜给大家放了一天假，"吉尔鲁斯在回忆录中写道，"那确实是我所经历过的最密集、最专注的一段团队协作经历。"

吉尔鲁斯还从美国政府的其他部门，特别是从美国军队借调来一些专家。美国空军和海军都调动了航空军医对宇航员进行健康管理，他们中的一些人还参与了制定宇航员选拔标准，其中大名鼎鼎的伦道夫·洛夫莱斯（早期宇航员选拔地点洛夫莱斯诊所的负责人）就领导了一个研究太空医学问题的咨询委员会。

专业的分工

因为需要完成的工作实在太多，所以合理的专业分工至关重要。克兰兹是克拉夫特任命的首批负责分派工作的人员之一，他后来成为 NASA 首席飞行总监，负责在"阿波罗"任务中领导任务控制人员。

"我认为真正的转变发生在我上任两个星期后，"克兰兹在接受 NASA 口述历史项目的采访中回忆道，"我对太空业务一无所知，克拉夫特走了过来，他说：'我们正准备发射水星－红石 1 号①，我希望你去往卡纳维拉尔角②，制定任务的倒计时程序和一些任务规则，并写下来发给我。完成后，给我打个电话，我们也会去往卡纳维拉尔角执行火箭发射任务。'"

"水星－红石"任务是对"水星"载人飞船的首次无人飞行测试。NASA 需要让宇航员在搭乘飞船之前弄清楚发射程序。面对克拉夫特交给的这项艰巨的任务，克兰兹的回答简洁明了："好的。"

克兰兹的服役经验此时开始发挥作用。克兰兹是一名老兵，他曾经作为美国空军飞行员驾驶 F-86"佩刀"战斗机。可以想象的是，收到命令的克兰兹几乎本能地开始收拾行装，准备前往卡纳维拉尔角。乘坐飞机的旅途一点儿也不轻松，用克兰兹自己的话来说是坐着"摇摇晃晃的老旧马丁飞机和康维尔飞机"。但这些老古董飞机足以载着克兰兹和其他工作人员在弗吉尼亚州的 NASA 兰利研究中心和佛罗里达州海岸旁边的火箭发射场之间往返奔波，为项目的发射做紧张准备。

克兰兹一到达发射场，就去找了一位名叫保罗·约翰逊（Paul Johnson）

---

① "水星－红石 1 号"是"水星"计划中的第一次无人飞行试验，目标是采用"水星－红石"运载火箭发射无人的"水星"载人飞船。——译者注

② 即 NASA 肯尼迪航天中心的所在地，是 NASA 载人航天任务的主要发射基地，位于佛罗里达州东海岸。——译者注

的西部电气公司员工。克兰兹几乎立刻意识到他所面临的情境已经超出了自己所熟悉的范围，而约翰逊正是一个对卡纳维拉尔角团队工作了如指掌的人。"他似乎什么都知道。"克兰兹回忆说，但也许那是因为彼时他看到的约翰逊正在负责分派任务和听取汇报的工作。

当约翰逊和克兰兹在考虑如何制定发射程序时，他们发现这是一项必须依赖团队才能完成的工作——他们必须与周围同事合作才能完成任务。"你必须学会预测每个人会要求什么、会做什么。我必须懂得什么是遥测技术、什么是飞行控制指令。我必须知道任务内容是什么。我需要能够预测每个人发出的指令。因此，坐在任务控制大厅的后面很有趣，我几乎就像一个现场记者，在故事发生时作记录，只是试图领先故事几分钟。"克兰兹回忆道。

克兰兹的团队成员不会因为他的领导身份而在专业知识上对他言听计从。比如，约翰逊曾向他介绍发射倒计时程序的概念，而那时的克兰兹想的是，"见鬼，倒计时程序应该不会太难吧。这只是一套程序，用来保证我们在发射什么东西之前，一切都已经准备就绪。"

但没过多久，克兰兹就变得谦虚起来。程序只是他认识到的领域中最容易懂的部分。当宇航员在发射台上的火箭中安全地等待发射时，给出"发射"或者"不发射"的指令只是一条简单的决策。但是当火箭已经点火，宇航员开始置身于随时可能发生危险的境地中时，制定这时需要用到的任务规则才是真正需要勇气和信任的工作。"我制定的所有的任务规则都是关于发射前发生的事情的，还没有涉及如果发射后遇到了问题会怎样。"克兰兹说。

第一次"水星－红石"飞行测试并没有像计划中那样顺利进行。尽管整个任务团队拥有各个领域的专业知识，尽管团队成员都愿意承担委派的任务并虚心学习新的知识，但这次被讥讽为"4 英寸飞行"的测试让团队成员陷入了尴尬。火箭发动机在点火发射之后几乎立刻就失去了动力，火箭坠落到发射台上。

在之后的另一起事故中，"水星"飞船的火箭并没有点火发射，反而是逃生火箭意外点火发射，将"水星"飞船抛到了 360 多米之外。"水星"飞船倒是尽职尽责地抛离了锥套，展开了降落伞，虽然这很好，但远处的发射台上仍然有一个满载燃料的火箭孤独地立在风中。研制团队担心火箭仍有可能自行发射甚至爆炸。克拉夫特拒绝了一些团队成员仓促采取行动来降低风险的建议，例如用步枪在推进剂罐上打出一些孔洞来泄出推进剂。最后，他们决定一边监测火箭状态，一边让火箭的电池逐渐放电，这个方法奏效了。

"就算你不知道应该做什么，也不要什么都不做。"克拉夫特在谈到这一事件时说。这一事件也是后来斯坦福大学教授杰弗里·普费弗（Jeffrey Pfeffer）和罗伯特·萨顿（Robert Sutton）称之为"知行差距"（Knowing-Doing Gap）的一个典型例子。他们提出这一原理的目的是解决无法将新想法付诸实践的问题。

"阻碍知识转化为行动的主要障碍之一是误将空谈等同于实践。"普费弗和萨顿在他们 2000 年出版的书《工作最怕光说不练》（*The Knowing-Doing Gap*）中写道，这本书直到今天仍然受到领导们的欢迎。"讨论应该做什么，制订组织的工作计划，收集和分析数据，都将有助于决定采取什么行动，还可以指导和激励行动的实施，"他们继续补充道，"事实上，纸上谈兵往往是采取行动必不可少的第一步，但仅仅空谈该做什么是不够的，计划做得再漂亮也只是计划。事情必须实践，必须有人实干。"

在"水星"计划中，想要实现的新目标是向太空发射火箭和飞船。但在这次飞行试验任务中，无力掌控的情形呈现在困惑的控制人员面前：火箭没有升空，只有飞船的逃生系统起了作用。不过他们很幸运地没有在这个过程中把自己炸成碎片。那么，接下来该怎么做呢？如何弥合认知与实践的差距？正如普费弗和萨顿在书中所建议的，一个关键的方法是需要收集相关数据和信息。如果我们知道需要做什么，我们就能做正确的事。

做好周密准备需要的努力远远超出做好计划。做好准备需要的是实干——训练、模拟，假设可能出现的问题并提出正确的方案来解决问题。"有些人把简述任务和谈话的工作当作了行动，殊不知计划只是为行动提供指导信息，并不能取代行动本身。那样的话，计划就会变为一种光说不练的假把式，与知识转化为行动的实践过程脱离，"普费弗和萨顿在书中写道，"当然，计划可以促进知识的发展和行动的产生，但它并非总是如此，而且往往适得其反。"

项目团队在失败中飞速成长，很快就为约翰·格伦（John Glenn）[1] 进行一次环绕地球多圈的轨道飞行试验做好了准备。在经过发射日期几次改期后，在 1962 年当地时间 2 月 20 日上午 9 时 47 分，格伦搭乘的飞船发射了。在火箭升空 5 分钟后，格伦搭乘的飞船就已经被加速到了足以环绕地球轨道的速度，他报告说："零重力，我感觉很好，飞船正在调转方向 [2]……这景象太棒了！"

这次任务原本计划在轨道上环绕地球运行 3 圈，如有必要的话，也可以拓展到 7 圈。然而，在任务开始的 4 个多小时后，当格伦正飞行在夏威

---

[1] 约翰·格伦曾是一名宇航员，他于 1964 年离开 NASA 后步入政坛，于 1974 年至 1999 年担任俄亥俄州民主党参议员。1998 年，格伦以 77 岁的高龄随 STS-95 任务搭乘"发现号"航天飞机再次飞入太空。——译者注

[2] "水星"飞船发射入轨后，需要从头锥朝前、大底朝后的发射姿态，调整为头锥朝后、大底朝前的轨道飞行姿态。——译者注

夷上空时，他接到了一通来自任务控制中心的改变了一切的电话："'友谊 7
号'，我们一直在地面上监测'第 51 段'传感器的读数，它显示着陆气囊
已经展开。我们认为这是一个被错误触发的信号。"

着陆气囊，顾名思义，应该在飞船着陆时才充气展开，而不应该在在轨
飞行的时候就展开。着陆气囊在太空中意外展开是一种紧急情况，特别是，
这可能还意味着安装在气囊外面的飞船防热大底松动了。如果没有防热大
底，"水星"飞船就可能会在再入地球大气层时被烧毁。这是 NASA 第一次
需要处理在太空中遇到的紧急情况，没有人知道该如何处理。

飞行总监克拉夫特浏览了一遍副手提供的遥测读数后说，他的"直
觉"告诉他，他们看到的是一个错误信号，尤其是考虑到格伦没有从太空
中报告任何异常信息。"这一切怎么会在格伦什么都没有听到的情况下发生
呢？"克拉夫特问道，"如果防热大底真的松动了，不应该会发出很大的声
响吗？……在飞船发动机点火时，松动的防热大底不会发出'叮叮当当'的
撞击声吗？并且，如果飞船上的仪表板显示着陆气囊已经展开，格伦难道不
会立即报告吗？"

宇航员谢泼德作为与正在太空中飞行的格伦通信的宇航通信员之一，证
实了克拉夫特的怀疑，格伦没有报告异常信息。人们准备启动应急程序，而
克兰兹则在操作程序控制台，向世界各地的各个通信站发送警报，通知他们
飞船上有奇怪信号的信息。

时任 NASA 局长助理副手的沃尔特·威廉姆斯（Walt Williams）介入
了这一事件。他让 NASA 的高级管理人员也都参与进来，很快，几个人出
现在任务控制台旁边。他们必须在格伦再入大气层之前做出决定，但没有人
知道最佳的解决方案是什么，也没有可以确认着陆气囊是否已经展开的数据。

克拉夫特确信他们看到的是一个"虚假信号"，然而当 NASA 公共事务官肖蒂·鲍尔斯（Shorty Powers）向媒体公布这个问题时，记者感到有些不对劲儿。越来越多的人意识到，这是一个生死攸关的时刻。"千百万人停下手上的事情，开始关注这一事件。"克拉夫特回忆道。

数据驱动的决策

很快就到了该做出决策的时刻，"水星"任务控制中心仍然没有人能够确认信号是错误的。此时一个想法正在人群中渐渐成型，就是将本应抛离的减速火箭模块（操纵飞船在轨道上实现机动的一组发动机）继续保留在飞船上 ①，以帮助降低"水星"飞船再入时的速度。但克拉夫特认为，在没有经过任何工程分析的情况下，这是一个极其冒险的决定，特别是如果减速火箭中还有剩余的燃料，会有发生爆炸的风险。不过，如果防热大底确实松动了，这种做法说不定真可以拯救格伦的生命。尽管克拉夫特个人对此仍疑虑重重，但他还是做出了让减速火箭模块继续保留在飞船上，与飞船一同再入大气层的决定。"我们采取了一个我至今仍然认为十分危险和鲁莽的行动，让这个减速火箭模块留在飞船上，并让它在再入大气层的过程中焚烧殆尽，"克拉夫特回忆说，"我们完全可能会因为错误的决定而害死格伦，但很幸运，这并没有发生。"

格伦最后惊险地幸免于难，安全返回了地面。NASA 随即迅速加强了从飞船上获得更准确的遥测数据的能力，克拉夫特也制定了一项新的任务规则：除非确实需要，否则永远不要偏离规范。克兰兹回忆说，在格伦执行这次任务之后，飞船上添加了更多的数据源来帮助任务控制团队确认所看到的

---

① "水星"飞船的原本设计是，在再入大气层之前使用附加在飞船防热大底外的一组火箭发动机（减速火箭模块）实现减速，完成减速并再入大气层之前将其抛离。——译者注

内容。"我们曾经在信息不足的情况下做出了一些非常艰难的决定，这驱使我们做出了很多努力让自己能够更加深入地了解飞船系统。"然而，他们并没有足够的时间做出太多的改变。斯科特·卡彭特（Scott Carpenter）的飞行任务被安排在短短几个月之后，为做好发射准备仍然有大量的工作需要完成。

尽管卡彭特执行的任务在技术方面完成得很好，但也遇到了一个大问题。"这可能是我们迄今为止完成得最好的任务，"克拉夫特感叹道，并回忆说，"但这一次是宇航员出了问题。"现在反思起来，卡彭特被安排了过于繁重的工作，他要完成非常多的试验测试，包括测试飞船的机动能力。他太忙了，以至于在任务早期无意中启动了高度灵敏的姿态控制发动机并消耗了过多燃料，导致飞船在第一圈轨道飞行结束时只剩下了不到 50% 的燃料。对于原本计划像格伦一样完成绕地球 3 圈飞行的卡彭特来说，这是一个大问题。

卡彭特本来不需要在轨道飞行上消耗这么多的燃料，但是当他尝试将飞船切换到自动控制模式时，发现控制系统无法使飞船保持所需的姿态。为了解决这个问题，他无意间同时打开了手动控制系统和自动控制系统，两个系统共同运行了 10 分钟的时间，浪费了大量的燃料。当他搭乘的飞船经过夏威夷上空时，任务控制团队要求他调整飞船的轨道并开始再入大气层。然而减速火箭的点火启动比计划晚了 3 秒，导致飞船最终的着陆点超出预定着陆区大约 282 千米，落入了大海。回收船立刻进行搜救，并在飞船落入大海后一个半小时找到了卡彭特，把他从救生舱上救了起来。尽管在太空中发生了意外，但他的身体没有受到伤害。

克拉夫特在谈到卡彭特从离开轨道到再入大气层前的最后几分钟时说："他的快速反应值得称赞。"这次任务使 NASA 认识到了载人航天飞行任务的复杂性，以及宇航员和任务控制团队之间的重要关系。严格关注任务时间表、检查表、程序和任务规则，不管是在太空中还是在地面上都一样重要。

"双子座"计划

在尝试为决策收集数据支持方面，"水星"计划的失败是一个惨痛的教训，但这对于为接下来的"双子座"计划做准备至关重要。"双子座"计划进展很快，随着宇航员开始进行太空行走、空间交会并与其他航天器对接，这些为载人登月做准备所需要的所有空间活动，使"双子座"计划获取的数据量迅速增加。

"我有一个计划……制订好了一个时间表，我也有足够的资金来做这件事。我得到了来自国家的大力支持，"克拉夫特谈到将宇航员从近地轨道送到月球的计划时说，"我得到了国会的支持，我有世界上最伟大的天才们为我工作，并且我也在为世界上最伟大的领导者们工作。因此，这是一个非常好的模式……但我想在刚开始工作时，我们并不知道自己到底在做什么。我们过去都是飞行测试工程师。吉尔鲁斯曾是一名飞行测试工程师，我也是。我们尝试如何将飞机驾驶得更高更快，这就是我们过去一直努力在做的事情。"

为了缩小认知与实际的差距，"水星"计划任务团队在开始执行"双子座"任务时，需要利用他们现有的数据为宇航员的安全和任务的成功做出必要的决策，为登月做好准备。

在格伦执行的那次差点酿成大祸的"水星"计划之后，飞船设计人员不得不开发新的船载传感器，来为他们能够做出基于数据而不是基于经验的决策获取所需的信息。克兰兹说："如果相信了传感数据，认为飞船的防热大底确实松动了，我们就会做出一系列冒险的决定——在飞船再入大气层阶段仍然保留附加的减速火箭模块。我们不知道它是否会损坏防热大底……但如果防热大底没有松动，那么说明遥测数据是错误的，我们就不会做任何冒险的事情。因此，当时克拉夫特在"水星"计划任务控制中心做出的是一个非常艰难的决定。"

他们增加传感数据的努力成功了。"双子座"飞船从其前身"水星"飞船仅拥有的几十条遥测数据增长到拥有数百个不同的数据流。这些数据能够更细致地监测"双子座"飞船的状态，这让克兰兹、克拉夫特和吉尔鲁斯兴奋不已。"我们现在可以查看系统的内部结构，看到很多宇航员自己在飞船上都看不到的东西。"克兰兹回忆道，"我们还能够以更高的采样频率获得需要的数据；我们早已今非昔比，过去我们每秒只能获得 1 个数据，而现在我们每秒能够获得 8 ～ 10 个数据。"

但仅有数据是远远不够的，团队沟通仍是必不可少的——团队内部会定期举行报告研讨会来分享经验教训，讨论如何对飞船进行迭代开发，如何使程序流程和汇报节点成为任务控制主线的一部分。

随着所有这些信息在会议中被定期地讨论，克兰兹说："我们的分析工作开始做得相当不错了，当我们检查系统时，我们能够像侦探一样提前发现可能的问题，并且能在很大程度上防止它们的发生。或者，如果问题确实发生了，我们能够非常快速地进行故障定位，并且识别出需要采取的措施。""水星"计划和"双子座"计划都在努力将想法转化为现实。

掌握年轻人才的供给，"招走整个毕业班的学生"

NASA 在运行一个计划的同时也在准备下一个计划，这产生了对年轻的工程师人才前所未有且日益旺盛的需求。"当我们在几年之后从更长远的角度来看，考虑到太空计划的快速发展和对人才需求的飞速增长，我相信在早期将 NASA 的各大研究中心设立在靠近年轻人才的地点，也就是所谓的'专业对口大学'的决策，确实是一个无比正确的决定。"克兰兹说。

"从根本上讲，我们掌握了年轻人才的供给，这确实为肯尼迪发起的这场如火如荼的太空竞赛提供了源源不断的动力……当我们开始寻找实现载人登月所需的人才时，掌握人才的供给是一个非常正确的决定，我们甚至可以从对口的大学直接招走整个毕业班的学生。"

想想"水星"计划雄心勃勃的时间表——两年内让 6 名宇航员发射升空并安全返回。他们乘坐的飞船非常原始，以至于飞船最原始的型号甚至没有窗户。宇航员穿着宇航服待在飞船里，并在那里停留长达 34 个小时。这期间产生的所有数据都被疯狂地收集起来，经过研究团队的讨论，对未来的任务进行迭代改进。"双子座"计划也在以同样疯狂的速度推进，一直到 1966 年底，终于为"阿波罗"登月计划完成了所有的准备工作。

今天 NASA 的载人航天技术路线是从"水星"计划和"双子座"计划中吸取的经验教训演变而来的。研制团队通过收集数据、建立检验节点，以及将他们所学到的东西用于改进太空飞行任务的实施，弥合了认知与实践的差距。他们的智慧经受了时间的考验。

"你知道，那就是肯尼迪的时代，是卡米洛特时代 [①]。曾经有一段时间，

[①] "卡米洛特时代"是肯尼迪总统任期的代称，出自肯尼迪生前最喜欢的百老汇音乐剧《卡米洛特》中的一段歌词："不要让人们忘记，曾有那样一个地方，虽然短暂却无比辉煌，那就是卡米洛特。"剧中"卡米洛特"指的是由神话中的亚瑟王和骑士进行圆桌会议所在的宫殿。肯尼迪遇刺身亡后，他的夫人杰奎琳用此来指代肯尼迪的任期："伟大的总统会再次出现，但不会再有卡米洛特了。"——译者注

你相信这个神话中的卡米洛特真的存在。是的，它确实存在！那真是一个神奇的时代。"克兰兹回忆起那个令人兴奋的时代时说。肯尼迪的时代为"双子座"计划及 NASA 后续的航天计划留下了无比宝贵的遗产。

工程师思维

○ 大胆的愿景可以激励团队实现大胆的目标。

○ 聘请各个领域具有专业知识的人才，将工作分派给他们来推动成果产出。

○ 建立对创意的管理流程。实施最佳的创意，评估它们的效果，将其他好想法积累下来以备不时之需。

LEADERSHIP MOMENTS FROM NASA

第二部分

"阿波罗"计划
——以解决问题为导向实现目标

LEADERSHIP
MOMENTS FROM
NASA

第 4 章

发现的问题和风险
必须解决

"阿波罗1号"事故

The inability to predict outliers implies the inability to predict the course of history.

— NASSIM TALEB

"我们的驾驶舱里着火了！"

"阿波罗 1 号"飞行乘组遭遇的麻烦打乱了这次例行的发射前测试计划 ①。指令长格里索姆和飞行乘组人员怀特、查菲被关在了发射台上的"阿波罗"飞船指令舱中。事情发生在 1967 年 1 月 27 日，那天距离他们的飞船发射以及真正将新生的"阿波罗"计划推进至"阿波罗"飞船飞向月球只剩下几个星期的时间。

从发出第一次遇险呼叫开始，"阿波罗 1 号"的宇航员们就迅速行动起来，他们之前都曾是训练有素的空军试飞员。怀特和格里索姆开始尝试打开舱门。与之前的载人飞船相比，想要打开新设计的"阿波罗"飞船的舱门是一个复杂的过程，需要转动几个齿轮结构的开关才能向内打开笨重的舱门。而查菲就按照在发生火灾这样的紧急情况下的规定程序，待在座位上等待逃生。

① 此次测试是一次模拟发射测试，目的是检验飞船在外部支持设备全部断开连接，仅靠自身设备供电和运行的能力，因此英文也称为拔出测试（plugs-out test），中文称转电测试。——译者注

"阿波罗 1 号"的飞行乘组人员都训练有素，他们确切地知道此时应该做什么，但时间紧迫，需要分秒必争。NASA 的一份历史文件指出，从控制人员第一次接到宇航员发出的警报到宇航员的声音消失只有短短的 17 秒。几乎是一瞬间，火焰就充满了整个指令舱。而在漫长的 5 分钟后，发射台上的技术人员才将舱门打开。

一切都太迟了，3 名宇航员全部窒息身亡。"阿波罗 1 号"飞行乘组的遇难是一场无法估量的悲剧，对他们的家人、整个 NASA 团队以及没能拯救这 3 名年轻人的现场技术人员来说，这都是一场灾难。这也是一场几乎终结了美国载人航天飞行计划的悲剧，而此时距离谢泼德在 1961 年 5 月完成历史性的首次飞行只过去了不到 6 年时间。

回想起来，有些人曾经质疑过"阿波罗"飞船采用高于海平面压力的纯氧环境来填充飞船指令舱的设计：舱内有许多易燃材料，关闭舱门会形成封闭空间，这会留下巨大的火灾隐患，一个小火花就足以引发闪燃[①]。座舱的起火原因尚不清楚，但是舱门下方的劣质电线是最有可能产生火花的地方。

在任何事故调查工作中，都有很多的因素需要考虑。比如，激进的日程进度安排是否对事故负有责任？因为 NASA 被要求在不到 3 年的时间内让人类登上月球。又比如工程师们是否忽略了纯氧环境中发生闪燃的危险？几年前，一名苏联宇航员就丧生于一次纯氧环境中的训练事故，但当时 NASA 的团队不太可能知道这一事件。还有，格里索姆这样一位经历过两次太空飞行的宇航员为什么在测试前对新飞船的性能如此失望？

---

① "闪燃"是可燃液体挥发的蒸气与空气混合达到一定浓度遇明火发生一闪即逝的燃烧，或者将可燃固体加热到一定温度后，遇明火会发生一闪即灭的燃烧现象。——译者注

事故调查人员必须对每个方面都进行仔细调查，寻找可能导致事故的一切因素，包括审查测试的准备过程、飞船的设计和制造过程、导致火灾的物理因素和与事故有关的决策过程。即使迅速确定了引发事故的物理原因，事故调查和项目恢复也是一个漫长的过程。"阿波罗"计划就此暂停了脚步，但随着 NASA 完成悼念活动、项目恢复并向国会提交调查结果，艰难的时刻正在过去。

在 NASA，日程进度的压力使团队成员之间的沟通协调出现了问题。最后时刻发布的决策在飞船制造商、NASA 和承包商之间传递，但没有明确的管理流程来跟踪变化。火灾发生后，飞船制造商北美航空公司正在统一接管"阿波罗"飞船的制造工作，但人们对项目的缓慢进展感到越来越沮丧。

平衡风险和准备情况审查

1967 年 1 月 22 日，也就是那场致命火灾发生的 5 天前，格里索姆出人意料地表达了他对"阿波罗"飞船指令舱的不满。这发生在格里索姆位于休斯敦的家里，也是他生前最后一次回家。格里索姆从后院的一棵树上摘下一个柠檬，当他的妻子贝蒂问他打算用这个柠檬做什么时，格里索姆的回答是："我要把它挂在那个飞船上。"① 有些人说他后来真的把这个柠檬挂在了卡纳维拉尔角发射场的飞船上，而另一些人说格里索姆只是把柠檬挂在了飞船的模拟器上。基于"阿波罗 1 号"飞行乘组的悲惨事故，事情开始发生改变。

来自外部的压力要求 NASA 在 20 世纪 60 年代结束前完成登月，而为了实现目标需要做好充足的行动准备，在这二者之间取得平衡的需求显然没

---

① 此处柠檬（lemon）一词表示失败的事物或者愚蠢的人，格里索姆借此表达对"阿波罗"飞船设计的不满。——译者注

有得到满足。这使得"阿波罗 1 号"飞行乘组的命运注定成为一个悲剧，也导致了之后"阿波罗 12 号""挑战者号"等其他飞行乘组的悲惨结局。

"阿波罗 1 号"事故的调查委员会列举了许多造成事故的原因，其中之一就是我们今天所说的"文化"。调查委员会在其报告中表示："一方面项目管理存在问题，另一方面 NASA 的各个研究中心之间，以及 NASA 与承包商之间的关系存在问题，这在某些情况下会导致整个团队无法跟上不断变化的项目要求。"他们呼吁要"将参与项目的所有相关组织的责任最大限度地梳理清晰和理解透彻，目的是制订一个完全协调和有效的计划"。

团队成员有没有谈论这些问题？他们听取意见了吗？"我们有一个完整的团队，包括我们的飞行安全人员代表，"作为"阿波罗 1 号"事故首席调查员，同时也是"阿波罗"计划宇航员的弗兰克·博尔曼（Frank Borman）如此向国会解释一次典型飞行任务的准备工作，"在准备'双子座 8 号'任务时，有一个 16 人的团队直接向我汇报……我依赖他们作为我的耳目来获得信息，以确保我们的准备工作按照我认为正确的方式进行。"

但当被问及是否可以改进"阿波罗"计划任务的准备过程时，博尔曼没有立即给出回答："我有点不确定。在您问这个问题之前我还没有考虑过，也许我可以在考虑之后再为您解答。"

火灾事故发生后，乔治·洛被请来领导"阿波罗"计划的团队。他们需要首先恢复飞行试验，然后才能前往月球。乔治·洛的领导风格是鼓励团队成员发现安全问题，并畅所欲言地发表意见，使任务的实施状况得到改善。他的方法后来被描述为管理高可靠性组织所需的领导能力。对于"阿波罗"计划来说，重回正轨需要这种能力。

黑天鹅事件

在舱门封闭状态下的"阿波罗"飞船中进行测试是一项预先计划好的活动，虽然为了确保一切按计划进行，团队成员审查了准备情况，但他们并没有发现舱内易燃的危险。在测试前的准备情况审查中，如果发现任何系统故障或异常，这次模拟发射测试就会被取消。地面测试的准备情况审查也同样严格，测试的成功与发射的成功同样重要。

虽然这次模拟发射的转电测试已获得批准，但并非所有项目都包含在测试前检查中。调查委员会指出，测试程序在 1967 年美国东部标准时间 1 月 26 日下午 5 时 30 分，也就是此次测试的大约 24 个小时前，发布了重大修订；还有另外 4 项程序在测试的当天早上才发布。在最后一刻更改程序可能会增加未知的风险，制定规程并尽可能无偏差地遵循规程是十分重要的，这是从"水星"计划和"双子座"计划中学习到的经验教训。

连锁性问题会造成异常，从而导致一连串的错误。当"阿波罗 1 号"飞船被交付到卡纳维拉尔角发射场时，还有大量的问题需要解决完才能测试，包括线缆的缺陷、冷却剂的泄漏、生命支持系统的故障，还有无线电通信的问题。

坐在飞船内的格里索姆在通信环路中公开表达了他的沮丧，他问测试团队："如果我们连在发射场的两三个建筑之间交谈这种事都做不到，我们怎么可能登上月球呢？"在模拟发射倒计时期间还发生了很多次延迟，在令人厌烦的白天结束后，飞船的舱门终于可以被关闭了。倒计时又开始了，飞船舱内开始被注入纯氧，加注气压。在"水星"计划和"双子座"计划中，这种测试已经完成过多次而且没有发生过任何事故，也许这种经验使得人们忽视了潜在的危险，产生了错误的安全感。

一些报道称，博尔曼后来称"阿波罗 1 号"的火灾事故是"想象力的失败"，尽管这可能并不是博尔曼的原话，但项目团队确实没能想象出在一次常规事件中可能会出现什么问题。美国畅销书作家纳西姆·塔勒布将这种极为罕见的事件称为"黑天鹅"。"无法预测超常之事就意味着无法预测历史进程。"塔勒布在其 2008 年出版的著作《黑天鹅》(The Black Swan) 中写道。

NASA 此前并没有意识到一系列导致飞行乘组和飞船损失的事件所产生的连锁效应，也没有意识到这对其登月计划可能产生的影响。但现在，NASA 必须使宇航员、公众和国会重建信任。乔治·洛作为工程师和领导者，厥功至伟。

博尔曼在国会听证会上的证词是恢复公众信心的方法之一。他在回答问题时坦率而真诚，同时表达了仍然忠于"阿波罗"团队和 NASA 的信念。他对个别听证会代表的回应为重建信任发挥了至关重要的作用。如果有人问他宇航员们对事故有什么感受，博尔曼会提到他自己的飞行经历：在充满纯氧的"双子座"飞船上飞行 14 天。他说，这让他对"阿波罗"飞船仍然采用纯氧环境在太空中飞行有信心。国会议员们赞扬了博尔曼和他的调查委员会成员在调查中对程序的重视。

博尔曼也懂得在必要的时候服从权威。一位国会议员直截了当地问他，在飞船只是"半成品"的状态下"同意航天器进行测试是否合适"。博尔曼，这位曾经的军人，将这个问题转给了高层。"这是一个你应该与项目管理人员和负责接收飞船的人讨论的话题。"他回答说。当博尔曼被问到他自己的上司、NASA 局长助理乔治·穆勒（George Mueller）是否知道飞船还有很多问题未解决时，博尔曼拒绝为他辩护。"你应该等一会儿让穆勒博士来回答这个问题。"博尔曼说。

征服太空值得冒生命危险

在 1999 年参加的 NASA 口述历史采访中，博尔曼回忆说，所有宇航员都知道"阿波罗 1 号"飞船的问题，毕竟它是一种全新的、复杂的飞行器。但是直到火灾发生之前，没有人认为这些问题最终竟会是致命的。当他爬进空荡荡的、被烧得面目全非的"阿波罗 1 号"飞船，开始进行第一次调查时，他的反应是："我不敢相信这一切会发生。"他告诉 NASA 的工作人员，他和同事们专注于记录出了什么问题，思考哪些地方需要修改。"我有大量的工作要做，第一项就是记录开关的状态。接下来，我们复盘了这些开关的工作过程，并试图了解哪些地方可能存在绝缘不良的情况。这是一个极为漫长的过程。"

当博尔曼被问及他是否认为 NASA 会失败，并且永远不会再将人类送上太空时，他的回答与他之前回答国会议员的问题时一样坦率。博尔曼并不害怕，他解释说："我们要乐观，我们只是碰伤了脚趾。"然后，博尔曼回忆起了他在美国空军服役期间一些试飞员的命运："曾经，我身边有不少试飞员把地面撞了个大洞。即便如此，我们也仍要坚持下去。"

> "征服太空值得我们冒生命危险。"
> ——弗吉尔·格里索姆

尽管并不容易，NASA 依然继续推进登月计划。飞船舱门被重新设计，线路缺陷被检查出来，"阿波罗"飞船上实施了数以千计的改进措施。乔治·洛是这样描述的："我们曾经犯过一个严重的错误，没有对所有易燃材料保持绝对的控制。从那次改进时起，我们开始尽一切努力避免类似的错误。我们重新检查了'阿波罗 1 号'飞船的每张图纸、每条电路和每个部件，在设计、制造和测试方面进行了数千处改进。"

在乔治·洛的领导下，项目团队做出承诺，加强沟通并倾听宇航员的意见。宇航员们曾表示，他们厌倦了最近与北美航空公司以及它的承包商的谈话中听到的"非本地发明"[①]。"阿波罗 1 号"的悲剧对每个人重申了安全的重要性。飞船的安全问题得到了思考、管理和解决，日程进度安排也得到了有效管理，虽然节奏仍然很紧张，但乔治·洛愿意倾听意见并果断采取行动，这意味着小问题不会发展成大问题。

1968 年 10 月，"阿波罗 7 号"飞行乘组成功完成了为期 11 天的任务，在围绕地球运行的过程中对新飞船系统进行了测试。在对重新设计的指令舱和服务舱有关风险进行控制与测试的过程中，对飞船安全性的重视发挥了作用。

格里索姆没能在"阿波罗 1 号"飞船上实现他想要的改变，他的意见曾经无人理会，但火灾发生之后情况发生了变化。"阿波罗 7 号"指令长沃尔特·斯基拉（Walter Schirra）在训练期间和执行太空任务期间为"阿波罗 7 号"飞行乘组提供支持，他会在必要的时候取消一些工作，以减少宇航员的工作量。协调飞行乘组和任务控制团队之间的关系很困难，但这对项目的成功至关重要。"阿波罗 8 号"任务的指令长博尔曼也从那次火灾的经历中吸取了教训，虽然他是一个说话温和的人，但在谈论任务优先级时他会直言不讳，而且表现得很坚定。

"我认为我最害怕的是飞行乘组会以某种方式把任务搞砸，这是我不想看到的，"博尔曼在他的口述历史采访中回忆起"阿波罗 8 号"任务，"我和威廉·安德斯（William Anders）、詹姆斯·洛弗尔（James Lovell）组成了

---

① 非本地发明（Not Invented Here，NIH）指技术不是在组织内部被创造或发明出来而被排斥的现象。泛指只采用内部开发的技术而排斥外来技术的现象。——译者注

一个很棒的团队，我们可以完成 NASA 交给我们的任何事情。而且，我真的……不希望任务被搞砸……我想按计划准时飞向月球。"

博尔曼带领"阿波罗 8 号"飞行乘组不仅准时飞向了月球，还成功完成了人类从未做过的事情——安全地往返于月球和地球之间[①]。距离 20 世纪 60 年代结束还有 1 年，NASA 已准备好实现看似不可能完成的目标。

工程师思维

- ○ 重建信任需要时间。以诚信、真实和透明的方式工作，并致力于成为发现和解决问题的领导者，在建立、维持和重建信任方面发挥着重要作用。

- ○ 谦逊的领导者提出问题、认真倾听、仔细思考并鼓励团队成员畅所欲言，这可以改变组织文化。

- ○ 准备情况审查可以帮助团队确保准备好去做他们计划做的事情。识别出的问题和不受控的风险必须得到解决。

- ○ 高层领导对于安全文化的创建至关重要。

[①] "阿波罗 8 号"飞船完成了人类首次载人绕月飞行任务，并安全返回了地球。——译者注

LEADERSHIP
MOMENTS FROM
NASA

第 5 章

在思想碰撞和交流中
寻求最佳方案

"阿波罗8号"任务成功

Without risk, there can be no progress.

— GEORGE LOW

"没有风险，就不可能有进步。"
——乔治·洛，NASA第4任副局长

　　在 NASA 建立的早期，乔治·洛的影响力贯穿上下，在这个机构的圈子里处处都是他的影子。乔治·洛是亲眼看着 NASA 建立与发展的人。NASA 于 1958 年作为民用航天机构成立，在早期，乔治·洛是为"水星"、"双子座"和"阿波罗"计划的建立打下基础的团队中的一员。尽管乔治·洛的本意是在科研一线设计和建造航天器，但他后来还是被调往了 NASA 位于华盛顿特区的新总部，成为载人航天计划的负责人。

　　乔治·洛是新团队中最重要的一位成员，他接到消息后没有任何犹豫就接受了这项调动，并与约翰逊航天中心告别。这座 NASA 新建的载人航天中心位于休斯敦，宇航员在这里生活、工作，并为他们的太空飞行接受训练；而将宇航员送入太空的发射场是位于佛罗里达州的卡纳维拉尔角。乔治·洛意识到自己前往华盛顿工作是一个必要的举动，在那里，他将更容易接触到国会议员，这些议员是能够保证资金持续流向 NASA 的关键决策者。

　　乔治·洛是 NASA 登月计划的早期推动者之一。在 1961 年肯尼迪总统宣布登月这一历史性决定的很长时间之前，乔治·洛就开始呼吁实施载人登月计划。他对推广这一计划十分卖力，据说有一位记者戏称他为"最早的登月狂热者"。乔治·洛是一位有远见的人，他在 1959 年初就开始呼吁登月，而那甚至比美国宇航员飞入太空还要早两年。

乔治·洛是戈特委员会的成员，这个成立于 1959 年 4 月的委员会的使命是为 NASA 制订长期战略计划[①]。当然，戈特委员会的首要任务是推进"水星"计划，以便使"人类尽快进入太空"。对于更远的未来，他们认为需要制订一个超越"水星"计划的宏大规划，他们对未来充满雄心勃勃的愿景。仅仅在载人航天方面，他们就要求建造一种"机动载人卫星""载人航天实验室"和实施载人登月任务。

乔治·洛在记载 NASA 历史的书《阿波罗战车》(*Chariots for Apollo*) 中回忆，戈特委员会中的一些成员只愿意实施环月飞行任务，而并没有把目光投向登月。"我记得有一次有人问戈特：'我们什么时候决定是否要登上月球？我们要如何才能登上月球？'戈特说：'呃，到那时我应该已经退休了，这就不归我管了。'"

尽管戈特的表达诙谐幽默，但乔治·洛还没有准备好退休，对于安全而高效登月的想法，乔治·洛从未言弃。"没有风险，就不可能有进步。"乔治·洛的这句话经常被人们引述。乔治·洛撰写了 NASA 的报告，建议肯尼迪执行登月计划。肯尼迪接受了这份报告，并于 1962 年在莱斯大学发表的演讲中做出执行登月计划的承诺。这位美国总统经常被誉为"将 NASA 带到月球上的人"，但实际上，正是在乔治·洛的建议下，登月计划才开始实施。

---

① 1959 年 4 月，载人航天飞行研究指导委员会成立并由 NASA 艾姆斯研究中心的哈里·戈特（Harry Goett）担任主席。戈特委员会考虑了 NASA 在"水星"计划之后的目标，并在 1959 年中期得出结论，NASA 在后"水星"时代的适当目标是将人类送上月球。——译者注

广开言路

在 1961 年时，戈特委员会还有很多事情没有搞清楚。当时，关于如何实施登月任务存在相当大的争议。大多数"内行"支持一个称为"地球轨道交会对接"的方案。这个方案中，"阿波罗"飞船的指令服务舱和登月舱将通过两枚单独的火箭发射进入太空，并在地球轨道上完成交会对接后形成组合体一起飞往月球。

尽管乔治·洛自身就是一名经验丰富的工程专家，但作为领导者，他对 NASA 其他工程专家的意见十分重视，广泛征求了他们的意见。乔治·洛知道如何才能得到一个可以完成一些前所未有任务的最佳方法，那就是对所有建议进行讨论，聆听不同观点并通盘考虑。在计划登月任务的早期，乔治·洛在一位名叫约翰·霍博尔特（John Houbolt）的年轻工程师面前表现得十分谦逊。霍博尔特领导的团队提出了另一个登月方案，即通过一枚火箭同时发射指令服务舱和登月舱，其中，登月舱将下降到月球表面并返回环月轨道，与停留在环月轨道上的指令服务舱进行所谓的"月球轨道交会对接"。

这是一个绝妙的主意，但仍然有一个小问题：在霍博尔特和他的团队成员提出这个方案的时候，还从来没有人在太空中进行过航天器的交会对接，甚至在地球轨道上都没有进行过，遑论月球。可以理解的是，一向行事谨慎的 NASA 认为地球轨道交会对接方案将是最好的解决方案。但霍博尔特和他团队提的方案在成本和复杂性方面确实具有突出的优势——只需要发射一枚火箭，潜在的故障点就减少了，节省的成本也将是可观的。

乔治·洛承认让大家认可这一方案还欠缺一些说服力。"我们知道霍博尔特和他的团队成员正在研究这个方案，偶尔也有人向我们提起它，但在一开始没有人认为这是一个有价值的方案。"乔治·洛在记载 NASA 历史的书

《在这年代末之前》（*Before This Decade Is Out*）中说道。该书记述了"阿波罗"计划中领导者们的不同意见。

"从历史上看，每个看过这个方案的人都觉得不可行，"乔治·洛继续说道，"我们第一次看到月球轨道交会对接方案的时候就被惊到了，但只有当我们像霍博尔特一样深入研究这个方案之后，我们才确信这确实是一条正确的道路。"

但在 NASA 能够去往月球之前，必须证明地球轨道上的航天器交会对接是可以实现的。1964 年，乔治·洛被调到休斯敦，帮助监督"双子座"计划通过那些高难度的复杂测试，为"阿波罗"计划和即将到来的登月任务做准备。在两个航天器都以 25 倍音速飞行的情况下，成功实现交会对接并不是一个容易的过程。1966 年，阿姆斯特朗和戴夫·斯科特（Dave Scott）进行了第一次尝试，他们驾驶飞船在地球轨道上与一个"阿金纳号"目标飞行器进行对接，结果险些酿成了大祸。

由于他们乘坐的"双子座 8 号"飞船中的一个推进器卡在了开启状态，对接在一起的航天器组合体开始快速旋转。宇航员尝试将与目标飞行器分离后，发现他们的飞船几乎无法控制地以 1 圈每秒的速度旋转，这使得飞船无法定向。思维敏捷的阿姆斯特朗使用了再入系统稳定飞船的旋转，这虽然使得任务提前结束，但挽救了飞行乘组的生命。根据"双子座 8 号"任务的经验，这个未来将要实现登月的飞行乘组证明了对接的想法是可行的。

尊重团队的专业知识

为实现登月进行的另一项重大准备是弄清楚如何进行舱外活动，也称太空行走。当时很少有人了解宇航员如何身穿宇航服在太空中安全地进行移动。在美国的第一次太空行走中，怀特离开了"双子座 4 号"飞船的座舱，并测试了一种机动装置。这个装置看起来像一根两端带有压缩气体推进器的"魔杖"，可以让宇航员在太空中移动。这个装置大体上是好用的，但是人们认为宇航员的舱外活动还需要更好的身体控制，最好能让宇航员使用扶手来移动，而问题是早期的"双子座"飞船外部并没有安装可用的扶手。

在"双子座 9A 号"任务中，尤金·塞尔南（Gene Cernan）在试图绕过飞船并移动至对接适配器时，宇航服严重过热[①]，这引起了所有人的注意。在"双子座 10 号"任务中，柯林斯使用系绳取得了更进一步的成功，但这种方案仍然需要改进。时任约翰逊航天中心主任的吉尔鲁斯在此时介入并告诉团队："我最近对如何才能最好地模拟和训练舱外活动进行了大量思考。KC-135 飞机的零重力飞行和水下模拟都应该在宇航员的训练计划中使用。""双子座 12 号"的飞行乘组成员洛弗尔和奥尔德林必须找到解决方案。奥尔德林通过在水下进行模拟来测试使用扶手移动的方案，以便在飞船外移动时保持对身体的控制。在这次任务中，奥尔德林证实了扶手的实用性。由于在"双子座"飞船和"阿金纳号"目标飞行器上安装了扶手，他在飞船上移动起来很方便。

虽然这些关于地球轨道交会、太空行走和对接的决定是由许多人共同做出的，但乔治·洛作为一名在幕后工作的领导者起到了非常有效的促进作用。他充分发挥了他作为工程师的经验，并在必要时向国会中掌管预算的"铁公鸡"们说明了提供资助和维持任务序列的理由。在"阿波罗 1 号"的火灾发生后，作为"阿波罗"计划办公室的主管，乔治·洛领导了对"阿波

---

① "双子座"计划中的宇航服由空气冷却。塞尔南身穿宇航服执行动作非常困难，导致他的工作量增加，使宇航服密闭空间中的冷却系统不堪重负，引起了过热，他开始出汗，面罩也开始起雾。后来的"阿波罗"舱外宇航服改为水冷控制。——译者注

罗"飞船的改进。他制定了新的安全操作规程，设立了配置控制委员会负责监控重新设计"阿波罗"飞船系统时产生的大量技术变化。

对 NASA 的内部人员来说，"阿波罗 8 号"任务是特别令人难忘的，因为它是朝着在 20 世纪 60 年代结束前将人类送上月球这一目标迈出的大胆一步①。这次飞行任务的目标直到最后一刻才进行了大胆的修改。在"阿波罗 8 号"之前，NASA"阿波罗"飞船的指令服务舱终于准备就绪并在太空中完成了测试，但登月舱的研制进度却落后了。在经历了"阿波罗 1 号"的事故之后，没有人着急推进登月舱的研制。但是，此时有秘密信息表明苏联正在执行自己的登月计划。NASA 的使命是让美国成为第一个将人类送上月球的国家，因此彼时 NASA 正面临一个关键的抉择时刻。

乔治·洛后退一步，从大局出发，着眼于靠现有的能力可以实现的目标。他可以确定的是，如果按照原定的计划顺序，让"阿波罗 8 号"在地球轨道上飞行来进一步测试指令服务舱，那么登月舱的研制进度滞后可能会导致登月任务的延迟。虽然这次任务将是"土星 5 号"火箭首次执行载人发射任务，但如果按原计划实施，它最后在本质上只会是"阿波罗 7 号"任务的一次重演②。随着 1968 年年关将近，如果继续等待登月舱准备就绪，那么宇航员在接下来短短一年多时间内登月的希望也许就会变得渺茫了。

"然而，在政治上，这是一个糟糕的冒险决定，"理查德·尤雷克

---

① "阿波罗 8 号"任务是"阿波罗"计划中的第二次载人飞行任务，也是人类第一次离开近地轨道，完成绕月球飞行的太空任务；同时这还是"土星 5 号"火箭首次执行载人发射任务。——译者注

② "阿波罗 7 号"任务是"阿波罗"计划中首次载人飞行任务，飞船发射于 1968 年 10 月 11 日，环绕地球飞行了 11 天。本次任务未设登月舱，由"土星 1B 号"火箭作为运载火箭。——译者注

（Richard Jurek）在他 2019 年出版的乔治·洛的传记《终极工程师》（*The Ultimate Engineer*）中记载，"要知道，'阿波罗 8 号'任务是在火灾后执行的。当时我们只有过两次'土星 5 号'登月火箭的无人飞行经验，其中第二次发射还出现了一些问题[①]，'阿波罗'飞船还没有尝试过载人飞行。因此，从政治上来说，如果你仔细看看当时的情况，我敢肯定那时的 NASA 局长詹姆斯·韦伯一定认为我们都疯了。"

但是在 1968 年 6 月和 7 月，当登月舱只能停放在肯尼迪航天中心，并且难以通过需要的认证测试时，乔治·洛意识到可能赶不上原定于 1968 年 12 月发射的计划了。没有人想匆忙推进这艘航天器的研制进度。乔治·洛想，或许他可以利用现有的资源"让'阿波罗'计划向前进一大步"。

乔治·洛亲自检查了名为 CSM-103 的指令服务舱[②]，确信它"非常干净"并且已经准备就绪。1968 年 8 月，他提出了仅使用指令服务舱执行月球任务的想法，并要求克拉夫特仔细考虑在没有登月舱的情况下执行一次月球轨道环绕任务的可能性。乔治·洛还带着这个想法去找了吉尔鲁斯，想看看他会有什么反应。吉尔鲁斯准备支持这个想法，克拉夫特也同意了。

考虑到可能的风险，乔治·洛想在 1968 年底前掌握所有人对登月计划在技术和运行两方面存在的挑战的看法。他去找了宇航员办公室的负责人德克·斯莱顿（Deke Slayton），了解宇航员办公室的看法。他还向斯莱顿保证，这项绕月飞行的任务"从地面控制和船载计算机软件的角度来看，在技

---

① 两次发射分别是 1967 年 11 月 9 日发射"阿波罗 4 号"和 1968 年 4 月 4 日发射"阿波罗 6 号"。其中，"阿波罗 6 号"任务携带了模拟登月舱的配重，来测试运载火箭和阿波罗指令服务舱的性能。在"阿波罗 6 号"任务中，由于火箭发动机燃烧不稳定造成的自激振动损坏了第二级和第三级 J-2 发动机的燃料管线，导致发动机提前关机。——译者注

② 即后来用于"阿波罗 8 号"任务的指令服务舱。——译者注

术上是可行的"。乔治·洛和他的团队接下来前往亨茨维尔，与"土星 5 号"火箭的设计师冯·布劳恩和 NASA "阿波罗"载人登月计划的负责人塞缪尔·菲利普斯（Samuel Philipps）及 NASA 其他中心的代表进行了会谈。

那是一个充满挑战的时期。"阿波罗"团队一直在非常努力地从"阿波罗 1 号"的火灾中恢复到正轨上。18 个月以来，约翰逊航天中心的停车场在晚上和周末都是爆满的，每个人都按照要求完成了"土星 5 号"火箭、指令服务舱和登月舱的准备工作。尽管面对着日程安排的苛刻要求和近乎无情的巨大工作压力，但团队从未放弃对于成功的渴望。乔治·洛在配置控制委员会的帮助下了解团队所面临的挑战，这给了乔治·洛所需要的洞察力，让乔治·洛相信能够解决所面临的技术挑战。乔治·洛尊重团队成员的专业知识，并给予他们完成工作所需的充分自主权，因为这些工作要求团队成员所做的是在本质上极其困难的事情。

在"阿波罗"登月 40 年后出版的《驱动力》（Drive）一书中，作者美国著名职业分析师丹尼尔·平克（Daniel Pink）描述了能够激励团队取得卓越成就的力量。平克回顾了 40 年来关于人类动机的研究，提出了对理解动机至关重要的 3 个要素：自主、专精及目的[1]。而这些都是乔治·洛领导风格的一部分。从一方面说，没有什么挑战比研制让人类登月的航天器更大、更难，而从另一方面说，在当时也没有什么比在 20 世纪 60 年代结束前实现总统提出的登月目标更重要。"阿波罗"计划的成就体现了由平克总结出的信息所蕴含的力量及乔治·洛的领导智慧，也是 NASA 致力于团队合作的重要文化遗产。

---

[1] 在平克的《驱动力》一书中，"自主"（autonomy）指自己掌握方向的愿望，"专精"（mastery）指想要把自己所做的事情做得越来越好的强烈欲望，而"目的"（purpose）指超越自身的渴望。此书的中文简体字版已由湛庐引进，由浙江人民出版社 2018 年出版。——译者注

会议上没有人对乔治·洛的建议提出重大的技术性反对意见，因此该小组决定暂时休会，并承诺在华盛顿的会议上仔细考虑并做出最终的决定。他们听取了能想到的与决策相关的每一位高级管理人员的意见。团队尽量不落入"进度狂热"[①]的怪圈，因为他们考虑到了每个人的担忧。甚至当负责载人航天飞行办公室的 NASA 局长助理乔治·穆勒在维也纳出差时通过电话提出反对意见的时候，团队也没有试图压倒穆勒的反对意见，而是承诺努力化解他的担忧。

凝聚共识

NASA 局长托马斯·潘恩（Thomas Paine）请房间里的每个人进行了单独投票，以确保没有人觉得他们是被逼迫做出决定的。围绕桌子的专家们的声音充满自信，他们已经审查了所有技术方面和运行方面的挑战——任务已准备就绪。潘恩说他感到放心，并会与穆勒本人谈谈该怎么做。穆勒仍然对如此迅速地开展行动持保留态度，但他表示只要 NASA 在"阿波罗 7 号"飞行成功之前不公开宣布"阿波罗 8 号"的绕月飞行计划，他就会批准这一计划。

乔治·洛不断建立起共识，他与政府人员和承包商员工会面，讨论"阿波罗 8 号"绕月飞行的方案，并认真倾听他们的担忧。他在传记里回忆起1968 年 8 月与罗克韦尔公司（Rockwell）高级经理威廉·伯根（William

---

① 进度狂热（go fever）在 NASA 是一个非正式的术语，是在 1967 年"阿波罗 1 号"火灾事件后创造的，字面上是指任务控制大厅中此起彼伏的"go"声音（在发射前的任务准备过程中，各系统的负责人通常会以"go"来表示准备就绪）。这个术语被引申指代匆忙完成任务而忽视潜在问题或错误的一种整体态度。但此处"进度狂热"指代的是一种类似"群体思维"的现象，即一个团体可能为了友善和维持团体气氛而人云亦云，最终做出错误的决定，由社会心理学家欧文·贾尼斯（Irving Janis）于 1972 年创造。——译者注

Bergen）的一次有些麻烦的谈话。伯根担心任务可能无法及时准备就绪，于是乔治·洛和伯根一起检查了飞船系统，乔治·洛让伯根放心，只需要进行微小的改动就可以让"阿波罗 8 号"为绕月飞行做好准备。克拉夫特还检查了任务运行部分的每个细节，同意继续推进计划。带着克拉夫特的认可，斯莱顿去找了"阿波罗 8 号"飞行乘组的指令长博尔曼，看看他是否有兴趣去月球。

博尔曼回答说，只要 NASA 承诺不会让飞行乘组人员承担额外的任务，他们就能够执行绕月飞行计划。"有一天下午，我们大约有 6 个人坐在克拉夫特的办公室里，查看了飞行计划，试图了解我们在整个飞行过程中都要做什么。"博尔曼在 NASA 的口述历史采访中说。他表示，通过对每个人观点的仔细讨论，他们就能够对基本的飞行计划和安全的任务长度达成共识。"我一直认为，这是克拉夫特的管理风格，这是使我们能够只用一个下午就敲定了任务的基本原则。"

有了管理层的认可，技术细节也被敲定，飞行乘组是时候为任务做好准备了。"像飞行一样训练，像训练一样飞行"是 NASA 宇航员的共同口头禅。在发射前的两个月里，"阿波罗 8 号"的飞行乘组将注意力集中在了最后的细节上。

他们在模拟器上花了很多时间来研究任务中最复杂、棘手的部分，包括带他们飞向月球的决定性的地月转移入射和将带他们回家的月地转移入射。他们不仅复习了常规的操作，还回顾了多种可能出错的方式。当飞船飞到月球背面时会与地球上的任务控制系统中断无线电联系，他们模拟了在这种情况下遇到各种问题时的处理方法，例如氧气泄漏或发动机故障。他们在发射台和大海中进行了飞船逃生训练，以便需要进出航天器时，他们可以依靠肌肉记忆处理这些常规的操作，让他们的头脑腾出时间应对任何突发的事件。

力量、勇气和信心

宇航员安德斯估计任务失败的可能性相当大，宇航员和他们的家人也做好了飞行乘组无法返回地球的准备。"我知道这枚'土星'火箭和指令舱中的每一根小电线和继电器。而且，作为一名工程师，我也许能够比许多其他人更准确地……确定它是否安全。"安德斯说。他补充道："这都让我认为……我们有三分之一的可能性会无法从月球返回，有三分之一的可能性不得不终止任务，而我们能成功完成这次任务的可能性仅有三分之一。"

> "在每一次真正停下来直面恐惧的经历中，你都会获得力量、勇气和信心。你必须去做你认为做不到的事情。"
> ——埃莉诺·罗斯福（Eleanor Roosevelt）①

1968 年 12 月 21 日，博尔曼、安德斯和洛弗尔从佛罗里达州起飞，这是一个激动人心的时刻。这一时刻是如此重要，以至于在 1927 年独自驾驶飞机跨越大西洋的飞行员前辈查尔斯·林德伯格（Charles Lindbergh）和他的妻子安妮一起到现场观看了发射。曾经是航空航天工程师的林德伯格在发射前一天晚上向飞行乘组询问发射火箭会使用多少燃料。他被告知在火箭点火后的 2 秒内，火箭燃烧的推进剂量就将超过他在 1927 年从纽约飞到巴黎的整个航程中使用的燃料使用量。

"阿波罗 8 号"飞行乘组和任务控制人员让整个过程看起来无比顺利，这也证明艰苦的日常训练是有效的。飞船被发射到地球轨道上，安全地与火箭分离，并顺利进行了地月转移入射。宇航员们不仅飞向了月球，还试图吸引美国公众的注意。"阿波罗 8 号"的宇航员们说，在月球上，"我们几个宇

---

① 美国第 32 任总统富兰克林·罗斯福的夫人。——译者注

航员试图代表整个美国"。这是一个强有力的号召,将太空计划与社会大众联系起来,并在这一年中美国最重要的节日(圣诞节)里为身在万里之外的宇航员家庭送去慰藉。

在 1968 年圣诞节那天,任务的另一个关键时刻顺利到来,在发动机点火后,飞船成功地绕过月球,开始飞向地球。"圣诞老人要来啦!"洛弗尔从大约 38.6 万千米之外向他在休斯敦的同事们开玩笑说。

美国取得了胜利,它以一种将世界上更多人团结在一起的方式取得了胜利。宇航员转播的平安夜朗读及任务中的其他活动引起了全人类的关注。"阿波罗 8 号"飞船中 3 名宇航员的照片登上了《时代周刊》的封面,有评论称,在 1968 年那些令人不安的事件之后,"阿波罗 8 号"为未来带来了希望。NASA 取得了胜利。但是登月舱能及时地为 1969 年的登月计划做好准备吗?登月舱的就绪将是在未来短短几个月内将人类带到月球表面的关键之一。

工程师思维

○ 在最佳可用数据的基础上,相互尊重的讨论、观点碰撞和决策部署是成功团队的标志。

○ 建立专家团队,给予他们所需的资源让他们掌控所面临的挑战,让他们做自己所专精的工作,并不断地提醒他们做这些工作的目的。

○ 在实施大胆的新想法时,要争取获得广泛的支持。

LEADERSHIP
MOMENTS FROM
NASA

第 6 章

绝不在专业技能上
有短板

"阿波罗 11 号"成功载人登月

The Eagle
has landed.

— NEIL ARMSTRONG

""'鹰号'登月舱已经着陆。"
——尼尔·阿姆斯特朗，美国宇航员、"登月第一人"

在"阿波罗 11 号"飞行乘组驾驶"鹰号"登月舱进入落月下降段的过程中，阿姆斯特朗和奥尔德林正在快速地飞向月球表面，"鹰号"突然发出奇怪的警报。

"程序警报！"阿姆斯特朗瞥了一眼他的显示器后又说，"警报代码1202 号。"

"1202 号。"奥尔德林复述了一遍。

几秒过去了，在宇航员们等待来自休斯敦任务控制中心的消息时，他们的脑海中浮现出终止登月任务的念头。

"请给我们一个 1202 号警报的解释。"阿姆斯特朗再次通过无线电说。

从地球发往月球的通信信号需要"飞行"2.5 秒的时间，从月球返回地球也需要 2.5 秒。在他最后一次向地球传输通信信号后的 7 秒内，也就是距离警报第一次响起仅半分钟后，阿姆斯特朗就收到了地面控制中心人员的回应。

"收到。"休斯敦任务控制中心的宇航通信员，同时也是宇航员的杜克回复说，"收到，正在处理。"

克兰兹在此之前已经让任务团队确保为可能出现的任何警报与突发事件做好了准备。他们的模拟训练奏效了。在准备"阿波罗"飞船登月任务的过程中，对飞行模拟器的使用有了很大的进步，任务控制小组与宇航员在飞行模拟器中对太空飞行中每个阶段的操作进行了反复的练习。

模拟训练团队被航天飞机前项目经理韦恩·黑尔（Wayne Hale）戏称为一个"恶魔般阴险狡诈的团队"，该团队负责对宇航员和飞行控制员进行训练，使得他们准备好处理在太空中可能出现的任何情况。宇航员们希望在对每一个任务流程进行详细了解和测试的情况下进入太空，而不是贸然行动。无论飞船系统在完好无损的，还是部分故障的，甚至失效的情况下，他们都能够完成任务。因此，他们要确保自己能够处理任何可能发生的情况。

地面团队也不例外，因为他们在训练中获得的经验对"阿波罗 11 号"飞船的成功着陆同样至关重要。为了避免分散注意力，阿姆斯特朗在落月下降时不得不暂时忽略登月舱发出的 4 个 1202 号警报和 1 个相关联的 1201 号警报。他和奥尔德林没有时间讨论登月舱为什么会发出警报，他们必须毫不犹豫地接受并相信任务控制中心的答复：地面控制中心的人员向他们保证任务可以继续进行。

除此之外，又出现了其他更麻烦的问题。阿姆斯特朗注意到登月舱正在自动向着一个撞击坑内着陆，这不是一个好现象，因为视线原因，他们看不到将要着陆的地面。于是他接管了飞船的控制权并开始转向，在满是岩石的地带上空盘旋，以寻找一个安全的着陆点，但燃料快要耗尽了。

"剩余燃料量可供登月舱继续飞行的时间还有 30 秒！"奥尔德林一边提醒，一边从他旁边的仪表盘读出高度计数据。

1969 年美国东部夏令时 7 月 20 日下午 4 时 17 分 39 秒，当"鹰号"登月舱降落在月球静海的表面时，无线电频道一片寂静。在计算机报警、飞行乘组需要手动控制登月舱并寻找更合适的着陆位置，以及登月舱的燃料量可供登月舱继续飞行的时间只剩下 20 秒的情况下能够成功着陆，杜克对此评论："我们紧张得快要窒息了，现在我们终于能喘过气来了。"这恰当地描述了着陆最后时刻的紧张气氛。

关于登月舱的程序警报问题是如何解决的，这个故事显然要追溯回 1969 年 7 月"阿波罗 11 号"成功登月的那个下午之前，也许最好的起点是"阿波罗 9 号"。

从模拟器训练的失效中学习

即使在"阿波罗 8 号"任务取得了令人难以置信的成功之后，登月也并不是一件能保证成功的事。是的，飞船已经能够环绕着月球飞行了，NASA 登月舱在月球表面的成功着陆似乎已经触手可及。在即将到来的"阿波罗 9 号"任务中，加快步伐将未经太空测试的登月舱送到月球表面，本来是很容易做出的决定，但任务管理人员却想让登月舱在进入危机重重的着陆尝试之前，再完成 2 项关键测试。

"阿波罗 9 号"将在地球轨道上对登月舱进行测试。它将与阿波罗飞船指令服务舱分离，然后在近地轨道上点火，并与指令服务舱轻轻地重新对接。之后，登月舱驾驶员拉斯蒂·施韦卡特（Rusty Schweickart）将进行一次模拟的紧急太空行走，从登月舱外部移动到指令舱外部，然后进入指令舱，以备在无法正常对接的情况下仍能保证宇航员返回指令服务舱。

这次任务取得了成功，除了施韦卡特由于常规的空间运动病[①]需要减少太空行走活动量，没遇到什么问题。空间运动病是大多数宇航员在进行太空飞行的初期所面临的问题，在今天已经可以通过药物和减少日程安排来解决。促成这次任务的这群无名英雄是在地面上创造了登月舱模拟器的团队，是他们的努力让施韦卡特和指令长詹姆斯·麦克迪维特（James McDivitt）成功地驾驶登月舱飞离指令服务舱，并且能够在无须进入轨道的情况下，在地面上对返回和对接指令服务舱进行模拟。

"有些人觉得'阿波罗9号'任务就像一潭死水一样无聊，但对我们来说完全不是这样。"弗兰克·休斯（Frank Hughes）在2013年接受NASA口述历史采访中说道。休斯在"阿波罗"计划和航天飞机计划中为帮助宇航员做好进入太空的准备做出了杰出的贡献，最后作为NASA太空飞行训练主管退休。

"我们必须确保登月舱能够真正准备就绪，"休斯说，这位任务模拟专家与飞行乘组一直在密切合作，"人们之前一直在模拟器中对着雷达屏幕工作，突然间，我们必须让指令服务舱和登月舱的两个模拟器能够相互联通。当进入指令服务舱模拟器时，你透过舱窗观看到的登月舱并不是真正的登月舱，而是通过相机拍摄到的模拟室里的登月舱模型影像。反之亦然，在登月

[①] 空间运动病是宇航员在太空飞行的初期，在失重环境下空间定向失常、方位感缺失引发的眩晕、恶心、呕吐等类似于地面运动病（晕车、晕船）的症状，多发于宇航员进入太空的前3天。——译者注

舱模拟器中，你向窗外看时也会看到指令服务舱的模型影像。这些模型会带着照相机随着宇航员的操作来回移动。"尽管模拟器还稍显简陋，但在模拟器中的训练也能够帮助"阿波罗 9 号"飞行乘组学习如何在太空中成功地执行任务，有时成功甚至是通过模拟器训练中的失败来获得的。

反复训练并遵照正确测试结果

一切似乎都为定于 1969 年初的"阿波罗 10 号"最后一次测试飞行任务做好了准备。在飞行乘组指令长托马斯·斯塔福德（Thomas Stafford）的带领下，飞行乘组将一路飞向月球，距离月球最近时只有不到 15 千米的高度。他们的登月舱被亲切地命名为"史努比号"。"史努比号"比较重，它的设计并非用于在月球表面降落。但除了真正登月，它可以做任何事情，包括进行几次关键的点火变轨、降轨以接近月球表面，再升轨返回指令服务舱。

休斯回忆说，宇航员们为这个机会努力训练。"'阿波罗 10 号'任务很有趣。他们现在正在拓展飞行控制软件的边界，他们正在使用它，并尽可能地推动它向前发展，"他说，"我和飞行乘组非常亲近，我们相处得非常好。当他们飞行时，我们过得很愉快。"

也就是说，在进入太空之前，每个人的准备过程都很顺利。"阿波罗 10 号"的登月舱和指令服务舱在绕到月球背面的时候进行了分离，超出了与地球进行无线电通信的范围。然后，登月舱开始点火降轨并向月球表面靠近。从距离月球约 97 千米的初始高度下降到约 14.5 千米的高度，在这个过程中没有发生任何问题。然后，休斯回忆起了当飞行乘组试图返回指令服务舱时发生的事情。

"那时，宇航员们只知道指令服务舱在哪里，但不确定登月舱在哪里。"他解释说，因为登月舱刚刚进行了一次向月球地面下降的操作，当登月舱开始返回时，"所有的目标跟踪滤波器都不好使了。"休斯说。

当登月舱因为未知原因开始旋转时，宇航员们非常担心，他们试图找到返回指令服务舱的正确方向。尤金·塞尔南此刻正在驾驶登月舱，他对着打开的麦克风骂了一句脏话。虽然部分公众对塞尔南的脏话并没有留下太深刻的印象，但这一举动确实帮助他和飞行乘组指令长斯塔福德发泄了压力并让他们能够集中注意力。结果证明，是错误的开关设置导致了登月舱的不稳定运动。

在 1997 年的口述历史采访中，斯塔福德开玩笑说，他的任务记录因为这句脏话突然变成 X 级[①] 了。但是飞行乘组能够迅速恢复对登月舱的控制，这要归功于在休斯敦进行的那些模拟训练。"登月舱开始翻滚并开始有旋转的趋势。"他回忆道。

"我很快就反应过来，马上伸手执行把下降段发动机分离的操作，因为所有的姿态控制发动机都在登月舱的上升段。"他说。登月舱有两个主发动机，包括一个下降段发动机和一个上升段发动机。斯塔福德迅速决定通过摆脱多余的下降段发动机简化登月舱的结构，毕竟，宇航员们不打算此刻在月球着陆。

"我们大约用了 20 秒就把登月舱稳定下来了。"他补充说。他和塞尔南只不过是做了所有宇航员都训练过的事情：迅速地从异常中恢复过来，而不要在异常中逗留，因为那可能会让宇航员付出生命的代价。塞尔南和斯塔福德驾驶的登月舱上升段再次与指令舱回到了共轨飞行的状态，并试图朝指

---

① 美国电影协会 1968 年建立的影视作品分级标准，X 级代表 17 岁及以下人群禁止观看。——译者注

令舱所在的方向移动。斯塔福德说："我们进行了一次完美的交会，一切顺利。"随后任务继续进行。

因为消息来源不同，人们对"阿波罗 10 号"飞行乘组当时所处境地的危险程度有不同的说法。有些人说，宇航员们只要再耽误几秒，登月舱就会完全失控；而另一些人则表示，宇航员们在遭遇真正的麻烦之前还有相当长的准备时间。然而，从这次突发状况中真正获得的教训是，要在模拟训练中仔细检查飞行程序。错误的开关设置导致了"阿波罗 10 号"飞船差点遭遇事故，为了让"阿波罗 11 号"任务取得成功，一切都必须完美无缺。

在举世瞩目中创造历史

克兰兹在"阿波罗 11 号"发射前的几个星期里都很担心任务会出现差错，特别是当他手下的一名飞行控制员在模拟着陆时给出了错误的指令，他更加担忧了。克兰兹是任务控制团队的飞行总监，他们负责将飞行乘组送上月球。在那个初夏的一次模拟着陆中，任务的导航指挥官贝尔斯在"鹰号"登月舱的计算机过载时要求终止任务。

任务团队在随后的汇报中了解到，这是一个错误的决定。尽管存在问题，但登月舱本是可以着陆的。贝尔斯和为他提供支持的幕后团队被要求做得更好。在贝尔斯的团队中，有一位年轻的计算机工程师，名叫约翰·加曼（John Garman）。

"我们这些后台工作人员没想到什么特别的，同样，我们也没有意识到，仿真模拟正严肃地反映着现实世界中存在的问题。我们只是想：'好吧，那就再做一次。'"加曼在 2001 年接受 NASA 的口述历史采访时说，"但是在整个过程中，真正的英雄克兰兹却说：'不不不，我希望你们把每种异常情况下可能会出现的每一个计算机警报都列出来。'"

你可以想象，任务团队成员在听到这一要求时可能会有什么样的感受。距离第一次载人月面着陆只剩下几个星期的时间，你想让大家在已经严重超时工作的情况下，因为担心类似的情况再次发生而去额外检查一系列并不明确的警报？但幸运的是，克兰兹是一位以身作则的领导者：他也在加班工作；当事情出错时，他也承担责任。他在他的团队中创造了一种开放的文化，人们承认错误，从中吸取教训并讨论如何继续前进。克兰兹在听取团队意见时虽然表现得很强硬，但也愿意采纳正确的意见。

因此，尽管克兰兹提出了新的要求，但加曼和贝尔斯还是按他的要求准备了计算机警报清单。他们非常了解登月舱的计算机系统，能够准确地知道每次警报时发生了什么。

"登月舱的计算机……以程序循环的方式运行，每 2 秒完成一个循环，来计算如何控制发动机的推力，"加曼解释说，"当登月舱飞到接近月球表面时，呃，我忘记了距离月球表面的精准距离是多少，但早期的结论是需要改用更高的控制精度，这就要求计算机程序的运行速度提高一倍。程序循环会加快为每秒一次……你知道，当你越来越接近月球表面时，你可不想让登月舱按前一条指令运行整整 2 秒，你想获得更高的控制精度。那么，谁都知道计算机会因此而变得更忙碌。"

在贝尔斯和加曼提供的计算机警报列表中就有 1201 和 1202 两项。关于它们的原理，加曼解释说："其中一个测试警报用于表明是否到了该开始下一个计算周期的时刻，这就像告诉计算机：睁开你的眼睛，看，该进行下一次计算了。如果是时候开始进入下一个计算周期，而计算机仍然没有完成上一个计算周期，那么就会有问题。这就像你有太多事情要做，这些任务引起了'弓波效应'①，导致你不可能完成它们。这很不好，计算机会因此重新启动。这是完全有道理的，把未完成运算的所有数据清理干净，检查重启表，然后回到最后一个已知位置并继续执行程序。"

在"阿波罗 11 号"飞行乘组向月面下降的过程中，贝尔斯和加曼已经准备好了警报清单。加曼说，当警报发生时，宇航员由于没有参与计算机警报模拟，因此只会收到"主要注意事项和警告"的警报——就像在一间小屋子里火灾报警器突然响了一样。加曼又补充道："我想他们的心率会加快，但一切都会好起来的，他们收到警报就可以处理险情。"

贝尔斯问对计算机代码有更多的经验的加曼这是怎么回事。两人很快扫了一眼警报清单，回想起了 1202 号警报的原理。"如果这个警报不经常发生，那我们就没事，那只是计算机在重新启动和清理缓存。"加曼在口述历史中说道，他给出了可以继续执行任务的意见。

"贝尔斯正在查看其余的数据，"加曼在讲述这个故事时说，"'鹰号'登月舱的姿态没有异常，你看不到任何其他问题。计算机从过载恢复为正常。它并不总是每秒计算一次，而是每隔一段时间会变为每 1.5 秒计算一次，因为它会重启并且必须再次计算。因此，计算机会有点慢，但没有问题，它在正常工作。这个警报并不会经常发生，一切都很稳定。"

几分钟后，1201 号警报又响起，加曼回忆，他在这一紧张万分的时刻对着灵敏的话筒大声喊叫，以确保贝尔斯能够听到他的声音。"同类警报！"加曼大喊着说，他甚至能听到自己的声音在通信环路中的回声，然后贝尔斯

---

① "弓波效应"是一种系统失效模式，指的是待完成任务的最后期限一再被错过，并像弓波的涟漪一样环环相扣地积累，导致总体任务的完成时间不断延后以致无法完成。——译者注

自己也重复了一遍："同类警报！"片刻后，杜克就将信息转达给了宇航员，同样是一字不差地重复："同类警报！"

加曼回忆起这个故事时笑了。"'同类警报'……'同类警报'……'同类警报'，上行发送。"他在休斯敦的任务控制中心后面的一个小房间里，分析他收到的信息并给出指示，然后沿着指挥链一直向上传递，直到月球。"这很有趣。"他说。

模拟不是万能的

坐在任务控制中心后面的房间里，加曼和其他人一样目瞪口呆地看着宇航员们安全降落在月球上。整个过程在地面模拟了很多次，加曼说除了有几次警报，感觉整个着陆的过程顺利得不可思议。但就在着陆前不久，来自"鹰号"登月舱的通话来了，提醒着每个人这次是来真的了。

"我们在模拟中观看了数百次着陆，它们做得非常逼真，"加曼说，"但在这个特别的、真正的、第一次月球着陆中，奥尔德林喊道：'登月舱外全是扬起的尘土！'这状况是我们以前从未听说过的，而且这只是其中之一。'哦，这回是真的，不是吗？'"加曼在回想那一惊心动魄的时刻时说，在下降着陆过程中解决发生的问题，是在模拟训练中经常会发生的事情。然而，从宇航员口中得知有关月尘的信息却使这次下降着陆与任务团队在着陆前几个月所做的所有基础工作都有所不同。

"当然，那时候你什么也做不了。"加曼说。当阿姆斯特朗在距离月球面仅几米的高度上操纵登月舱进行着陆时，地面任务控制中心里的所有人所能做的，也就只是静静地看着。他表示："你只是坐在那里，你现在只是一个旁观者，看着宇航员们成功。这太棒了，他们棒极了！"

当宇航员们将登月舱降落在月球表面时，整个世界都震惊了。但加曼说，在控制中心后面的房间里，了解警报发生原因的工作并没有停下来。他说，任何对计算机有所了解的人都在"试图弄清楚到底发生了什么事"。负责仪表设备团队中的硬件小组发现了问题：交会雷达的设置错误导致计算机过载。为了确保在月面上升过程中不再发生同样的事情，"阿波罗 11 号"任务团队改变了他们的控制方法，并在随后几个小时的忙碌中解决了问题。而更好的是，之后登月的其他飞行乘组不再需要面对那些恼人的 1201 号和 1202 号警报了。退休后，加曼收到了一件印有这些数字的 T 恤作为礼物，以纪念他的贡献。

"事实上，直到多年后你才会意识到，在正确的时间做了错误的事就可能会改变历史，"加曼在口述历史采访中回想时说道，"我的意思是，如果贝尔斯命令任务终止，宇航员们可能会终止任务，不过这也是值得怀疑的。那些家伙是如此专注于着陆，即使警报响了，但如果没有发现任何问题，他们也有可能会违反命令继续着陆。"

"尽管如此，"他补充说，"这仍是一条前无古人的道路，你不可能知道将会发生什么。回想起来，那正是一个你作为见证者，身在其中的历史时刻……在这之中发生的事情可能会改变历史的走向。因此，我很高兴我们有像克兰兹和贝尔斯这样的人，他们能够时刻保持头脑清醒并冷静思考、分析问题。"

> "我并不觉得自己是个巨人，相反，我感觉自己非常非常渺小。"
> ——尼尔·阿姆斯特朗

由于谦虚，加曼低估了自己所扮演角色的重要性。他也是像克兰兹和贝尔斯一样冷静思考的人，让"阿波罗 11 号"飞行乘组在举世瞩目中创造历史，也有他的一份功劳。在惊心动魄地完成月球下降着陆的几个小时后，阿姆斯特朗和奥尔德林走出了舱门，进行了著名的"月球漫步"。他们穿着宇航服在月面上蹦蹦跳跳地活动了两个多小时。完成任务后，宇航员们在第二天成功起飞，并于 7 月 24 日返回地球。

这是由数十亿人共同见证的历史时刻。在 NASA 各大研究中心里，在世界各地的承包商和机构中，成千上万的人付出了艰苦的努力才使得这一目标得以实现。这是彰显 NASA 领导力的时刻，让人类登上月球并安全返回地球引起了很多人的共鸣，这或许是 NASA 历史上最伟大的成就，没有之一。对于 NASA 的许多人来说，这是一个全新的开始，是开始探索更远太空的启程时刻。计划中的更多任务将对宇航员提出更高的要求，以使我们更好地了解这颗邻近的星球。"阿波罗 11 号"的成功是激动人心的，然而，很少有人预料到美国会如此迅速地对载人月球探测失去兴趣。

工程师思维

○ 模拟训练是一种非常有效的方法，它的应用已经远远超出了航空航天领域。它在许多的企业场景中都很有用，包括管理决策结果的纸上推演、新技术的测试以及复杂设备使用的操作培训。

○ 模拟创造了一种仿真环境，在该环境中，失败是安全的试错学习机会。

○ 在讨论中制定程序，然后在模拟器中进行测试，如果测试成功了，就反复训练并严格遵照这个程序。

LEADERSHIP
MOMENTS FROM
NASA

第 7 章

加强团队合作才能
持续追求卓越

"阿波罗12号"遭遇雷击

The flight was extremely normal... for the first thirty-six seconds.

— CHARLES CONRAD

"这次飞行非常顺利……在前36秒中。"
——查尔斯·康拉德，美国宇航员

1969 年的秋天，已经有迹象表明美国公众对登月失去了兴趣，有关战争和社会动荡的消息持续在晚间新闻中占据头条。"在美国，人们对'阿波罗 11 号'任务的兴趣已经比夏天时减退了很多，"美国国家航空航天博物馆"阿波罗"飞船收藏馆的策展人蒂塞尔·缪尔 - 哈莫尼（Teasel Muir-Harmony）在接受 BBC 采访时评论说，"全世界仍然对'阿波罗 12 号'任务热情高涨。"NASA 希望从月球表面传来的彩色电视直播画面能够重新点燃媒体和公众对登月计划的兴趣。

相比之下，"阿波罗 11 号"任务的完成是一个时代的成就。任务团队解决了下降过程中的计算机问题，让宇航员们成功在月球表面着陆。全球数十亿人观看了这次着陆，整个"阿波罗 11 号"的飞行乘组在安全返回地球后参加了世界巡演，在纽约举行了盛大纸带游行以示庆祝。在全世界引起如此关注的盛大庆典几乎后无来者。

NASA 仍然计划着向月球送去更多批次的宇航员，以加深科学家对月球表面的了解，并最终为在地球轨道上或太阳系中更远的地方进行更加雄心勃勃的长期任务积累实践经验。想要成功实现后续的多次登月，任务团队就需要持续性地追求卓越和推进团队合作。

听取专家意见

"阿波罗 12 号"的任务团队解决了许多复杂的问题，使这次任务得以成为现实。但糟糕的是，这次任务并没能取得一个良好的开端。火箭发射是在阴沉沉的天气中进行的，发射场附近地区正有一场风暴过境。发射后不久，火箭就两次遭到了雷击。"是我们自己制造了闪电，"飞行总监杰拉德·格里芬（Gerald Griffin）说，"'土星 5 号'火箭发动机喷出极热的废气电离创造了一个电学上的接地电极。"实际上，整个火箭变成了一根巨大的棒状导体，将带电的云层与下方的大地连接了起来。

"阿波罗 12 号"飞行乘组指令长查尔斯·康拉德向任务控制中心报告："嗯，我们从发射平台起飞，飞了很远，我们已经把地球上的一切阴霾都抛在身后了。"任务控制员约翰·亚伦（John Aaron）意识到他们可以通过切换到辅助数据源重新获得准确的传感器数据。得益于他的冷静思考和快速反应，"阿波罗 12 号"飞船才能够安全地飞入太空。

就在"阿波罗 12 号"发射的几个月前，正如亚伦在 2000 年接受NASA 的一次口述历史采访中回忆的那样："一天晚上，我碰巧在值第三班，我在观看他们在肯尼迪航天中心进行的指令服务舱测试。操作员还在学习如何操作，结果不小心切断了飞船的外接电源供应。"

根据亚伦对指令服务舱电气系统的了解和经验，他觉得指令服务舱计算机在断电重启后，之前所有显示的参数都会归零。但这次重启后各种读数显示器中实际出现的内容不是零，而是诸如"6.7""12.3"之类的数字，用亚伦的话说，是"一些奇奇怪怪的数字"。

帮助技术人员重置计算机后，亚伦一边开车回家，一边琢磨这些数字是如何出现的。第二天一早，他与来自北美航空公司的工程师理查德·布朗（Richard Brown）讨论，他们检查了指令服务舱中长达数千米的各种电路，以便能够了解这些特定的数字会在何时出现。

布朗和亚伦发现这种数字往往源于飞船内的信号调理器系统，这个系统的作用是，将来自飞船传感器的直接测量信号转换为供飞船仪表和遥测编码器显示使用的电压信号。信号调理器系统是一个复杂难懂的系统，但在好奇心的驱使下，亚伦希望更多地了解这个系统是如何工作的。亚伦说，拥有好奇心是任何参与太空计划人员的一个优秀品质。

为意外做好准备

亚伦发现，如果飞船上的这个信号调理器系统突然遭遇断电，那么将系统重置以恢复正常的方法是，将其切换到辅助模式，让信号调理器系统能够在低电压条件下工作。

"我从来没有预料到当闪电击中'阿波罗 12 号'飞船时，这种特定的故障模式居然会出现。因此，我并不明白当时到底发生了什么，我只不过是确认了这种故障模式，并且碰巧知道如何处理。"亚伦说。

位于任务控制中心的亚伦看着"阿波罗 12 号"飞船传回来的数据，然后对他的任务控制团队说了一个听起来像是魔法咒语的指令："飞行总监，将信号调理器系统切换到辅助模式。"飞行总监杰拉德·格里芬从来没听过这个让人摸不着头脑的指令，而且宇航通信员、宇航员杰拉德·卡尔

（Gerald Carr）也没听过。卡尔让亚伦复述了一遍指令，但这仍没有解决他的困惑："这到底是什么意思？"

但是，随着火箭沿着发射轨道不断加速，卡尔不得不选择相信亚伦，他将指令转达给了飞船上的宇航员。在 3 名宇航员中，只有登月舱驾驶员艾伦·比恩（Alan Bean）知道开关在哪里，比恩选择继续延长这条始于亚伦，经过杰拉德·格里芬和卡尔的信任链。他迅速拨动了指令舱中的相应开关，飞船的计算机系统就恢复了正常状态，"阿波罗 12 号"飞船得以继续安全地飞向太空。

在点火起飞这样的整个飞行任务的早期时刻，"阿波罗 12 号"任务团队花了数月时间辛勤工作建立起来的相互信任，已经开始发挥作用。任务控制中心成员反复检查着数据，他们要确保对飞船的能力有足够的信心，才能允许任务继续进行。每个人都仔细检查了监视器上显示的来自"阿波罗 12 号"飞船系统的数据，才同意进行月地转移入射，飞船开始飞向月球。这次事件让任务控制人员更加深刻地意识到，他们对飞船的了解必须深入内部细节。事实证明，这种意识在拯救"阿波罗 13 号"飞船的行动中发挥了关键作用。

磨刀不误砍柴工

成功在月球表面着陆以后，康拉德开始专注于月面作业活动，催促他的同事同时也是朋友的比恩："快点，伙计，跑快点！我们有很多工作要做。"尽管这两个人在 NASA 共事之前就是亲密的朋友，但康拉德在此次任务中确实是较比恩高一级的任务指挥官。康拉德之前就飞上过太空，是他推荐了比恩参加"阿波罗 12 号"任务。在之前，NASA 管理层将比恩放在了一个名为"阿波罗应用计划"①的不起眼的部门工作。在无数次的采访中，谦逊的比恩都表示，感谢康拉德让他获得了一张前往月球的"船票"。

康拉德是一名经验丰富的宇航员，在他后期的职业生涯中做出了许多具有里程碑意义的贡献。例如，他帮助拯救了天空实验室空间站，让它免于因过热而报废②。但是，在催促比恩"跑快点"时，康拉德无意中增加了犯错的风险。比恩确实照做，在月球表面走得更快了，但这也可能引发了一个严重的错误。

按原来的计划，比恩应该用 5 分钟的时间来熟悉照相机的设置操作，但现在他缩短了这一过程的时间。站在月球表面的比恩感觉相当舒适，并且对加快推进时间表中的行程充满信心。他觉得不用担心照相机的设置，因为这完全在他的掌控之中，而且他在地球上训练时已经反复练习过了。

比恩的检查清单上有一条警告："避开太阳"，要求在最初的电视直播中让照相机的视野方向远离太阳所在的方向③。然而，根据《阿波罗月面任务

---

① "阿波罗应用计划"（Apollo Applications Program）制订于 1965 年，目的是寻找方法，使"阿波罗"计划开发的技术，能够再次用于后续面向科学试验和探索的载人航天任务。NASA 和承包商认为"阿波罗"登月任务完成后经费缩减不可避免，这项计划可以作为预防手段。阿波罗应用计划的最终成果是天空实验室——美国的第一个空间站，它吸收了阿波罗应用计划中开发的大部分内容。——译者注

② 天空实验室空间站于 1973 年 5 月 14 日由改进后的"土星 5 号"火箭发射，在发射过程中振动过载导致微陨石防护罩（兼作遮阳罩）和一侧的太阳能电池板意外脱落。缺少了遮阳罩的天空实验室在阳光直射下温度迅速升高，空间站内部无法居住，后来经过多次太空行走作业才解决了这一问题。——译者注

③ 在月球上由于没有大气层消光，直射的太阳光非常强烈，因此将照相机镜头朝向太阳是十分危险的行为，因为经过镜头汇聚的强烈阳光会烧坏照相机的感光元件或内部结构（在地球上晴朗的天气环境中这种行为也很危险）。——译者注

日志》（*Apollo Lunar Surface Journal*）[1] 中的记录，照相机图像中呈现的月球表面阴影表明，照相机确实在对着太阳的方向。片刻之后，太阳光直接进入了照相机的视野。

任务控制中心立刻提醒了比恩，宇航通信员爱德华·吉布森（Edward Gibson）提醒说："比恩，我们在电视机上看到了一个非常明亮的图像。"《阿波罗月面任务日志》补充说，比恩确实听到了呼叫，然后进行了一次训练内容没有涵盖到的照相机调整工作，但是他可能又一次将照相机对准了太阳。宇航员和地面团队花了相当长的时间试图修复照相机，最后还是决定放弃。虽然"阿波罗 12 号"任务在这个小插曲后仍然继续进行，但电视画面的缺乏导致电视机前的观众和媒体对这次任务的宣传和报道大大减少。这可能导致了"阿波罗 13 号"任务初期媒体报道的冷淡。

"我从来没有真正彻底地了解过电视照相机的局限性。"比恩于任务完成后在这次事故的报告中说。他对自己的行为承担全部责任，同时也提出了建设性的建议，即让后来的所有登月宇航员在执行任务时都有一个电视照相机。

"我认为，要帮助宇航员熟悉如何在这种情况下工作，除在飞行任务前对整个过程做更多的仔细思考之外，还要在训练中给宇航员一个像我们在飞行任务中实际使用的电视照相机一样的照相机。"比恩继续说，"我们需要在室外的阳光中借助显示器的帮助进行操作。如果我们之前这样做的话，这种情况就会变成常识：照相机不能在太阳下晒太久，照相机镜头甚至不能对准一个明亮的物体太久，否则就会被烧坏，你会因此遇到很多麻烦。"

---

[1]《阿波罗月面任务日志》记录了阿波罗 11 号至 17 号任务中 6 组 12 位登上月球的宇航员进行的月球表面作业。它包括了经过校对的宇航员和任务控制中心之间的所有对话记录，以及许多照片、地图、设备图纸、背景文件、音频和视频剪辑。——译者注

任务总结简报

从 NASA 早期的"水星"计划和"双子座"计划开始，飞行任务完成后撰写的总结简报就是为下一次任务的顺利实施做好准备。关于哪些有效、哪些无效的经验教训将帮助宇航员和任务控制团队判断是否需要做出改进。

来自任务总结简报的第一个建议是让宇航员利用飞行后的隔离期[①]尽可能多地完成任务，好让他们能够在隔离期结束后多陪陪家人。"阿波罗 11 号"飞行乘组在隔离期间一直忙于应对媒体采访，并在解除隔离后立即在全球各地飞来飞去参加庆祝活动。这对"阿波罗"计划的宣传来说很棒，却给宇航员及他们的家人带来了压力。例如，奥尔德林就陷入了抑郁状态并沉迷于酗酒，他后来说他希望任务结束之后能有一段时间让宇航员减压休息。对于"阿波罗 12 号"任务，媒体的关注则要少得多，于是宇航员们得以利用隔离期撰写总结简报和技术报告，隔离期结束之后他们就轻松了。

"这让我们有机会编写要求提交的所有报告，包括所有的宇航员报告，还有各种简报，"宇航员理查德·戈尔登（Richard Gordon）在 1997 年接受 NASA 的口述历史采访中说道，"我们隔着一道生物隔离屏障，向其他飞行乘组介绍情况，向任务控制部门、飞行控制部门和系统工程师们介绍情况。因此，当我们走出隔离间的时候，我们的工作都已经完成了，没有什么别的事需要做了。除了研究带回的月球样本，'阿波罗 12 号'的任务就已经结束了。"

"这是一个值得称赞的时间安排，"他补充道，"尽管我们觉得不需要隔

---

① "阿波罗 11 号"飞船返回地球后，由于担心未知的外星生命或病原体污染地球环境，3 名宇航员都被隔离了 21 天。在这期间他们接受身体检查和监测，确保没有受到任何外星细菌和病原体的影响，隔离期结束后才参加各种庆祝仪式。由于没有发现任何月球生命的迹象，后续对执飞"阿波罗 15 号"飞船至"阿波罗 17 号"飞船的宇航员取消了隔离措施。——译者注

离，但我们还是好好利用了这段时间。当我们结束隔离的时候，所有的报告都写好了，所有的汇报也都已经完成了。"

"阿波罗 12 号"在月球上实现精准着陆的重要性怎么强调都不为过。由于预定着陆区不太合适，宇航员们将登月舱稍微偏离了着陆目标，落地之后的实际距离又离目标足够近，以至于之前到达月球的"勘测者 3 号"无人探测器[①] 保持在了着陆点的步行距离之内，这正是他们此行的目的地之一。为了实现"阿波罗"计划的科学目标，相比于"阿波罗 11 号"和"阿波罗12 号"位于巨大的月海平原地区的着陆点，NASA 计划从"阿波罗 13 号"开始以月球高地[②] 作为着陆点。

了解月球历史

到达月球高地开展探测将为月球早期历史研究提供重要的信息，但这也要求登月舱能够精确着陆，因为月球高地地形崎岖，留给着陆偏差的空间更小。"阿波罗 11 号"和"阿波罗 12 号"的宇航员们带回的月球样本中，大部分是相同类型的玄武岩和火成岩，它们来自同一月球历史时期。然而，科学家想要解答月球是如何形成的这类更大的科学问题，就需要采集形成于月球历史早期的更多种类的样本。从"阿波罗 14 号"到"阿波罗 17 号"的 4次任务都取得了成功，带回了更古老的月球岩石样本，其中包括一块被称为

① "勘测者 3 号"无人探测器于 1967 年 4 月 17 日发射升空，4 月 20 日降落在月球风暴洋（月球最大的月海）区域，5 月 3 日停止工作。1969 年 11 月，"阿波罗 12 号"宇航员查尔斯·康拉德和艾伦·比恩造访了"勘测者 3 号"，他们取下了"勘测者 3 号"上包括照相机在内的几个部件，并将它们带回地球进行研究。——译者注

② 月球外观具有显著的明暗对比区域特征，其中较明亮的部分称作月球高地，主要成分是斜长岩，是月球诞生之初就形成的地貌，因遭受的天体撞击事件更多而遍布陨坑；较暗的部分称作月海，是被火山熔岩填塞冷却后形成的低洼平原，主要成分是玄武岩。——译者注

"创世岩"的岩石——一块具有 41 亿年历史的斜长质火成岩，它是在月球历史早期存在的岩石类型。

　　基于上述历次"阿波罗"月球高地着陆任务中所做的工作，科学家推测月球是在数十亿年前由一个火星大小的天体与地球撞击之后形成的。这次撞击产生的碎片形成了一个巨大的、环绕着地球的尘埃环，这些尘埃之后逐渐融合成我们今天看到的月球。这个假说中的某些部分直到今天仍然让科学家感到困惑，如为什么与地球相比，月球在低洼月海地区土壤的金属含量如此之高，而在高地土壤的金属含量又如此之低。不过，得益于 NASA 的月球勘测轨道器[1]和其他月球探测任务所做的工作，关于月球起源的新理论正在形成。

领导力和团队合作

　　从"阿波罗 12 号"任务中，人们还认识到团队合作的重要性及飞行乘组成员之间由于长期合作所形成的高度凝聚力的好处。比恩第一次见到康拉德是在马里兰州的美国海军试飞员学校，康拉德是他的教官。康拉德和戈尔登曾经在美国海军"突击者号"航空母舰上住同一间寝室，他们二人还曾在"双子座 11 号"任务中作为搭档宇航员共同工作。

> "作为一条通行的规矩，每次太空飞行任务你都会去往一个地方，
> 你要与帮助你到达那里的人们分享你的故事和经历。"
> ——查尔斯·博尔登（Charles Bolden）[2]

---

① 月球勘测轨道器（Lunar Reconnaissance Orbiter，LRO）是 NASA 研制的环绕月球运行的无人探测器，于 2009 年发射升空后一直工作至今，其携带的多种科学载荷获得了大量的全月科学数据，如全月昼夜温度分布、全月大地测量网格、高分辨率彩色全月影像和全月紫外线反照率等。——译者注

② 前宇航员，NASA 第 12 任局长。——编者注

在空间站时代，NASA 进行了领导力培训和团队培训，使飞行乘组成员能够在进入太空之前花些时间在一起生活和工作。NASA 还为航天飞机的飞行乘组和将要长期留在空间站的宇航员准备了"远征行为训练"，这是一个来自美国国家户外领导力学校的培训项目。这个项目使宇航员有机会在进入太空之前，在地球上通过野外探险来培养他们的团队合作技能。

NASA 还增加了更多的模拟训练环境，来帮助未参加过太空飞行的宇航员认识在极端环境中工作的严酷性。NASA 极端环境任务行动中的培训项目更是将宇航员送往水下约 18.3 米深的水瓶宫海底实验室[①]，它位于佛罗里达州基拉戈市的海岸附近。通过这些培训，宇航员不仅学到了团队合作技能，而且掌握了技术和技巧，以便在国际空间站任务和未来的月球任务中使用。

对于将要登上空间站的飞行乘组，NASA 与欧洲航天局（ESA）派遣宇航员执行"评估和锻炼人类行为和表现技能的合作冒险"的任务。这项任务的内容是把宇航员送入意大利撒丁岛的洞穴，在难以区分昼夜的黑暗环境中进行科学试验。

NASA 还运行着其他更多的模拟任务，以便更多地了解人在被孤立的环境中的行为方式。他们利用来自夏威夷、犹他州、加拿大德文岛、俄罗斯生物医学问题研究所和 NASA 约翰逊空间中心"人类探索研究模拟"等项目的研究成果，进一步了解如何让宇航员在太空中工作数星期或数月的情况下仍然能保持安全和健康，以便更好地对此做出预测和规划。

[①] 水瓶宫海底实验室（Aquarius Reef Base）是世界上唯一的海底实验室，实验室位于海平面以下 19 米处。除了用于海洋生态与设备的试验研究，由于水下环境与太空零重力／低重力环境相似，这座实验室也用于训练宇航员，以及研究人类对极端环境、太空行走和月球漫步的生理反应。——译者注

　　如果"阿波罗 12 号"没有从雷击后的数据丢失事件中恢复过来，那么这次任务也许会更加令人印象深刻。在夜间新闻报道激烈竞争的舞台上，任务成功的消息湮没在了其他更加博人眼球的事件中。在发射火箭遭遇雷击时，这次任务本来可能被终止，但"阿波罗 12 号"的宇航员们迅速地将飞船从故障中恢复过来并完成了一次几乎一切顺利的任务，最后回到了地球。唯一的问题是月球表面照相机出了些故障，但这完全不足以引起全美媒体的关注。训练有素的飞行乘组和任务控制团队相对轻松地解决了"阿波罗 12 号"飞船面对的挑战，这可能让美国更加自信了。也许确实是"好事不出门，坏事传千里"。然而，"阿波罗 13 号"任务遭遇的事故很快就会对 NASA 进行一场前所未有的考验，并重新燃起公众对登月计划的关注。

工程师思维

○ 盲目加快工作速度可能会导致问题的出现，反而需要花费更长的时间来解决问题，最终拖累整体速度。放慢速度，专注于将事情做好而不返工，也能快速将事情完成。

○ 时间是一种重要的资产：有效地利用时间，可让成功更上一层楼。

○ 领导力培训、团队建设以及发展个人和团队的行为能力，是技术培训的一个重要辅助手段。

LEADERSHIP
MOMENTS FROM
NASA

第 8 章

制订预备计划来应对
紧急情况

拯救"阿波罗13号"

We in effect framed up the flight return that we were going to have.

— GLYNN LUNNEY

"实际上，我们把将要进行的返回航程也考虑在内了。"
——格林·伦尼，NASA工程师、飞行总监进入太空从来不是过家家。即便使用了最尖端的技术，太空环境本身也是极为危险的。一旦犯错，造成经济损失事小，可能会让宇航员丧生事大。当 NASA 的第 3 次登月任务于 1970 年 4 月 11 日开始时，也许所有人都忘记了太空环境有多么凶险。

"阿波罗 13 号"任务在一开始给人的感觉好像只是一次稀松平常的例行公事。没什么电视台和报纸报道它，那些报道了飞船发射过程的媒体对任务的关注度也比以前低得多。关注美国登月任务的人越来越少了。由于在上一次的"阿波罗 12 号"任务中，照相机早早就出现了故障，所以人们一直没有机会观看到月球上另一个位置。

那时美国公众对登月计划的感受只是"宇航员去了月球，在上面干了点什么事"。按最初的规划，美国的登月计划应该持续进行到"阿波罗 20 号"任务的完成，但在 1970 年 1 月，"阿波罗"计划的预算遭遇了削减。"阿波罗 18 号"和"阿波罗 19 号"任务可能会被取消；当洛弗尔、弗雷德·海斯（Fred Haise）和约翰·斯威格特（John Swigert）于美国时间 4 月 11 日 13 时 13 分乘坐"阿波罗 13 号"飞船飞向月球时，没有人知道确切的消息。

而在当年的晚些时候，后续任务被取消的消息得到了确认。

最后一刻的换人

在升空之前的几个星期中，"阿波罗 13 号"飞行乘组成员一直在处理各种麻烦事。肯尼思·马丁利（Kenneth Mattingly）本来是"阿波罗 13 号"任务的指令舱驾驶员，但在飞船发射前不久，宇航员杜克的儿子感染了麻疹病毒，马丁利与杜克共事，也在不知不觉中暴露在了有麻疹病毒的环境中。医生说，马丁利对麻疹病毒没有天然免疫力[①]。因此，原来的"阿波罗 13 号"飞行乘组需要换上替补宇航员斯威格特执行任务。

洛弗尔尽可能让斯威格特获得被接纳的感觉。新的"阿波罗 13 号"飞行乘组在发射前只剩下 2 天的时间进行团队合练，而在此之前斯威格特作为替补宇航员已经退出了合练。洛弗尔在 1999 年接受 NASA 的口述历史采访时回忆说，在发射之前，替补宇航员通常更忙于为来访家属订酒店房间，而不是进行训练。但是，当斯威格特与洛弗尔和海斯一起坐下来交谈时，洛弗尔的担心就消失了。

"斯威格特恰巧编写过指令服务舱的故障处理程序，所以他对指令服务舱非常了解。"洛弗尔回忆道。此时的一个挑战是如何迅速提升这个新的宇航员团队的凝聚力，毕竟旧团队成员之间非常默契，海斯和洛弗尔已经可以在关键的飞行程序中听懂马丁利说话时音调和语气中的含义。幸好，斯威格特是一名训练有素的宇航员，他已经准备好了。

[①] 人体感染麻疹病毒后会形成免疫能力，一般不会再次被传染。但马丁利之前没有得过麻疹，因此可能会被传染发病，于是他在飞船发射前 72 小时被换下。——译者注

　　"在发射前我们与斯威格特共同工作的两天里，他似乎对这艘飞船非常满意，"洛弗尔回忆道，"因此，我说：'我们准备好了。' NASA 的高级管理层当时私下找我说：'你开心吗？你对此满意吗？你准备好去月球了吗？'我说：'当然。'"

　　像之前的任务一样，"阿波罗 13 号"飞船在前往月球的途中遇到了一些技术问题，但对任务没有产生任何阻碍。新的飞行乘组成员做得很好，他们完成了地月转移入射，开始了前往月球弗拉·毛罗高地（Fra Mauro）的旅程。4 月 13 日晚上，奔月途中的飞行乘组进行了一场公关活动——一次电视直播，但可惜没有多少人观看。然而，接下来发生的事情很快就在全世界范围内掀起了轩然大波。洛弗尔回忆说："我想那是在休斯敦时间的晚上 9 时或 10 时。我正穿过对接口从登月舱返回指令服务舱，突然传来'嘶——嘭——'的声音，然后飞船开始来回摇晃。"

祸不单行

　　"阿波罗"飞船指令舱上的液氧储罐按设计需要由罐内的电扇进行搅拌来让测量系统获得准确的读数，因为低温状态下的液氧在罐内会有分层的趋势。NASA 开发了一个搅拌储罐的操作程序，从而能够准确地计算并提供宇航员呼吸用的氧气量，同时也为氢氧燃料电池提供定量的氧气。

　　这个过程被称为"低温搅拌"，按惯例，它相当简单。一名宇航员，通常是指令服务舱驾驶员，会拨动飞船中的一个开关来打开电扇。电扇会轻轻搅动低温液氧，从而去除储罐中液氧的分层。在执行"阿波罗 13 号"任务之前，这个程序已经执行过 4 次，按计划这是宇航员们在睡觉前需要做的最后一件事。

但这一次，2 号液氧储罐发生了异常，它爆炸了，不仅使得储罐里的液氧全部损失，而且还撕裂了用以保持指令服务舱正常运行所需的重要连接管线。飞船上的主警报响起，宇航员发出了著名的求助通话："休斯敦，我们有麻烦了。"

即使在这个紧急时刻，"阿波罗 13 号"飞行乘组成员也执行了必要的操作程序，包括问题诊断和关闭指令服务舱与登月舱连接处的舱门。此时他们还不知道发生了什么事，他们担心是一颗流星撞击飞船引起了麻烦。宇航员和任务控制中心迅速地展开工作，他们要了解是什么引起了主警报。"我们不知道，'这是……仪表的问题吗？'因为我们显然没有失去所有的液氧。"洛弗尔回忆道。毕竟，此刻宇航员们没有穿着舱外宇航服，他们仍然能够顺畅地呼吸。"而且，飞船还在来回摇晃。"他说。最初大家关于故障原因的推测集中在传感器错误上，但越来越多的警报响起，很明显是发生了一个严重的问题。

这个引起大麻烦的储罐之前曾经被安装在"阿波罗 10 号"飞船上，然后被拆除以进行一些修改。拆除储罐的操作人员不小心将储罐从 5 厘米的高度掉落，一条内部线路因为撞击震动而轻微损坏。但在当时，没有人知道线路已经损坏。储罐从"阿波罗 10 号"飞船上拆下来进行外部检查后，安装在了"阿波罗 13 号"飞船上。

当然，安装了这个问题储罐的"阿波罗 13 号"飞船在地面上进行了更多的测试。测试中出现了储罐不能正常排空的情况，现在回想起来可能就是线路损坏导致的。当时的技术人员尽力解决了这个问题。只不过他们的解决方案是将液氧"煮沸"，而不是使用储罐加热器将液氧排出。虽然这个测试过程受到了密切的监控，但储罐还有其他设计问题，使得 2 号液氧储罐最终变成了一颗定时炸弹。

找到问题所在

第一个设计问题与电压有关。在指令服务舱中的液氧储罐被设计为使用 28 伏直流电供电运行，经过重新设计后，这些储罐也可以兼容肯尼迪航天中心地面测试用的 65 伏直流电源。一切都按照新的指标要求进行了升级——只有储罐的加热器温控开关被遗忘了。

储罐中的加热器通常一次只会使用很短的时间，通过对储罐内部稍微加热来增加内部压力使液氧保持流动。经过地面测试，人们决定使用加热器"煮沸"模式去除"阿波罗 13 号"2 号液氧储罐中的多余液氧，这意味着储罐加热器需要在 65 伏直流电供电下连续工作 8 小时。飞船飞行后的事故调查得出的结论是，长时间加热可能损坏了加热器上原本设计用于 28 伏电压的恒温控制开关，导致它在高温下融化，形成了常闭通路，这可能使储罐内的温度上升到了超过 538 摄氏度的高温。然而，这样的高温却没有被检测到，因为储罐内的温度传感器设计量程最高只有 27 摄氏度。在这种极端的高温下，电线周围的特氟龙绝缘层被烧坏了，留下了暴露在纯氧环境中的电线——一个危险的定时炸弹，只要储罐内出现一个火花，它就会爆炸。

当飞船主警报响起时，"阿波罗 13 号"飞船的宇航员们和任务控制中心成员全都对上述这些背后原因一无所知。然而，在事故发生后的几分钟内，所有人就都意识到了这不可能是简单的仪表问题。

"是电源系统出了问题，"洛弗尔回忆起爆炸导致的结果，"我们最终损失了两个燃料电池，它们已经不可修复了。然后我们看到液氧被快速消耗。1 号储罐完全空了，另一个储罐中的液氧含量也开始快速下降。之后我向舷窗外面望去，我看到有气体从我们的飞船尾部逸出。"

"阿波罗 13 号"从一项登月任务转变为一个严峻的紧急情况。NASA以前执行任务时也遭遇过在太空中发生紧急情况，但没有严峻到"阿波罗13 号"这种程度。任务控制团队成员只有与飞行乘组成员密切合作才能找到解决方案。宇航员们已经失去了在月球着陆的机会，然而真正的危机是可能永远失去这 3 名宇航员，斯威格特的父母会失去儿子，洛弗尔和海斯的家庭会失去丈夫和父亲。海斯的妻子玛丽怀孕了，当海斯正在思考如何处理危机的时候，他并不确定是否还能见到这个未出世的孩子。

而此刻的休斯敦，飞行总监克兰兹的团队正在控制台上与太空中的宇航员沟通。克兰兹奉行的原则是一旦问题出现，飞行控制团队能够专注地迅速解决问题。"要做的就是找到问题所在，"他在 1999 年接受 NASA 的口述历史采访时回忆道，"我们花了将近 15 分钟才最终得出结论：有一个液氧储罐失效了。如果当时有现今的技术，我们就能够在几秒内发现这一点。首先要找到问题是什么，然后才知道要朝哪个方向努力。"

制订回家的计划

和宇航员一样，任务控制团队在执行任何发射任务前都要进行广泛科目的培训。克兰兹很幸运地拥有一支年轻且经验丰富的控制团队和他一起共事。在试图拼凑出一个方案来拯救宇航员的过程中，他们思考了所有可能的操作程序。一个想法在团队的记忆中闪现：他们在 1968 年底和 1969 年初为执行"阿波罗 9 号"任务所进行的训练，那次任务对登月舱进行了测试。

> "我们要让这艘飞船上的宇航员回家，我们必须做到。"
> ——尤金·克兰兹

"对训练中的一部分内容，我的团队有一次没有把工作做到位，"克兰兹在 1999 年接受 NASA 的口述历史采访时回忆道，"当我们在汇报训练情况时，我们的模拟总监，同时也是训练主管对我们说：'你们为什么让登月舱一直通电开着？为什么要使用所有的电力？你们不觉得应该制订一些检查清单，在不必要时关闭电源吗？万一遇到了麻烦，你们应该找到某种方法来节省每一点能量和资源，因为有一天你可能真的会需要它。'"这就是后来被克兰兹称为"救生艇程序"①故事的开始。

因此，任务团队制订了拯救"阿波罗 13 号"的行动计划。他们将救生艇程序紧急发送给宇航员，让他们关闭已经严重损坏的指令服务舱的电源，并为与指令服务舱连接在一起的登月舱充电，万幸的是登月舱在爆炸中完好无损。然而，克兰兹知道他的团队将会在接下来很长一段时间内持续地投入这项工作中：因为宇航员此刻距离地球约 32.2 万千米，并且他们仍在向着月球飞去，任务团队要好几天后才能将宇航员接回家园。

还好，NASA 已经建立了一组换班团队，并设置了交接期。任务控制中心的每一班控制人员都会在交接时汇报情况，让下一班人员做好准备。克兰兹说，在任务进展顺利的时候，这套程序就已经在很好地投入使用了。他补充说："基本上，我们能够将这个非常大的知识库分包给 4 位轮班的飞行总监"，并在任务中的重要决策点进行关键的核查。

克兰兹和其他任务经理决定将控制团队中的大部分成员从任务控制中心的控制台上撤下，并由他们组建一支"老虎队"②解决飞船上的"消耗品问题"。他们必须弄清楚如何节约使用登月舱的氧气、水等资源和二氧化碳过

---

① "救生艇程序"是指让宇航员暂时撤离指令服务舱并使用登月舱作为救生艇。

② "老虎队"通常是一个临时成立的跨职能、跨专业的敏捷型专家小组，用以调查、解决一些棘手问题或处理计划外的突发状况。"老虎队"一词起源于美国军方，后因 1970 年"阿波罗 13 号"救援任务期间组建的"老虎队"的突出成就而闻名。——译者注

滤器，好让 3 名宇航员能够在登月舱中进行为期 4 天的飞行后回家——登月舱本来只是设计为两人两天的登月任务提供环境控制与生命保障支持的。

NASA 出于谨慎考虑，决定不采用更省时的直接返回轨道，因为不能保证指令服务舱的发动机在爆炸发生后还能正常工作。相反，宇航员将使用推力较小的登月舱发动机让飞船绕月球旋转，从而借用月球的引力，以尽可能安全的速度推动飞船组合体返回地球。

博采众议

克兰兹说，这个过程很有趣。他鼓励任务团队检查过去的训练记录，并在他们的记忆中搜寻，以筛选出最合适的解决方案。尽管任务团队以前从未遇到过这样的问题，但从"阿波罗 7 号"到"阿波罗 12 号"的历次任务中获得的训练经验和开发的操作程序仍然是有用的。

"无论一件事情多么晦涩难懂，无论它看起来离现在多么遥远，我们都没有拒绝去研究它，我们总说：'嘿，也许可以在以后的任务中用到这个。因此，让我们把它完整地写出来吧。'我们之前就已经……基本上建立了'阿波罗 13 号'救援任务需要用到的核心操作程序，然后就像把它打包放在图书馆的书架上一样可以随时取阅。没办法，在时间紧迫的情况下，你更想回溯那些你已经知道的东西，并且最好是在以前就经过测试的，而不是在紧要关头凭空设想。我们的救生艇程序就是这套已有程序的一部分。"

伦尼是另一位致力于解决飞船消耗品问题的飞行控制人员。在 2020 年休斯敦航天中心的一次活动中，他回忆起他的团队成员是如何计算指令舱电源系统的负载的，特别是当宇航员接近月球的时候。

"你可以对此非常非常保守，或者你也可以更现实一些，而更现实的答案是我们可以为指令舱提供电力。当我们绕到月球背后的轨道拐点时，可以给指令舱充电并进行一次发动机点火变轨，然后就可以让飞船绕过拐点……走上回家的路，之后我们就可以关闭指令舱的电源。然而，这将要求我们在相当长的时间内节省电量，时间的长短取决于我们有多保守。"

当控制人员在持续关注飞船的消耗品问题时，团队的凝聚力是至关重要的。在 2020 年 6 月的一次采访中，伦尼说他"没有做任何特别的事情"让控制人员始终保持在正轨上，但他指出他们具有长期合作的历史；有些人从"双子座"计划开始就在这些岗位上，当然，伦尼本人在执行"阿波罗 13号"任务之前就一直担任飞行总监。"我们只是做到了让大家各司其职，没有任何人是不适合其岗位的。我们在这方面做得很好。"他说。

爆炸事故发生在克兰兹负责的班次快要结束时，但好在伦尼已经提前来到了控制中心，为他认为只不过是一次例行公事的换班交接做准备。"我在我负责的班次之前已经工作了大约 6 小时，是挺长的一段时间。"伦尼说，他的团队之后一直专注于解决出现的问题，克兰兹的团队也一样。

"我为我们所做的工作感到非常自豪。我们让飞船稳定下来，让宇航员们开始进入回家的轨道。我们制订了一个正确的计划。"他回忆道。

"我们对应该做什么想出了各种各样的主意，但最终确定了一个我们想要的计划。我对所有人和他们所做的工作都非常满意，这再次证明了他们都是训练有素的飞行控制人员。"

各尽所能

值得注意的是，这支队伍中的大部分人格外年轻。那个时代的 NASA 飞行控制人员往往都是 20 多岁或 30 岁出头的年轻人。每个人都在努力把"阿波罗 13 号"飞船安全送回地球，他们为此付出了大量的时间，年轻人拥有的高强度耐力在此刻派上了用场。伦尼说，尽管他们相对年轻，但在过去的任务中，这支团队已经积累了足够丰富的经验，他们能够在事故发生时的班次结束前就制订出下一步的计划。12 小时的轮班时间比平时要长，但团队在这么短的时间内仍然取得了巨大的成就。

"实际上，我们把将要进行的返回航程也考虑在内了，"伦尼回忆道，"在最终制订涉及绕行月球的计划时，我们已经有了足够的消耗品余量。"这一计划要求宇航员们在飞到月球背面时进行一次点火变轨，并在绕过月球背面 2 小时后再进行一次点火变轨，以使飞船进入飞向地球的轨道。

在宇航员回家的航程中，飞船里到处都有问题。登月舱中的二氧化碳过滤器已经饱和，任务控制中心必须帮助宇航员们将指令舱中使用的不同大小的过滤器调整安装到登月舱上 [①]；一个电池爆裂了；返航的轨道也偏离了预定航线，需要再次点火变轨。但总的来说，伦尼回忆，任务控制中心里弥漫着一种冷静的气氛，一方面是因为大家能够依靠已有的操作程序解决问题，另一方面也是因为大家回想起了 3 年前"阿波罗 1 号"任务失利后乔治·洛领导 NASA 回到正轨的方法。

---

① "阿波罗"飞船登月舱中的二氧化碳过滤器中使用的是圆形的滤芯，而指令舱中使用的是方形的滤芯，二者接口不匹配，不能互换使用。宇航员在地面人员的指导下使用飞船上携带的塑料袋、硬纸板、胶带等物品做了一个简易适配器，解决了这个问题。——译者注

"这并不像是我在做一个巨大的或者突破性的、以前没有人想象过的全新的事情,"伦尼说,"我们针对各种情况都做了很多思考和计划,所以能很自然地进入到一个每个人都自发地知道自己该干什么的状态。我们采取的每一步行动都是经过深思熟虑的。而乔治·洛当时还不是项目经理,他在……华盛顿。乔治·洛在那里待了一段时间……我想他一定会对事情的进展非常满意。他完全有理由感到高兴,因为当我们从'阿波罗 1 号'的火灾事故回归正轨的时候,他就在那里……他那时就对我们需要做的事情很满意。"

他们面临的最大问题之一是让宇航员保持舒适并参与到决策中来。之前有些时候,宇航员会觉得通信有延迟,尤其是在再入地球大气层的操作程序方面。控制中心获得宇航员信任的办法是让他们中一位受人尊敬的同事——马丁利负责再入地球大气层的工作。马丁利确定没有染上麻疹病毒后,作为宇航通信员帮助指令服务舱做好返回地球的准备。马丁利本人在宇航员们准备溅落时将操作程序传达给了他们。

"阿波罗 13 号"飞船的宇航员们最终安全回到了地球,他们的指令服务舱像在之前的任务中一样漂浮在太平洋上。与发生任何事故之后一样,NASA 不得不停下来重新检查其操作程序和飞船系统,直到 1971 年 1 月最终获得批准发射"阿波罗 14 号"飞船。

液氧储罐的爆炸事故对 NASA 来说是一个巨大的挑战,同时也是一次巨大的胜利,它帮助每个人认识到微小的连带因素积累起来可能引发可怕的事故。飞行乘组和任务控制团队的完美表现让 3 名宇航员都安全回到了家,由此,"阿波罗 13 号"任务也经常被冠以"最成功的失败"这一称呼。但在美国,这是 NASA 最美好的时刻之一。

工程师思维

○ 在为不可预见的情况寻求解决方案时，要广开言路、博采众长。

○ 积极管理各种方案，在实施最佳方案的同时保留其他备用选项。

○ 坚持不懈地构建多元能力、积累经验和推进团队合作非常重要，这可以有效应对紧急情况。

○ 所信即所得：确定一个目标并努力使其成为现实。

LEADERSHIP
MOMENTS FROM
NASA

第 9 章

跳出常规框架思考问题的
解决方法

"阿波罗-联盟测试"计划

We need more handshakes in Space.

— BUZZ ALDRIN

"在太空中，我们需要更多的携手合作。"
——巴兹·奥尔德林，美国宇航员、"登月第二人"

虽然"阿波罗 13 号"任务险些酿成了悲剧，但它也清晰地提示了载人航天飞行的风险。飞行乘组传奇性的救援行动引起了许多人的关注，但人们的注意力很快重新回到了出现在新闻报道中的各种问题上。NASA 的资金预算越来越紧张，"阿波罗 20 号"任务在"阿波罗 13 号"飞船发射之前就被取消了，而在宇航员们成功返回地球之后不久，"阿波罗 19 号"任务遭遇了和"阿波罗 20 号"任务同样的命运。在 1970 年至 1972 年间，又有 4 批宇航员完成了登月冒险[①]，这些任务留下来的领导力遗产和科学遗产至今仍然具有启发和激励作用。

在美国成功进行载人航天飞行的背景下，国际政治环境正在发生变化。美国和苏联之间剑拔弩张的紧张气氛已经缓解。关于古巴导弹危机的问题，双方已经达成了一致，关于削减核武库的谈判也已经开始，正是核武器的存在才使得冷战如此可怕。一些人开始觉得，还有什么主意能比让两个超级大国在太空探索方面展开合作而非竞争更好呢？

---

① 分别是"阿波罗 14 号"至"阿波罗 17 号"一共 4 次登月任务，每次任务都由 3 名宇航员执行，一共涉及 12 位宇航员，其中 8 人登上了月球。——译者注

苏联没能成功发射载人登月火箭，于是他们将注意力转移到了更容易实现的目标上，即在近地轨道上建造一个空间站。然而这最终为美国提供了便利，因为它为"后阿波罗"时代描绘了一个更具成本效益的愿景。随着苏联的空间站计划在 20 世纪 60 年代快速开展，苏联人在太空中停留的时间也在迅速增加。

人类历史上的首个空间站是苏联的"礼炮 1 号"，它专为 3 人飞行乘组的长期驻留而设计。1971 年，这座空间站一共在地球轨道上运行了 175 天，但只有 23 天有宇航员造访。苏联后续还发射了其他几座空间站，但连续 3 次发射都失败了，要么是未能将空间站送入地球轨道，要么是送入轨道后在宇航员造访前就坏掉了。但从 1974 年的"礼炮 3 号"空间站开始，苏联在长期在轨载人航天飞行方面取得了许多成就。

是时候转变方向了

美国在同一时期只拥有一座空间站，即天空实验室空间站，它于 1973 年发射，一共接待了 3 批飞行乘组。在这 3 次任务中，美国宇航员在太空中度过了 171 天 13 小时。为了防止空间站因为过热而报废，执行"天空实验室 2 号"任务 [①] 的第一批宇航员不得不对空间站进行了紧急维修。天空实验室空间站在太空中一共运行了 2 249 天，在完成维修后，它在剩余的太空运行时间中表现完美。作为历时最长的一次天空实验室载人任务，执行"天空实验室 4 号"任务的飞行乘组在太空中停留了 84 天，用以研究人类如何适应在微重力下的生活和工作。相比之下，苏联 1974 年发射的"礼炮 3 号"

---

① 天空实验室空间站在轨期间，美国一共进行了 3 次载人发射任务，分别以"天空实验室 2 号""天空实验室 3 号""天空实验室 4 号"作为任务名称。——译者注

空间站只完成了一次时长为 24 天的载人任务[①]。但是在随后的短短几年内,其他的"礼炮号"系列空间站任务迅速颠覆了美国的领先地位。其中最长的一次载人飞行任务发生在 1980 年的"礼炮 6 号"空间站上,持续了 185 天;还有几次载人飞行任务的时间接近或超过了 100 天的大关。

随着"阿波罗"计划逐渐偃旗息鼓,NASA 第三任局长潘恩希望将 NASA 有限的资金集中用于空间站的建造。他希望美苏两国的紧张关系能够得到缓和[②],并且热切渴望着两国间的太空合作。从第二次世界大战中胜利归来后,潘恩在学校中学了一些俄语,他确信学习俄语和了解核能为战后重建新世界所做的最好的准备。随着美国在太空探索领域的资金预算下降,潘恩宣称,探索太空这个人类的新边疆是一项巨大的挑战,世界航天大国应该携起手来共同努力。

学会协作以共赢

"我已经做出了决定,我希望我做出的是正确的决定。尽管 NASA 的第二任局长詹姆斯·韦伯确实出于应对苏联威胁的意图将 NASA 发展壮大,并主持制订了'阿波罗'计划……但是时代已经变了[③]。是时候让 NASA 停

[①] "礼炮 3 号"空间站于 1974 年 6 月 25 日升空,2 名宇航员于 7 月 3 日搭乘"联盟 14 号"飞船到访,但仅有一名宇航员进入空间站,并于 7 月 19 日离轨返回地球,共计 24 天。在后续的"联盟 15 号"任务中,对接机构故障导致载人飞船未能与空间站对接,最终"礼炮 3 号"空间站于 1975 年 1 月 24 日再入大气层时被烧毁。——译者注

[②] 托马斯·潘恩在第二次世界大战太平洋战场中是一名海军军官。——译者注

[③] 在"阿波罗 11 号"登月之前,美苏两国就已经开始了在航天领域的接触;在美国的登月任务成功之后,苏联向美国表达了祝贺,并表示有意与美国进行太空合作。至此,两国的登月竞赛已经在事实上结束。美国的成功登月成为促成美苏展开太空合作的一个重要因素。——译者注

止打'苏联威胁牌',并开始在一个更为底层的基础上证明我们的计划的正确性了。"潘恩在 1970 年接受采访时说。他的说法呼应了 NASA 首任局长格伦南的观点。格伦南认为,"阿波罗"计划如果想要实现可持续的发展,就一定要追求自己的愿景和目标,而不能仅由竞争来驱动。

潘恩并不是第一个考虑美苏合作的人。甚至早在 1963 年,在美国总统约翰·肯尼迪被暗杀的几个月前,他所领导的政府就已经在考虑与苏联合作。然而,彼时美苏两国仍然被登月竞赛的枷锁牢牢限制,开展两国合作的想法是很难实现的。但现在,登月竞赛已经结束了。尽管过去 NASA 与苏联建立科学合作的努力都失败了,但潘恩还是于 1969 年初再次写信给苏联科学院,看看曾经的对手有没有合作的兴趣。

苏联科学家在一开始与潘恩的通信中就态度亲切,甚至在当年 7 月"阿波罗 11 号"飞行乘组成功登陆月球后公开发送了情感热烈的祝贺信息。同年,NASA 的太空任务组撰写了一份报告,报告中指出,"阿波罗"登月创造了"'全人类团结一体的感觉'……这可以为开展国际合作奠定基础"。

> "这是一个好机会,可以使真正来自异域文化的人们投入美国的怀抱,向他们推介并帮助他们调整自己来适应我们的生活方式,让他们成为我们真正的朋友,将我们与他们现已存在的联系发展为终身纽带。"
> ——查尔斯·博尔登

在 1969 年 7 月登月成功的历史性时刻,美国总统理查德·尼克松告诉潘恩,要继续推进与苏联合作的设想。那时,总统和潘恩一起乘坐"空军 1 号"总统专机,去迎接并会见从太空返回而溅落在海上的"阿波罗 11 号"飞行乘组。

秉持着合作的理念，尼克松总统成立了一个跨部门的委员会，命令其负责与苏联建立联合太空任务各方面的工作。该委员会将向白宫提交他们的设想。结果是，除国防部之外的每个政府部门都参与其中。

"阿波罗－联盟测试"计划

不计其数的会议纪要、协商谈判和往返莫斯科的航程组成了一项漫长的任务。应该说，合作并不容易，合作需要付出时间和努力。找到双方的共鸣很困难，但在 20 世纪 70 年代初期，合作完成一次太空任务的愿景促成了美国和苏联的太空合作计划。

由吉尔鲁斯博士领导的一个小组被召集起来与苏联同行会晤，探讨联合太空任务的方案。伦尼最终成为"阿波罗－联盟测试"计划的项目经理，他清楚地记得其中的挑战："我们提出并打算探讨这样一个想法，即让两国用于航天器交会对接的辅助装置能够相互兼容……这有点像在你的船上装上通用的救生艇，这样别人就可以过来把它开走。"最初的会议之所以很难取得进展，是因为"这个计划更像是具象化了当时存在的一种竞争或敌意，一种对抗性的敌意"。

伦尼记得，"一些没有参与这项计划的 NASA 人员，仍然残留对苏联不信任感……他们的感受来自自己的过往经历，他们对这个合作计划保持客观中立的态度，没有过度的敌意，但也没有多少支持……"随着美苏这对曾经的对手开始在技术方面进行合作，双方之间的信任和尊重都在增长。这项任务最终在两国于 1972 年签署的《关于为和平目的而进行外层空间探索和利用的合作协议》（*Agreement Concerning Cooperation in the Exploration and Use of Outer Space for Peaceful Purposes*）中达成了一致，从而促成了冷战中最独特的合作之一。尽管有政治因素存在，但这是一项以人为本的合作。两国的工程师团队在探索太空方面找到了共鸣，最初会议中的冷漠很快转变为友谊。

这是一次雄心勃勃的任务——在近地轨道上让美国的"阿波罗"飞船与苏联的"联盟号"载人飞船进行交会对接。苏联人通常不愿意分享有关他们航天器的信息，事实上，在苏联太空计划的早期，他们也倾向于在事后才宣布发射成功的消息。

美国人有自己的顾虑。他们担心的是，"联盟号"的冗余备份系统比"阿波罗"飞船精简，两个飞船对接是否安全？让苏联宇航员访问美国的航天设施并与美国宇航员一起训练意味着什么？与苏联分享技术信息是否会产生军事方面的风险？

执行这次任务的飞行乘组指令长斯塔福德在 1997 年接受口述历史采访时回忆说，苏联打算直到任务执行前 6 个月才确定他们的飞行乘组名单。"嘿，这样不行的，"按照潘恩的说法，NASA 对苏联人说，"我们坚持至少要提前两年确定。"

NASA 意识到，要通过展现开放的胸怀为合作定下基调，于是于 1973 年 2 月首先公布了执行"阿波罗－联盟测试"计划的飞行乘组名单，这比苏联愿意公布宇航员名单早了 4 个月[1]。美方在公布飞行乘组名单之后，美国宇航员几乎立刻就投入俄语学习之中，以便使他们的苏联同行在合作中更加自在。也许美国带头起到的效果比预期的要好，苏联也很快聘请了全职的英语教授与苏联宇航员一起活动，这让斯塔福德抱怨"他们的外语水平就要压

---

[1] 苏联于 1973 年 6 月在法国的巴黎布尔歇机场举办的巴黎航展上公布了本国飞行乘组名单。——译者注

过我们一头了"。NASA 同意了斯塔福德的要求，于是美国宇航员也拥有了可以为自己服务的全职俄语教授。他们的工作时间从清晨到深夜，甚至包括周末。

用合作建立起信任和理解

与苏联的合作并不总是一帆风顺的。斯塔福德回忆说，克格勃 ① 关注着美国人，而苏联宇航员也有他们自己的行事方式。在美国宇航员每天乘坐中巴车前往位于星城 ② 的苏联宇航员训练中心时，斯塔福德回忆起他们的护送人员会使用扩音器"让农民从路中间让开"。这种言行可能会让他们不受当地人的欢迎。

> "在 1975 年，冷战正酣的时期，我作为一个年轻人能有机会与苏联人一起实施'阿波罗 - 联盟测试'计划，这是一件很了不起的事情，并且我们成功了。"
> ——格林·伦尼

尽管存在种种挑战，但美苏宇航员之间的伙伴关系在原则上是成立的。他们一起训练，成为朋友。两国飞船的对接尝试万一失败，就有可能会变成碰撞事故，在这样的风险下，他们作为一个团队一起进行训练，并学会相互信任和尊重。1975 年，任务启动，两国飞船分别发射，他们的对接顺利完成了。两艘载人飞船在对接状态下一起飞行了大约 1 天的时间，两国宇航员欣然分享了他们的食品，这在电视机前进行了联合科学试验。他们展示了两国飞船交会对接系统的兼容性，这为国际太空救援创造了可能性。有些愤世嫉

---

① 克格勃，全称为苏联国家安全委员会，是苏联的情报机构。——译者注
② 星城（Star City）位于莫斯科郊区，是苏联 / 俄罗斯宇航员的训练中心。——译者注

俗者认为这次任务纯粹是一个噱头，但NASA知道，这只是太空合作的开始。

在 20 世纪 70 年代后期的核裁军谈判中，美苏关系再次落入低谷，因此后续的联合任务没有再实际执行，两国的航天机构一度分道扬镳。NASA 开始将航天飞机投入太空飞行任务之中，忙于满足政府机构的新要求，如为美国国防部发射卫星的机密任务。苏联则继续在"礼炮 7 号"空间站进行长期的科学研究。对"礼炮 7 号"空间站的最后一次访问由"联盟 T-15 号"飞行乘组于 1986 年 6 月进行。在该任务中，苏联宇航员在两个空间站之间进行了历史性的太空摆渡飞行。

"礼炮 7 号"空间站于 1982 年 4 月升空，同年 5 月，两名宇航员乘坐"联盟 T-5 号"飞船首次抵达空间站并驻留。在接下来的几年间，研究在空间站上持续进行，许多宇航员到访了这座空间站，一直到 1985 年 11 月，驻留空间站的宇航员进行紧急医疗撤离[①]。但它将会被体积更大的模块化的"和平号"空间站所取代，于是在一段较短的时期内，苏联将在近地轨道上同时拥有两座空间站。

"和平号"空间站是空间站发展史上的一座里程碑，它是第一个通过在轨组装的方式建造的模块化空间站。"和平号"空间站的第一个核心舱于 1986 年 2 月从拜科努尔发射场搭乘"质子号"（Proton）火箭升空。苏联工程师提出了一个想法，即使用"联盟 T-15 号"飞船搭载同一组宇航员先后执行"和平号"空间站与"礼炮 7 号"空间站的两项任务，而不是向两个空

---

① 当时正在"礼炮 7 号"空间站执行任务的"联盟 T-14 号"飞行乘组指令长弗拉基米尔·瓦休京（Vladimir Vasyutin）病倒，空间站上的飞行乘组搭乘停靠的"联盟 T-14 号"飞船执行了紧急医疗撤离，离开空间站返回了地球。此后与"联盟 T-15 号"的对接是"礼炮 7 号"空间站的最后一次任务。——译者注

间站各派遣一组宇航员。"联盟 T-15 号"飞行乘组驾驶飞船于当年 3 月首次与"和平号"空间站对接，他们花费了一个半月的时间逐步启动空间站的各个设备。他们于 5 月初返回"联盟 T-15 号"飞船后，转移到"礼炮 7 号"空间站继续完成多项任务。到 6 月底，宇航员们又和"礼炮 7 号"空间站告别，驾驶飞船回到了"和平号"空间站。从 10 年前"阿波罗 – 联盟测试"计划中国际对接任务的顺利完成，到苏联宇航员在两个空间站之间的穿梭通勤，这是一个 NASA 与苏联航天机构都在努力建立和拓展近地轨道航天能力的非凡时期。

"和平号"空间站很快在工程运营和科学成就两方面占据了独一无二的地位。直到 2010 年，这座空间站都保持着人类在太空中驻留总时间最长的纪录——3 644 天。全世界迄今为止最长的单次载人航天飞行时间记录也是在"和平号"空间站上由俄罗斯宇航员瓦列里·波利亚科夫（Valeri Polyakov）创造的，他于 1994 年至 1995 年间完成了近 438 天的连续飞行与空间站驻留任务。

"和平号"空间站以"和平"为名①，是基于那个时代的政治氛围。航天飞机前指令长、宇航员弗兰克·卡伯特森（Frank Culbertson）在 20 世纪 90 年代中期在太空探索者协会（Association of Space Explorers，ASE）第 10 届大会上发表演讲时，解释了他对这一名称的重要性的理解。他说，随着他对俄罗斯历史的进一步了解，他明白了"和平号"空间站的俄文名称可能是指"我们所称的村落、社区甚至公社……村落中的所有人都住得很近或公用生活空间，这种集体生活方式让他们能够更好地分享有限的资

---

① "和平号"空间站的英文名称"Mir"由其俄文名称"Мир"按字母转写规则直接转写而来，相当于英文音译；而俄文中"Мир"具有"和平""世界"或"村落"之意，空间站中文官方名采用了意译。——译者注

源……"在太空中携手合作的愿景引起了美国宇航员和俄罗斯宇航员的共鸣,就像它曾经触动卡伯特森时那样。

把"和平号"空间站看作一个村落的想法让卡伯特森很有感触:"我们都喜欢太空飞行,我们都喜欢挑战工程极限,我们都喜欢完成任务。我们已经证明,我们可以在太空中完成各种各样的任务,无论是单边的、双边的、跨国的、合作的、竞争的,还是混乱百出的任务,不受任何性别或种族的限制;我们有时还有机会使用我们想象中最令人难以置信的先进设备、仪器或者限定载荷量。而且……我们在努力工作的同时也在享受乐趣。"也许卡伯特森的这番演说是对于美俄两国航天机构展开合作最有先见之明的看法。

"和平号"空间站创造的文化里程碑也有很多,包括让一些国家的宇航员进行短期访问,这是苏联 / 俄罗斯太空计划在空间合作方面的意愿不断增长的体现。尽管身处那样一个政治局势紧张的年代,"和平号"空间站的成就预示在太空探索的未来,各国的太空飞行参与者可以在一个开放的模块化空间站中一起工作,进一步探索科学未知领域。

在"和平号"空间站建设早期,基于苏联和美国之间持续的恶劣关系,美国力量并没有参与建设。但在 NASA,仍有一小部分人记得"阿波罗 - 联盟测试"计划给双方带来的好处,他们私下从未放弃寻找再次合作的机会。当新当选的罗纳德·里根总统宣布,他正在指示 NASA 开发一个永久的载人空间站并邀请其他国家参与其中时,美国对航天任务合作的兴趣被重新点燃。但对里根政府来说,这是"一个在冷战背景下的领导权问题",因此一开始苏联并没有像美国的其他国际合作伙伴一样被邀请加入 NASA 主导的"自由号"空间站计划 [1]。但美国参议院发出了恢复美苏太空合作的呼吁，他们通过了一项决议，指出美国准备与苏联在"互惠互利"的原则下进行太空合作。

1985 年，米哈伊尔·戈尔巴乔夫出任苏联最高领导人，这为两国合作带来了新的机遇。在"和平号"空间站首个舱段发射后的 1 年内，NASA 与苏联航天机构签署了一项为期 5 年的太空合作协议。两国花了超过 10 年的时间再一次决定展开合作。1988 年 5 月，两国领导人在莫斯科举行了峰会，当戈尔巴乔夫邀请里根参观克里姆林宫内院时，他向里根提议两国应该一起支持一项火星探测任务。

当前，NASA 正在计划进行重返月球的多国联合任务 [2]，也许有一天这项计划将扩展到将人类送往火星。"和平号"空间站留下的遗产帮助太空飞行实现了现代化，"和平号"空间站为能够成为一个国际合作项目奠定了基础。在国际空间站，来自不同国家、拥有不同文化、使用不同语言的人们共同努力，合力解决问题，并在太空中进行科学试验。

作为历史上最重要的国际合作伙伴关系的成果之一，国际空间站自 1998 年发射首个舱段以来，已经在轨运行超过 22 年，并且预计将至少持续运行到 2024 年。如果可能，会延长到 2028 年甚至更久。国际空间站的故事给所有领导者传递了信息，那就是要考虑开展合作的好处，而不是担心面对竞争的挑战。

---

[1] "自由号"空间站计划是 NASA 在 20 世纪 80 年代建造永久载人空间站的计划。尽管获得了时任总统里根的批准，但"自由号"空间站从未按照最初的设计实际建造，该计划经过多次调整演变为国际空间站计划。——译者注

[2] 即"阿尔忒弥斯"（Artemis）计划。——译者注

工程师思维

⬭ 合作的项目，需要花费时间在合作团队中建立相互信任和尊重。

⬭ 技术性的联合项目可以成为开展合作的桥梁。

⬭ 太空探索强化了国际合作和全球化的重要性。

⬭ 全球性问题需要通过合作找到解决方案。

LEADERSHIP
MOMENTS FROM
NASA

第 10 章

经验教训都是风险控制的
有效工具

"挑战者号"空难

They ate us alive
with changes.

— GERALD SMITH

"太多的变化使我们疲于应对。"
——杰拉德·史密斯，时任航天飞机主发动机项目总监

1986 年 1 月 28 日早晨，肯尼迪航天中心，"挑战者号"航天飞机点火起飞，飞向了湛蓝的天空。

"很好。"任务专家朱迪思·雷斯尼克（Judith Resnik）说道，她是美国历史上第二位进入太空的女性，曾在两年前首次进入太空。

"我们出发。"驾驶员迈克尔·史密斯（Michael Smith）接着说，他期待着在接下来的几分钟内首次进入太空。他乘坐的"挑战者号"航天飞机开始运行程序。"去吧！"他说。

"挑战者号"航天飞机迅速冲上天空，驾驶员史密斯和指令长弗朗西斯·斯科比（Francis Scobee）在聊天，说好像有一阵大侧风在吹航天飞机，从斯科比的座位不太容易看到窗外的景色。

30 秒后，宇航员们开始向任务控制中心例行汇报航天飞机的飞行速度和高度读数。"正在穿越 19 000 英尺。"斯科比说。"挑战者号"航天飞机开始自动减少推力，以减小在最大动压载荷时刻[1]施加在航天飞机上的气动力载荷。"好的，我们正在节流。"斯科比在起飞后 43 秒时补充道。

在飞行乘组的背后，即使"挑战者号"的 3 个主发动机已经节流以减小推力，加速的推背感也很明显。"感觉振动减弱了！"史密斯说。宇航员们继续播报飞行速度和高度读数。

片刻之后，电视机显示航天飞机底部有什么东西在闪烁。"全速前进！"斯科比说。

闪光迅速蔓延。"啊！"史密斯发出一声惊叫。

发射 74 秒后，"挑战者号"航天飞机在所有人的眼前爆炸了。无线电频道上再也没有听到宇航员们的喊话。电视机镜头聚焦在克里斯塔·麦考利夫（Christa McAuliffe）的父母身上，给了他们一个短暂而悲惨的镜头。麦考利夫本将成为第一位在太空中授课的教师。

但"挑战者号"已经炸成了碎片，散落在天空中。脱离航天飞机的助推器还在继续向上飞行，发射场上负责安全的官员为了保护"挑战者号"下方海岸上的众多观众，在几秒后遵循规定引爆了两个助推器。

"这显然是一次重大事故。"NASA 的发射解说员史蒂夫·内斯比特

---

[1] 最大动压载荷（maximum dynamic pressure load）时刻是指火箭在发射过程中受到最大气动力载荷的时刻。气动力载荷、大气密度和相对运动速度密切相关，火箭发射时速度逐渐提升，但随高度增加大气密度减小，因此存在一个最大动压载荷时刻，会使火箭和航天器产生强烈的振动，可以通过在穿越最大动压载荷时刻时减小推力、降低加速度来减小气动力载荷。——译者注

（Steve Nesbitt）面对着数百万名观众震惊地说。

　　飞行总监杰伊·格林（Jay Greene）在 2004 年接受 NASA 的口述历史采访中说，他那时正处于任务控制中心内，但他一直没有看电视机屏幕中的飞行监视画面。不过他看到了宇航员弗雷德里克·格雷戈里（Frederick Gregory）和理查德·科维（Richard Covey）的反应，他们二人当时正在任务控制中心内担任挑战者号发射阶段的宇航通信员。"我看到他们的下巴都要掉下来了。"他说，"我们收到报告说他们正在跟踪爆炸产生的多个碎片，并希望航天飞机的轨道器会从浓烟中飞出来①，有一个好的结局，因为它本该如此。但遗憾的是，它没有。"

"挑战者号"事故，为 NASA 敲响警钟

　　格林回忆说，宇航员们本有一丝希望可以在坠落到大西洋的漫长过程中幸存，但有毒的危险碎片不断从天上落下，把搜救队队员立刻送往现场太危险了。格林立刻使用了一套在之前的 NASA 任务中从未使用过的程序，他封锁任务控制中心以收集数据、保护通信安全，并让所有控制人员尽快写出事故报告。人们花了 1 小时清理碎片后，才让搜救队派出直升机前去搜救。但 7 名宇航员仍然没能找到，他们是弗朗西斯·斯科比、迈克尔·史密斯、克里斯塔·麦考利夫、朱迪思·雷斯尼克、罗纳德·麦克奈尔（Ronald McNair）、鬼冢承次（Ellison Onizuka）和格雷戈里·杰维斯（Gregory Jarvis）。

---

① 航天飞机的官方名称是"太空运输系统"（Space Transportation System，STS），通常所说的"航天飞机"指的是太空运输系统的轨道器，是搭载宇航员进行宇宙往返的飞行器，此外还包括外储箱（橙罐）和两个固体火箭助推器。发生事故的"挑战者号"航天飞机并未配备紧急逃生系统，发生事故后宇航员唯一的逃生机会是驾驶轨道器返回发射场，或者跨越大西洋飞到欧洲的着陆场，但这些宇航员没这么幸运。——译者注

"我当时非常冷静、沉着和镇定。"格林说。几小时后，搜救宇航员的工作重点变为寻找他们的遗体。格林回忆说，他"回家后彻底崩溃了。那是艰难的一天"。

"挑战者号"航天飞机的灾难用宇航员的丧生给 NASA 敲响了警钟。有太多的因素导致了这个致命的发射决策，众多书籍和报告都努力分析到底发生了什么，试图搞清楚整个发射过程中存在的无数问题。

其中最重要的是由罗杰斯委员会进行的官方事故调查。它由美国前国务卿和司法部部长威廉·罗杰斯（William Rogers）领导，成员包括诺贝尔物理学奖获得者、物理学家理查德·费曼（Richard Feynman），第一个突破音速飞行的著名空军飞行员查克·耶格尔（Chuck Yeager），以及首位前往太空的美国女性、NASA 宇航员萨莉·赖德（Sally Ride）等。

造成事故的主要技术原因被定位在固体火箭助推器上。由于设计问题和发射当天低温天气的共同作用，用于密封右侧助推器尾部外壳连接结构处的 O 形密封圈因严寒而硬化失效。

> "今天的悲剧事件提醒我们，即使拥有最先进的技术和装备及最优秀的人员，太空飞行也是一项如履薄冰的、十分危险的事情。"
> ——本杰明·纳尔逊（Benjamin Nelson）[1]

更糟糕的是，NASA 的管理人员其实早就知道 O 形密封圈的设计缺陷，并且在一些早期的航天飞机飞行任务中，也发生过两级密封圈中的主密封圈失效的情况。NASA 及 O 形密封圈承包商莫顿聚硫橡胶公司（Morton

---

[1] 美国内布拉斯加州民主党参议员。——编者注

Thiokol）曾经深入讨论过这个问题，并意识到在助推器脆弱的连接处，任何故障都可能会导致灾难。然而，最终双方都没有做出任何有意义的改变，罗杰斯委员会也由此得出结论，这场灾难是"一场根源于历史的事故"。

虽然人们对灾难事故的自然反应是寻找直接原因，但充分了解技术原因和管理原因后，开始恢复的进程同样至关重要。社会学教授黛安娜·沃恩（Diane Vaughan）在她的《"挑战者号"发射决策》（*The Challenger Launch Decision*）一书中，将所发生的事情重新表述为"越轨的常态化"①这一术语。NASA 在先前任务中已经观察到了 O 形密封圈的损坏，而与此同时，他们还在继续让航天飞机执行飞行任务。

NASA 管理结构的失职

"备忘录中对可能发生的灾难做了警告，NASA 也成立了特别工作组试图解决 O 形密封圈的问题。"沃恩在谈到 1985 年的情况时说。在"挑战者号"发射时，O 形密封圈问题根本没有得到解决，然而面对安排激进的航天飞机发射时间表，NASA 团队面临着按时发射的巨大压力。

沃恩补充说："在'挑战者号'悲剧发生后，分析人员认为，这些担忧的表达本身就是表明存在潜在危险的强烈信号，足以让 NASA 的管理层在实施新的设计改进之前停飞航天飞机。"

显然，需要重新设计助推器的连接处才能让航天飞机再次飞行，但另外

---

① 黛安娜·沃恩提出的"越轨的常态化"（normalization of deviance）这一术语用于描述偏离正确的现象或行为在团队中得以常态化存在的过程：因为越轨的行为没有立即引起灾难，所以不安全的做法将被视为正常，导致早期预警信号被忽略，直到发生重大灾难。——译者注

的问题是要重塑文化。罗杰斯委员会发现，在发射前一天晚上，有几位来自承包商莫顿聚硫橡胶公司的工程师就表达了对寒冷天气影响 O 形密封圈性能的担忧。工程师们建议等待气温回升再进行首航，但由于一些原因，他们的担忧并没有改变发射的决定。一些参与发射前更高级别会议的人意识到了 O 形密封圈的隐患可能引发灾难，但并没有人采取行动。

罗杰斯委员会表示："沟通的失败……导致了发射'挑战者号'的决定是基于不完整的，甚至是误导性的信息而做出的，这其中存在工程数据和管理判断之间的冲突，并且，NASA 的管理结构存在漏洞，因此内部飞行安全问题绕过了关键的航天飞机管理人员。"

解决这些问题不是一蹴而就的。航天飞机计划延迟了 32 个月，以解决所有潜在问题，也包括厘清安全性与苛刻的发射时间表之间的关系，并在二者间取得平衡。"挑战者号"事故表明，尽管航天飞机能完成各种太空飞行任务，但让一架航天飞机每隔几个星期就发射一次是不可能实现的。航天飞机技术复杂、可利用的资源有限，与太空飞行常态化的愿景、密集的发射计划并不相容。

据杰拉德·史密斯回忆，在航天飞机发生致命事故后最初的几小时里，一些人错误地认为是航天飞机的主发动机产生了问题，史密斯当时在华盛顿 NASA 总部的太空飞行办公室担任航天飞机主发动机项目总监。他在会议室里看到了爆炸并意识到，"我们已经失去了它。"他在 2011 年接受 NASA 的口述历史采访中说道。在只看了 5 分钟的电视报道后，他回到了自己的办公室，"确信是发动机造成了故障"，并花了 1 天时间对他关于航天飞机的所有决策进行复盘。

"我们不能让它再次发生"

史密斯被要求接受包括《纽约时报》在内的媒体的采访，但他对所发生的事情一无所知。他说他对 NASA 要求自己接受采访并不满意，但还是照做了，并强调他真的只是由于知道有关历史信息这一原因才接受采访，而不代表他了解此次事故。他补充说，当 NASA 意识到是航天飞机的助推器有问题时，他被要求负责监督助推器的重新设计工作。

现在回想起来，这可能并不令人惊讶，因为史密斯早在 1967 年就开始从事航天飞机固体火箭助推器项目的相关工作。那时他就与承包商莫顿聚硫橡胶公司密切合作，和 NASA 一起为航天飞机的首次飞行做准备。现在只不过是时候将同样的事情从头再做一次罢了。

"最初，NASA 的马歇尔太空飞行中心 ① 和莫顿聚硫橡胶公司的员工都很沮丧。他们都因事故而受到指责，因此士气极其低落。我对待我自己的团队和莫顿聚硫橡胶公司团队的方式是，建立一个统一的团队，因为他们有太多的互相指责。NASA 指责莫顿聚硫橡胶公司；而莫顿聚硫橡胶公司也指责 NASA 给他们施加了太多有关发射进度的压力，"史密斯在描述最初的挑战时说，"我有一张'挑战者号'飞行乘组成员的照片，下面写着'不要忘记'，这就是激励我在周末和晚上工作的动力，它鞭策我继续前进。我们团队中所有人都这么觉得……我们不能让此类事故再次发生。"

当然，史密斯并非孤军奋战。莫顿聚硫橡胶公司有一个项目团队负责处理此事，并由美国国家科学研究委员会（National Research Council）进行

---

① 马歇尔太空飞行中心是 NASA 旗下负责研制运载火箭和航天器推进系统的研究中心，在航天飞机项目中承担航天飞机主发动机和固体火箭助推器的研制工作。——译者注

监督。每个星期一早上 6 时 30 分，史密斯都会与航天飞机主发动机的项目经理小詹姆斯·汤普森（James Thompson, Jr.）会面，进行头脑风暴。"我们每次会面大约 1 小时，他想知道我这边都有什么事情发生，以及我打算怎么解决我所面临的无数问题。这对我来说也是一个学习的过程，他在很多方面让我学到了东西。"史密斯回忆道。汤普森也想知道："你需要什么人的帮助吗？"当汤普森这么说时，史密斯会毫不犹豫地告诉他自己的需求。

固体火箭助推器彻底重新设计。"我们审查了关于发动机的每项需求，以及我们对每项需求进行验证的方法。我们必须证明每项需求都可以追溯到相应的测试或者分析，以确保我们已经验证了所有的需求。这是一项重要的工作，我们发现了在原先的验证中许多没有覆盖到的地方。"史密斯的团队正在不遗余力地解决成千上万个问题来确保万无一失。

史密斯的团队进行了严格的故障模式和影响分析，以确定一个零部件或者子系统可能发生故障的多种方式、故障的后果以及可以采取的预防措施。鉴于"挑战者号"事故之后自然规避风险的工作气氛，工程师们提交了数千个审查项目差异①，航天飞机复飞之前，他们必须解决这些问题。这对团队来说是一项艰巨的任务，但他们还是努力在为 STS-26 任务②进行飞行准备审查之前解决了每一个问题。

---

① 审查项目差异（Review Item Discrepancy，RID）是指在项目审查或审计过程中发现的问题，这些问题涉及某些设计或者就该设计提交的工作是否符合某些要求。——译者注

② NASA 的航天飞机任务代号一开始是按任务立项顺序编号的，直到"阿波罗 13 号"事故发生后，NASA 不愿意采用"STS-13"这一任务代号，于是改为按财年和发射场编号的方式（例如，"挑战者号"发生事故的任务代号为 STS-51-L，是航天飞机的第 25 次发射）；"挑战者号"事故发生后，又改回了按任务立项顺序编号的方式。——译者注

当NASA要求签订固定价格合同而不是成本加成合同①时，史密斯发现自己还面临着其他的挑战。也许是因为美国国会的严密审查，NASA正在努力限制重新设计航天飞机项目的成本，以使航天飞机在预算范围内再次安全飞行。然而，史密斯说他的团队为额外的成本限制苦苦挣扎。他说："太多的变化使我们疲于应对。首先，我们在设计记录方面做得不好。结果就是，我们在助推器上出现了严重的成本超支。"

然而，经历了文书工作、检验、测试和其他所有需要的步骤后，史密斯的团队还是坚持了下来，他们做了该做的事情。史密斯说："有太多的设计更改，我一时间甚至无法全部想起。"其中一些主要改进包括分离系统、分离螺栓、点火器系统和一个新增加的临时飞行仪器包。

"在最初的三四次飞行中，我们在助推器上安装了大量仪器，以更好地确定助推器的工作环境，更好地了解助推器的运作，这是我们在最初航天飞机项目中所没有做的。"史密斯说，"我们需要安装大量仪器来确定助推器的工作环境，包括分离序列，我们还使用了很多照相机。"

"发现号"升空，敢于试错

尽管进行了大量的设计更改，团队仍然出色地完成了工作，固体火箭助推器甚至在航天飞机进行其他更改之前就已经完成设计更改准备好复飞了。史密斯估计，固体火箭助推器可能在航天飞机实际复飞时间之前两个月左右就能准备就绪，他认为这是"有益的"——但这并不是说他想再次经历每周

---

① 成本加成合同是指合同签订时，双方只约定工程质量，至于价格双方只约定以合同允许或其他方式议定的成本为基础，承包方按固定利润率由发包方随行就市结算。因此发包方需要承担预算超支的风险。——译者注

工作 70～80 小时，并同时与新上任的管理层合作监督整个开发过程，他补充道。

"我们迎来了新面孔——新的发动机项目经理罗伊斯·米切尔（Royce Mitchell），他没有任何宇航推进方面的背景。莫顿聚硫橡胶公司也有新人来领导工作，他们之中只有几个人拥有固体火箭发动机方面的经验。因此基本上，我们在马歇尔太空飞行中心的团队几乎没有什么固体火箭发动机方面的经验。"史密斯回忆起发动机的问题，"相比起来，我的经验最为丰富，不过是来自助推器分离火箭的领域，因此基本上我们都没有火箭推进方面的经验。重新相信自己，停止彼此之间的'指责游戏'是很困难的。我一直专注于我们面对的挑战，我们要建造有史以来最好的固体火箭发动机。让大家相信'我们可以'是一个重大的挑战，这花费了很长的时间。"

在"挑战者号"失事的 32 个月后，代号 STS-26 的航天飞机复飞任务由"发现号"航天飞机执行，于 1988 年 9 月 29 日发射。那是一个平静而温暖的早晨，发射的轰鸣声再次响彻了整个肯尼迪航天中心，仿佛在宣示为复飞所做努力获得的巨大成功。对史密斯来说，"这是美好的一天，因为我认识执行 STS-26 任务的指令长弗雷德里克·豪克（Frederick Hauck）和整个飞行乘组成员……事实上，后来我从他们那里得到了一个银色的史努比玩偶。我非常重视来自宇航员的认可。在'挑战者号'事故发生后，豪克和他的乘组成员们勇敢地登上了'发现号'"。当指令长豪克和驾驶员理查德·科维将"发现号"航天飞机带回爱德华兹空军基地并平稳着陆时，宇航通信员布莱恩·哈蒙德（Blaine Hammond）祝贺他们完成了"一个伟大的结局，一个全新的开始"。

"挑战者号"事故继续在航天飞机计划的后续工作中产生着影响。美国国防部以前是在航天飞机上执行机密任务和发射卫星的主要参与者，但后来完全退出，把精力放在非重复使用的消耗性助推器的研制上。20 世纪 80 年代壮观的太空行走任务被大幅缩减：此后不会再有宇航员使用被称为载人机动装置的喷气背包在航天飞机周围飞行，也不会再有卫星救援任务，唯一的例外是成功执行的哈勃太空望远镜发射与维修任务。

悲剧重演，"哥伦比亚号"事故

"挑战者号"事故的警示是一份遗产，至少在事故发生后的 17 年内，带来了更加安全的航天飞机计划。但可惜的是，随着时间的流逝，当初参与项目的人逐渐退休或担任新的角色，NASA 的组织文化也发生了变化，过去的一些教训被遗忘了，这造成了悲剧性的后果。NASA 在 2003 年损失了另一架航天飞机——"哥伦比亚号"，事故再次导致 7 名宇航员丧生，他们是理查德·赫斯本德（Richard Husband）、威廉·麦库尔（William McCool）、卡尔帕纳·乔拉（Kalpana Chawla）、劳雷尔·克拉克（Laurel Clark）、迈克尔·安德森（Michael Anderson）、大卫·布朗（David Brown）和以色列宇航员伊兰·拉蒙（Ilan Ramon）。

引发这次事故的技术原因与上次有所不同：在发射阶段，隔热泡沫从外储箱上脱落，撞坏了隔热瓦，航天飞机再入大气层时，高温气流使得左侧机翼上裂开了一个大洞，左侧机翼的内部结构暴露在了高温气流中导致航天飞机解体。导致事故的许多问题都是一样的——发射时间表的压力、越轨行为的常态化、在飞行前没有充分解决的问题。隔热泡沫问题并非一个未知的问题，在以前就发生过很多次，但 NASA 为解决这个问题付出的努力还远远不够，以至于损失一整个飞行乘组才能让 NASA 对航天飞机进行重新设计。

"哥伦比亚号"的失事再次向 NASA 及其承包商发出了清晰的警告：太空飞行没有什么常规可言，没有骄傲自满的余地。NASA 实施了新的协议和章程，并进一步收紧了发射规则——例如要求大多数发射在白天进行，并使用能被安装在航天飞机上的摄像机来监控发射过程中的隔热泡沫。

"哥伦比亚号"事故调查委员会建议 NASA 开发在太空中检查和修复航天飞机隔热瓦的能力。好在对于加拿大航天局的承包商麦克唐纳·迪特维利联合有限公司[①]来说，开发一个带有成像和传感器包的可延展吊杆比较容易，它可以安装在航天飞机轨道器的加拿大机械臂[②]上，让宇航员能够拍摄和检查航天飞机的腹部表面。隔热瓦检查成为每次航天飞机飞行任务中第二个飞行日的主要工作之一，图像将会送回任务控制中心，这将帮助隔热瓦团队对隔热瓦的损坏程度进行检测和评估。

除上述轨道器吊杆传感器系统外，航天飞机与国际空间站的交会对接程序中还增加了一项新的机动动作，在接近空间站的时候，轨道器会执行一个看起来像是后空翻的动作。这时，空间站中的宇航员可以使用长焦镜头拍摄轨道器下表面隔热瓦的照片，进一步评估其损坏情况。航天飞机计划办公室还组织开发了一套隔热瓦修复系统，这一系统在由"发现号"航天飞机执行的 STS-114 复飞任务的太空行走中被成功验证。

这些改变奏效了。从 2005 年复飞并重新开始执行任务到 2011 年的最后一次着陆，每一架航天飞机都安全完成了发射和着陆的过程。

---

① 麦克唐纳·迪特维利联合有限公司（MacDonald, Dettwiler and Associates Ltd.，简称 MDA），2017 年与 Digital Globe 公司合并后更名为迈达技术（Maxar Technologies Inc.），但简称仍沿用 MDA。——译者注

② 加拿大机械臂（Canadaarm）是 MDA 公司开发的一系列空间机械臂，用于航天飞机轨道器对有效载荷进行部署、操纵和捕获，在 1981 年"哥伦比亚号"航天飞机执行的 STS-2 任务中首次在轨道上进行测试。国际空间站上使用的加拿大机械臂是二代产品 Canadaarm2，三代产品 Canadaarm3 计划用于月球门户空间站（Lunar Gateway）。——译者注

工程师思维

○ 准备情况审查只有在已发现的问题都被报告和得到解决后，才能有效控制风险。

○ 读史使人明智，鉴以往而知未来。重温经验教训、情况汇报、事故调查都是控制风险的有效工具。

○ 在进行底层数据的分析时，沟通可能存在的风险需要勇气、信念和清晰的表达。给出的建议必须明确说明，并核实这些信息是否已得到倾听和理解。

○ 在高风险的行动中没有骄傲自满的余地。

LEADERSHIP
MOMENTS FROM
NASA

第 11 章

组织文化是项目成功的
关键因素

"综合小组" 的全面研究

Spaceflight is still largely experimental. Routine spaceflight may be a wishful rather than a realizable goal.

— SMITHSONIAN INSTITUTION

"太空飞行在很大程度上仍然是试验性的。
常态化的太空飞行可能只是一厢情愿的愿景，而不是一个现实的目标。"
——美国史密森学会

　　1986 年 1 月 28 日，"挑战者号"航天飞机在升空仅约 1 分钟后就发生了爆炸，导致 7 名宇航员丧生。对"挑战者号"事故的调查显示，NASA 的组织文化缺陷是导致这一事故发生的重要原因。当 NASA 和它的承包商们在忙着对航天飞机系统中的固体火箭助推器、轨道器及外储箱进行重新设计，以提升航天飞机安全性的同时，NASA 的文化也需要改变。

　　"在一瞬间，这架被 NASA 精心照料并且在此前成功完成了 9 次太空飞行任务的航天飞机轨道器就被摧毁了，NASA 损失了四分之一的航天飞机机队。"[1] 美国史密森学会在谈到这场悲剧时写道，"也是在一瞬间，从最初每年 2 次猛增到每年 6 ～ 9 次的航天飞机飞行任务也停滞了，整个机队停飞了两年多。对于 NASA 这样一个以航天飞机为骄傲的组织来说，这一事件让其从美梦中惊醒，这也是一个时至今日仍然让人记忆犹新的痛苦事件。"

---

① 在该次事故前，NASA 拥有"哥伦比亚号""挑战者号""发现号""亚特兰蒂斯号"4 架航天飞机轨道器，此外还有一架在早期用于大气内飞行测试的"企业号"测试飞行器，但其不具备轨道飞行能力；"挑战者号"在事故中损失后，NASA 用备件又建造了"奋进号"航天飞机补充至机队，此后直到全部退役未再补充。——译者注

全世界都对损失飞行乘组感到悲痛，但没有人能比宇航员的家人和朋友以及他们在 NASA 的同事们更加悲痛。罗杰斯委员会明确表示"挑战者号"航天飞机的发射决策是"有缺陷的"，这对 NASA 和它的承包商们来说是一个严厉的警示。

"做出这一决定的人既不知道最近发生的有关 O 形密封圈和助推器外壳接头的问题，也不知道承包商莫顿聚硫橡胶公司最初给出的'不要在低于 11.7 摄氏度的温度下发射'的书面建议，还不知道在莫顿聚硫橡胶公司的管理层改变立场同意发射后，工程师仍反对发射的情况。"调查报告中这样写道。"他们没有清楚地了解罗克韦尔国际公司[①]关于'发射台结冰可能导致发射不安全'的担忧。如果决策者知道所有的事实，他们一定不会决定在 1986 年 1 月 28 日发射'挑战者号'航天飞机。"

亲历者的证词指出了 NASA 内部的几个问题。正如报告所述，这些问题包括"传递不完整的，有时甚至是误导性的信息；存在工程数据和管理判断之间的冲突；以及 NASA 允许内部飞行安全问题绕过关键的航天飞机管理人员的管理结构"。

让航天飞机恢复飞行不仅仅需要解决助推器和轨道器系统中的技术问题，还需要让 NASA 重塑其安全文化，从而防止此类错误再次发生。NASA 必须重新建立民众对其的信任，必须重建与宇航员、政府、国会、媒体和公众的关系。NASA 的领导层必须重新思考他们应该如何应对外部压力，让他们能够在准备就绪时才执行发射任务，而不一定要按照预定的时间发射。按预定时间发射的压力可能是一种难以忽视的强大力量，它必须通过对安全和风险控制的重视来缓冲。

---

① 罗克韦尔国际公司是航天飞机轨道器的主承包商。——译者注

在"挑战者号"发射的前一天晚上，NASA 就感受到了美国哥伦比亚广播公司《晚间新闻》（*Evening News*）节目报道所给予的压力。主持人连线了正处在肯尼迪航天中心的一名记者并将镜头对准了他。"又是一次代价高昂的、让人面红耳赤的航天飞机发射推迟。这一次，NASA 将责任归咎于舱门上一个损坏的螺栓和突然变坏的天气。而更糟的是，在明天重新安排发射看起来也不太妙。"这名记者继续说道，"人们对 NASA 能准时发射的信心，已经被尴尬的技术故障和由天气导致的延迟所动摇。"NASA 本就不切实际的发射时间表制造了最主要的发射进度压力，即使是最资深的领导者也会受到批评意见和媒体声音的影响。

时任约翰逊航天中心的航天飞机项目经理阿诺德·奥尔德里奇（Arnold Aldrich）后来评论说："我现在会毫不含糊地说，就算在 1986 年我也会这样说，NASA 永远不能因媒体的诱导就航天飞机发射做出任何决定。话虽如此，但我相信这种持续的负面信息影响了'挑战者号'之前执行的一次任务，发射被推迟了很多次，媒体对 STS-61C 任务发射时间的报道达到了嘲讽的程度，这确实对人们的情绪和工作氛围产生了切实的影响。"他回想说："成本因素、进度因素、政治因素、NASA 组织的独立性与傲慢性及与媒体互动的种种动机和压力也暗流涌动，强烈地影响着人们的反应和行为方式。"

重塑 NASA 的安全文化

"挑战者号"事故的损失不可避免地导致 NASA 总部和各大研究中心的内部发生重大变化。高级领导层拥有专业实践知识是至关重要的。于是已经退役的航天飞机指令长理查德·特鲁利（Richard Truly）在"挑战者号"悲剧发生后的几个星期内从海军太空司令部首任司令的职位离任，回到 NASA 担任分管太空飞行的局长助理一职。他的主要任务是监督航天飞机安全复飞的工作过程。特鲁利从罗杰斯委员会的报告中所提出的建议入手，并向他的朋友海军飞行员、宇航员罗伯特·克里彭（Robert Crippen）寻求帮助。

克里彭是一位资深的宇航员，他曾与"阿波罗 16 号"任务指令长约翰·杨（John Young）搭档，参加过 1981 年的航天飞机首飞任务，以及 1983 年到 1984 年中的 3 项任务，他还是"挑战者号"事故调查委员会的一员，一直在努力从事故中吸取管理经验教训。克里彭和一个团队前往华盛顿，待了几个月的时间，仔细研究罗杰斯委员会在报告中提出的建议。

"我们采访了很多在 NASA 内外担任各种管理职务的人，试图厘清应该如何重组 NASA 的管理层。我们编写了一份报告，提出了一些建议。"克里彭在 2006 年接受 NASA 的口述历史采访时说。

"其中一个建议是让更多拥有一线操作经验的人参与航天飞机的项目管理。当我向特鲁利提出这个建议时，他说：'克里彭，如果你同意这个建议，那么你就应该收起你的飞行靴，亲自参加航天飞机的项目管理。'"

> "过去和未来都与我无关，我只活在当下。"
> ——拉尔夫·爱默生

克里彭想了想，他觉得比起他个人能够再次飞上太空，让航天飞机能够再次遨游太空更加重要。于是他从宇航员队伍退役，担任了新的管理职位，他将对是否发射做出最终决定，这是最具权威的决定。克里彭将前往位于佛罗里达州的肯尼迪航天中心发射场担任这一职务。

"我最终在肯尼迪航天中心设立了我的办公室，并且还分别在约翰逊航天中心（位于得克萨斯州休斯敦）和马歇尔太空飞行中心（位于亚拉巴马州亨茨维尔）分别设立了一个办公室来支持我的工作。"克里彭说。将这两大研究中心添加到他的管理结构中是加强合作和沟通的重要举措。

约翰逊航天中心是美国载人航天计划的发源地。它是宇航员办公室的所在地，拥有着管理宇航员和载人航天任务的大部分管理结构。只有有了约翰逊航天中心的支持，才能让宇航员办公室参与发射决策。马歇尔太空飞行中心是美国运载火箭的核心研制单位，由于固体火箭助推器的故障是"挑战者号"失事的直接原因，因此出于安全的考虑，必须将此单位也纳入决策团队。

克里彭重新评估了发射准备过程中的所有要素，然后将重点聚焦于主持飞行准备检查的人选上面，特别是在发射前两天进行的"倒数两天检查"（L-minus-2 review）上。在最后的飞行准备程序开始之前，这是一个决定任务能否继续进行的关键事件。他审查了在点火控制室中进行指挥的人选。点火控制室是肯尼迪航天中心的发射控制设施，距离发射台约 5.6 千米。克里彭的团队还提出了更严格的"发射决策"标准，特别是天气方面的标准。

美国公众和媒体经常抱怨航天飞机因为天气原因而推迟发射。但这毕竟是人命关天的事情，克里彭的团队决定坚守这些至关重要的安全标准。

在"挑战者号"事故发生后，特鲁利与 NASA 总部的团队合作，实施了几项关键的管理改革措施，并在 1988 年 2 月的 NASA 总部安全司报告中进行了总结：

- 增加一位 NASA 局长助理，专门分管安全性、可靠性、可维护性和质量保证。
- 建立一条责任路径来明确定义什么人负责什么工作，特别是在

"挑战者号"事故之前责任划分不明确，有双重角色人员存在的情况下。

- 通过增加预算和维持人员培训，增加团队在安全性、可靠性、可维护性和质量保证方面的技能和资源，即便管理人员暂时离开，也需要对培训密切关注。
- 建立对偏差和豁免的管理章程。[1]
- 确保项目管理层掌握必要的技能并保持积极主动，并且还要将项目的关键知识从员工传递给管理层。
- 保持一个有效的问题上报和纠正措施机制。
- 注重趋势分析[2]、安全风险评估和良好的飞行准备审查系统。
- 维护与安全相关的多个系统：保证信息、工程变更、宇航员安全规划、合同安全要求和项目规划，以及运行以安全为重点的承包商选择流程。

特鲁利忙碌于处理许多必须解决的技术和组织问题，以确保航天飞机能够安全复飞。与此同时，他还负责处理其他咨询小组对 NASA 的组织结构和决策过程提出的更多建议。对于 NASA 来说，那是一段非常艰难的时期。

发现"决策有缺陷"的消息传到了 NASA 的领导层，导致了领导层中的冲突和互相指责。NASA 的领导层和员工最初都因这场悲剧惊魂未定，为失去 7 名宇航员而感到悲痛并在内疚中煎熬，想知道他们原本可以做些什

---

① 偏差（deviation）和豁免（waivers）是管理领域的概念。其中，"偏差"指的是被管理的对象不符合有关的管理要求（如供应商提供的产品不符合要求）；"豁免"指的是即使管理对象未完全达标，但经过评估后认为仍在可接受的范围内，也可以对偏差进行豁免。——译者注

② 在项目管理中，趋势分析是一种通过积累历史结果与数据，对有关指标的变化趋势进行分析，并对研究对象未来的发展趋势进行预测的管理工具。——译者注

么来避免这场灾难。这些反应很快就转变成了怨恨、沮丧、疲惫和敌意。特鲁利回想当时的情景时说："我有很多事情要做。"

风险管理没有捷径

作为一个天生的领导者，特鲁利深知沟通、亲身参与和团队合作对取得成功的重要性。他制定了对航天飞机复飞"有序、保守和安全"的标准，并向约翰逊航天中心的一千多名员工展示了他的计划，同时确保 NASA 其他研究中心的人员也能通过电视转播收看这次展示。面对在蒂格礼堂①里聚集的人群，他说："太空飞行是一项大胆的事业，我们没有足够多的钱来解决所有的风险，但我们肯定会纠正在过去可能犯过的任何错误，并且将根据这些指导方针尽快让太空飞行重新开始。"《纽约时报》后来报道称："他乐观的话语似乎是为了帮助深陷困境的 NASA 振奋精神，并让 NASA 的员工着眼于航天飞机的未来。"

NASA 在总部新设立了一个专门负责管理航天飞机计划的总监职位，奥尔德里奇从约翰逊航天中心调往华盛顿来担任该职务。除罗杰斯委员会提交的报告中概述的改革外，奥尔德里奇还决定："在我们最终完成故障分析并弄清楚'挑战者号'到底发生了什么之后……我意识到固体火箭助推器的连接处可能不是航天飞机中唯一的薄弱环节。我设立了一系列正式检查，它们将着眼于航天飞机的各个方面，以此来进行风险管理并寻找薄弱环节。"

奥尔德里奇使用了一种类似他在"阿波罗 1 号"飞船失火后看到的乔

---

① 蒂格礼堂（Teague Auditorium）是约翰逊航天中心的礼堂，以美国国会代表奥林·蒂格（Olin Teague）的名字命名。蒂格曾经担任美国众议院载人航天飞行小组委员会主席，对 NASA 的"阿波罗"计划进行了监管。——译者注

治·洛使用过的方法。他召开了一系列改革委员会会议，"把想到、看到的一切带到会议上来，讨论并确定它们的轻重缓急"。他和他的团队对航天飞机的不同部分进行了 250 多项改动，其中一些关键的改动是为复飞任务而实施的，而更多的改动则是在后来才增加的。"在所有这些改动中，只有大约 5 个改动涉及固体火箭发动机。这些都是很大的改动，但这是'挑战者号'事故发生的原因，是我们必须修改的地方。"

奥尔德里奇在 2008 年为 NASA 撰写的一篇论文中写道，这种对安全的重新强调产生了一些后果。他指出："'挑战者号'事故的影响同这些深入的项目技术重新评估和改进相结合，在整个航天飞机项目团队中引起了可预见的过度保守和谨慎。"

上述改动引起的主要短期后果之一是对"自由号"空间站计划的影响。这项计划已经面临超支、设计变更和不切实际的预算问题，但里根政府和NASA 仍在努力想将这座空间站送入近地轨道。

在奥尔德里奇看来，如果"挑战者号"事故没有发生，那么"自由号"空间站此时可能已经在近地轨道上飞行了。除了成本超支和其他导致延迟的因素，他在论文中没有详细说明，但"挑战者号"的损失使其他所有航天器的发射时间都推迟了大约 32 个月。航天飞机本来应该用于运送空间站的部件，但当航天飞机被停飞时，这项任务显然已经不可能完成了。到 20 世纪80 年代后期，航天飞机能够再次执行飞行任务时，已经有太多积压的任务需要处理。

奥尔德里奇指出的另一个后果是美国国防部的撤出。在执行航天飞机计划的早期，美国国防部一直是一个重要的盟友，航天飞机的有效载荷舱经过重新设计可以运送国防部的大型卫星。"挑战者号"事故使得国防部的几次任务被推迟并造成了积压，开始对国家安全产生影响。国防部必须找到其他解决方案，而他们最终做出了不可撤销的永久性转变，即从航天飞机计划中完全撤出。

航天飞机的设计初衷是作为一种可重复使用的运载工具，用于完成更具成本效益的商业和科学载荷发射任务。但可惜的是，航天飞机设计的复杂性、飞行频率经常变化的现实情况和高风险性大大减少了其为国防部和商业有效载荷进行发射的机会。最终，尽管航天飞机在建造国际空间站和提高太空研究能力方面做出了贡献，但它从来没能成为一种在商业上可大规模推广的太空飞行器。

"挑战者号"事故提醒人们，太空飞行永远不会是一项常规的活动。NASA 在过去的数月和几年中一直在实施一项计划，即根据有效载荷专家的建议，将只接受过最少培训的人送入太空。这项计划允许来自其他地区和国家的宇航员参与 NASA 的任务，其中包括欧洲人、日本人和加拿大人。

"我们从'挑战者号'的悲剧中学到了什么？回想起来，有些教训是非常浅显的，它们不过是火箭工程的基本原则；但这些教训提醒我们，对责任的松懈，甚至粗心大意有多么容易发生。太空飞行本质上是有风险的，风险管理没有捷径。"史密森学会在谈到经验教训时说。

保持警惕性是保证安全的代价，我们时刻都不能放松警惕。如果事情不对劲，要引起重视：它可能在告诉你一些重要的信息。沟通要清晰明了，决策判断要遵守章程。太空飞行在很大程度上仍然是试验性的。常态化的太空飞行可能只是一厢情愿的愿景，而不是一个现实的目标。

工程师思维

○ 组织文化是成功的关键决定因素。虽然有许多衡量绩效的标准，但文化中产生的微妙变化很难被发现并作为绩效标准。

○ 将风险管理纳入项目管理。

○ 严格的配置审查和控制至关重要。

LEADERSHIP MOMENTS FROM NASA

第三部分

空间站计划
——以永不满足的态度保持卓越

LEADERSHIP
MOMENTS FROM
NASA

第 1 2 章

营造直言不讳的
氛围

建立"自由号"空间站

No Bucks, No Buck Rogers.

— THOMAS WOLFE

"没有钱，就没有太空旅行。"
——托马斯·沃尔夫，美国作家、记者

在 NASA 的历史中，美国国会对 NASA 预算超支的担忧是一个老生常谈的问题了。这种担忧导致了 NASA 优先级的改变、计划的取消和领导层的变化。面对平衡国家预算的挑战，尼克松总统取消了"阿波罗"计划中在"阿波罗 17 号"之后的所有任务，并削减了 NASA 的预算。乔治·洛评论说："尼克松总统对我们的总体期待是，他希望我们推进……更加有意义的计划。他不想成为一个将已经发生的美妙事情破坏掉的总统。"在 20 世纪 60 年代结束前，NASA 已经实现了让人类登月并安全返回地球的目标，美苏太空竞赛已经结束，而且美国政府还面临着其他紧迫的问题。那么，对 NASA 来说，下一个目标是什么呢？

在 NASA 成立后的第一个 10 年中，它建立了强大的基础能力，从而能够支持"阿波罗"计划的宏大愿景。这一经验表明，实现大胆的愿景需要将技术能力、团队合作和勤奋工作结合起来。在 20 世纪 50 年代末，作为 NASA 副局长的德赖登要求工程师"大胆而富有想象力"，他宣布了一个长期的愿景："计划的目标是开发能够近地飞行的载人飞船，并让人类前往月球和附近的行星"。这一愿景被新组建的 NASA 团队接受，这个团队中包括了许多后来在 NASA 中担任重要角色的人物，如詹姆斯·韦伯、吉尔鲁斯、费格特、克拉夫特、冯·布劳恩和乔治·洛，在他们的领导下，"水星"计划、"双子座"计划和"阿波罗"计划建立了成功的团队。NASA 在建立后的第一个 10 年内，就实现了一个许多人都认为不可能实现的目标。而现在，NASA 需要为它的未来确定一个新的愿景了。

空间站 vs 航天飞机

开发航天飞机是 NASA 在"后阿波罗"时代的各项计划中向前迈出的关键一步，它代表着 NASA 的目标从基于天空实验室的经验建造空间站，转变为发展可用于执行多种任务的、可重复使用的太空飞行器，并为近地空间的商业利用打开大门。"一座空间站如果没有航天飞机的支持，就缺乏了一个能够建造和利用空间站的良好的运输系统，那么它将毫无意义。但没有空间站作为应用前景的航天飞机仍然是有意义的，所以我们决定先发展航天飞机。"于是，乔治·洛制订了一个计划。实施这项计划需要他成功地驾驭好许多能够支配 NASA 未来的政治力量，同时管理好在"后阿波罗"时代不断缩减的预算。

在航空航天史学家罗杰·劳尼厄斯看来，"如果要选出一件乔治·洛所做过的最重要的事情，那就是在尼克松政府垮台[①]之后拯救了 NASA……乔治·洛的领导哲学是在理想和现实之间寻求平衡，并通过投资面向未来的技术和能力来推动 NASA 的发展，而不是继续投资过时的旧技术"。乔治·洛成功了，他让 NASA 获得了发展航天飞机计划的资金，从而为建造后来被称为"自由号"的空间站做准备。重返月球和可能的火星任务逐渐淡出了人们的视野。尼克松总统在 1972 年初宣布批准航天飞机计划，同时任命詹姆斯·弗莱彻（James Fletcher）作为 NASA 的新局长。在计划批准后的 10 年

---

① 由于"水门事件"的恶劣影响，尼克松在 1974 年 8 月 8 日宣布于次日辞职。——译者注

之内，约翰·杨和克里彭将在 1981 年 4 月 12 日执行编号为 STS-1 的第一次航天飞机飞行任务。

为了利用航天飞机的运载能力，里根总统在 1984 年的国情咨文中指示 NASA 在 10 年内建立一座空间站，并邀请其他国家参与这项计划。这座空间站将被命名为"自由号"，这是一个适合开展国际空间伙伴关系的名字。因为成本超支和进度延迟，许多大型的政府项目最终变得尾大不掉，这也是"自由号"空间站计划在 20 世纪 80 年代的命运。设计阶段还没有完成，成本就开始水涨船高，尽管引入了包括部分欧洲国家、加拿大和日本在内的合作伙伴，但整个计划也几乎没有取得实际性的进展。然而，参与合作的各国最终还是在 1988 年达成了一项正式协议，同意了将空间站命名为"自由号"的提议。

在乔治·布什于 1989 年接替里根当选总统后不久，詹姆斯·弗莱彻就辞去了 NASA 局长职务。布什团队任命美国海军中将特鲁利为下一任 NASA 局长，负责为 NASA 制订新的目标。为了对 NASA 进行更好的监管，美国副总统詹姆斯·奎尔（James Quayle）成为新组建的美国国家航天委员会的主席，与他的助手马克·阿尔布雷希特（Mark Albrecht）一起帮助并督促 NASA 在里根政府的太空政策基础上，为美国的载人航天计划确定一个引人注目的愿景。阿尔布雷希特深受 NASA 在"阿波罗"时代取得的成就的影响："作为一个在 60 年代长大的人……我是太空计划的忠实粉丝，我观看了'水星'计划、'双子座'计划和'阿波罗'计划的每一次发射，就像我这一代的其他人一样。"他很高兴能成为为太空飞行创造新机会的团队一员。在庆祝"阿波罗 11 号"登月 20 周年之际，布什总统宣布了一项《太空探索倡议》（*Space Exploration Initiative*），这项计划将使人类重返月球并继续前往火星；这将利用计划中的"自由号"空间站为垫脚石，来研究和了解有关人类在太空中长期生活和工作的许多问题。这一大胆的计划将需要在已经投入"自由号"空间站计划的资金之外再投入大量的资金。

特鲁利要求约翰逊航天中心主任亚伦·科恩（Aaron Cohen）进行一个为期 90 天的可行性研究，来测算这一项新计划的预估成本。NASA 内部专家小组估计，在未来 20 ～ 30 年内，建造一个空间站、重返月球和前往火星的成本将高达 5 400 亿美元。这在当时的财政环境中显然是不可持续的，因为"自由号"空间站计划的成本正在呈指数级增长，在当年已经预估达到 385 亿美元，这已经接近其最初 80 亿美元成本预算的 5 倍。美国国家航天委员会要求由新成立的美国太空计划未来咨询委员会对此进行外部审查。该委员会由马丁·玛丽埃塔公司（Martin Marietta）的首席执行官诺曼·奥古斯丁（Norman Augustine）担任主席。

增长的官僚主义行为

奥古斯丁委员会被要求"就 NASA 领导层在未来几十年中实施美国太空计划的方方面面，向 NASA 局长提出建议"。他们的报告承认 NASA 面临着许多挑战："这种批判的来源是多方面的，从对技术能力的担忧到重大太空项目的复杂度，从成本预估和控制的能力到官僚主义行为的增长，以及从缺乏整体考虑的太空计划到所谓的对新思想和变革的制度性抗拒。'挑战者号'的失败，数架航天飞机轨道器的液氢推进剂泄漏事件，哈勃太空望远镜的球面像差问题① 以及各种发射过程错误，如工作平台在发射准备过程中

---

① 在哈勃太空望远镜的非球面镜片制造过程中，所使用的反射式零位校正器安装位置产生了 1.3 毫米的偏差，镜片按照错误的形状进行了磨制，导致从镜片边缘反射的光与从其中心反射的光无法聚焦在同一点上，即产生球面像差。这一问题在哈勃太空望远镜被发射数个星期后通过传回的照片才被发现，而望远镜的性能无法达到要求；后续通过宇航员搭乘航天飞机并出舱作业，安装了一块改正镜片才得以修复。——译者注

被发现遗落在发动机舱中，都加剧了这种不满。"但奥古斯丁委员会也确实承认："NASA，而且只有 NASA，拥有可以使美国的太空计划持续下去的、必要和关键的知识和专长。因此，当前的任务是让 NASA 专注于自我改进，来支撑其这一责任。"

特鲁利接受了这一项挑战，解决奥古斯丁委员会关切的问题，并采纳他们的建议，但"一些官员认为特鲁利的官僚作风使他无法做出政府想要的改变，甚至改革"。特鲁利在"挑战者号"事故后的航天飞机复飞工作中发挥了重要作用，他的努力得到了广泛的认可。乔治·华盛顿大学的空间政策分析专家，同时也是美国国家航天委员会顾问的约翰·洛格斯登（John Logsdon）说，特鲁利"在让航天飞机复飞方面做了极其有价值的工作，是他恢复了 NASA 的信誉"。但他随后补充说："特鲁利对未来的设想与现实世界的情况并不相适应。"

特鲁利还要求参与过"阿波罗-联盟测试"计划的老将斯塔福德领导一项被称为"综合小组"的全面研究。1990 年的奥古斯丁委员会提交的报告中呼吁"重新设计'自由号'空间站以降低复杂度和削减成本，无论花费多少时间，也要彻底地、有创造性地做到这一点"。斯塔福德领导的综合小组将负责为此找到前进的道路。在这一过程中发挥关键作用的人是美国前空军飞行员乔治·阿比。

特鲁利后来说："真正关于美国载人航天计划的书将是一本关于阿比的书。"阿比被描述为"NASA 历史上最难以捉摸和最具争议的人物之一"，他在"阿波罗 1 号"火灾事故后与乔治·洛合作，在重建"阿波罗"计划中发挥了关键作用。"在'阿波罗'计划中，我很幸运地作为乔治·洛的技术助理为他工作，因此我参与了'阿波罗'计划各个方面的工作。在'阿波罗 1 号'飞船失火后，乔治·洛作为项目经理上任，他那时正在寻找一种方法，将肯尼迪航天中心各方面的人员召集在一起，包括设计师、操作人员、宇航员和科学人员，让他们一起工作。我建议他建立一个配置控制委员会，委员会的临时成员将包括以上所有人员以及每个承包商组织的主管。"

"阿波罗"配置控制委员会被证明对"阿波罗"计划的成功实施至关重要，NASA 的一位杰出领导人和他助手之间的密切工作关系和共同领导也最终为 NASA 的未来发挥了关键作用。"阿波罗"计划中的宇航员马丁利评论说："两位乔治组成了一个了不起的团队。一方面乔治·洛做了所有公开的事情，做了所有正式的事情，写了备忘录，下了指示，他所做的一切都有记录。另一方面，阿比也密切参与其中的每一件事、每一次谈话，建立了广泛的工作人脉网络。他知道所有人员和所有建筑物，他四处奔走，与人们交谈，并把所有人的意见和反馈带回来。他知道乔治·洛关心的是什么，因此他会以一种非正式的方式把有关的信息带回来。他只是想确保乔治·洛对从底层感知到的一切情况和通过上报机制正式报告的情况都了如指掌。"虽然乔治·洛因其坚持不懈地努力关注工程项目的细节而闻名，但正是阿比的努力才让乔治·洛能够掌握这些细节。

辩论出真知

阿比来自美国空军传统的军事指挥机构，他在 20 世纪 60 年代初为波音 X-20 航天飞机项目工作期间，第一次接触到了 NASA 的团队，这次经历让他感到十分惊讶："我被派去参加兰利研究中心的一个会议，这个会议将要解决各种再入大气层飞行器的配置问题——无论是采用有翼飞行器的形式还是采用返回舱的形式（都涉及这个问题）……在会议开始的前一个星期，我被指派为美国空军的代表。会议上有来自 NASA 所有研究中心的代表，也有来自承包商和美国空军的代表，但大多数人来自 NASA。每个人介绍自己将在会议的下一个星期发表的论文。轮到的人会站起来完整地演讲一遍。会议有一位主持人，当主讲人完成他的演讲时，主持人会说：'回到你的第一个图表。'主讲人就会把第一个图表打开，然后在场的听众会对他图表上的每一个数据点进行攻击。这是一个非常激烈的会议，人们互相批评，在概念和数据上产生巨大的分歧。主持人会听完这些激烈的辩论，然后敲响槌子终止讨论，说：'先生们，图表中的这些地方需要修改。'这种情况每天都在发生，但在一天的激辩结束后，他们会在体育馆集合，并在室外摆上几桶啤酒。经过这一整天大喊大叫的会议，人们居然还会聚在一起喝喝啤酒。那场面就像他们是失散多年的伙伴，就像他们从未对彼此大喊大叫过一样。我突然意识到，真的，NASA 的文化中有非常强的开放性，人们可以自由地表达他们的想法，我第一次到约翰逊航天中心时也发现了这一点。你能够有机会真正提出你的意见，也有机会为你的意见辩护，这些意见会得到关注和解决。这种文化是独一无二的，这对于 NASA 所有项目在早期阶段取得的成功功不可没。"

他的新榜样乔治·洛，作为"阿波罗"配置控制委员会的主席，继承了在兰利研究中心表现出的这种开放文化。阿比记得 NASA 的不同人员和承包商之间有许多激烈的争论。乔治·洛的办法是让争论充分进行，然后敲响槌子，陈述决议。乔治·洛认为人们在团队会议上能够激烈辩论是很重要的。团队成员也互相鼓励说："不要害怕提出不同意见，但不要提出你无法支持的意见。"阿比从乔治·洛那里学到了重要的一课："你永远不要让自己处于一种周围人都与你意见一致的境地，这很重要。我认为，为你工作的人能够在你迷茫的时候提醒你是很重要的。这是领导力的一个重要因素，我成长过程中遇到的领导者，都设法让周围的人不总是与自己意见相同，因为他们想听到不同的意见。我也想听到这些不同意见。我不得不承认……与我持有不同意见的人让我思考我将要做出的决定是否正确，而很多时候，他们是对的。因此，在你的周围要有消息灵通、背景良好并且愿意直言不讳的人，而不是周围的人总是同意你的观点，那样你就会遇到麻烦。"

所有人都有机会发言

如何领导出色的团队将成为执行国际空间站长期任务的宇航员远征行为训练的一部分。这些宇航员通常与同一乘组的伙伴一起，被送到美国国家户外领导力学校，学习高风险情况下的领导能力、团队合作和服从精神，其中包括"通过提供意见、尊重计划和保持参与来支持指定的领导者和团队目标"。

> "因此，国家领导人的标准之一应该是具有理解、鼓励激烈的批评并对其进行建设性利用的才能。"
>
> ——卡尔·萨根（Carl Sagan）[1]

乔治·洛让阿比负责为配置控制委员会每个星期的会议制订议程，并在星期一分发给项目人员和承包商。阿比回忆说："我们需要从星期一忙到星期五才能准备好上述议程的讨论内容，乔治·洛坚持让专门负责各个子系统的设计师从 NASA 的角度就某个话题发言，而且承包商也要在场。乔治·洛还坚持让承包商的负责人和约翰逊航天中心各个组织的领导人出席这个会议，因此我们能够在会上当场做出决定，并将决定白纸黑字地记录下来，然后在星期六向项目团队发布。这种会议将参与项目的所有元素都聚集在一起，不仅给了 NASA 工作人员，也给了承包商的工作人员发言权。"每个人都有机会发言，决定可以当场做出，并立即传达给负责实施的人。

在"阿波罗－联盟测试"计划中与阿比合作后，斯塔福德立即让阿比担任了 NASA 的高级代表，这个角色的任务与他在"阿波罗"配置控制委员会中与乔治·洛合作时卓有成效的工作相似。阿比的人脉网络很广，综合小

---

[1] 美国天文学家、天体物理学家、科幻作家。——编者注

组很快就组建了由航空航天部门中的关键人士组成的团队。阿比一直拥有如伯乐识千里马般选用人才的独特能力，这一技能在他过去担任约翰逊航天中心飞行乘组运营理事会 ① 主任时起到了重要的作用。十多年来，在担任飞行运行主任和之后的飞行乘组运营理事会主任期间，阿比参与了航天飞机计划中宇航员的选拔和任务分派工作。在阿比年轻的时候，他就知道做正确事情的重要性。在涉及分派宇航员时，阿比希望自己始终能做到选拔最好的候选人，并将他们分配到与他们的技能组合相匹配的任务中。

综合小组立即带着紧迫感开始工作，他们要帮助厘清布什政府《太空探索倡议》的愿景和优先事项。杰夫·宾汉姆（Jeff Bingham）加入了综合小组，他曾作为工作人员帮助美国参议员杰克·加恩（Jake Garn）参加"发现号"航天飞机执行的 STS-51D 任务。宾汉姆形容说，这些会议是"不停地与载人航天各方面的专家进行的长达几小时的会议"。在阿比的指导和斯塔福德的支持下，每天 12 小时的会议都被演讲填满了。用宾汉姆的话说："每个火箭设计师、每个推进系统专家都参与会议甚至还有人谈论长期太空飞行的心理学影响。这些会议只是不停地、无休止地进行，我们分成几个小组，提出了 4 个不同的架构。"综合小组的成员一刻不停地忙碌于为正式会议准备材料。阿尔布雷希特回忆说："综合小组大概只开了三四次会，小组成员看到的一切都来自我们提供的材料，还有乔治·洛提供的材料。"在这一年，这个包含 93 名成员和 35 名技术顾问的小组综合了 126 份报告中的信息，产生了一份综合报告，阐明了火星探测的具体建议、月球和火星的科学技术重点、一个去往月球并"驻留下来"的计划以及火星探测和空间资源利用的计划。

① 飞行乘组运营理事会（Flight Crew Operations Directorate）负责为 NASA 的载人航天计划训练宇航员，并为 NASA 载人航天计划提供总体规划、指导、管理和整体任务的运营实施。——译者注

综合小组的会议结束后往往会有非正式的啤酒聚会，这是一个行之有效的策略。阿比后来回想说："对 NASA 的领导层来说，有机会获得较低层次的工作知识是十分重要的，要发展这种经验基础，从而对设计活动、测试活动和运行活动有准确的理解。"无论身处低层次，还是在航空航天领导层的最高层，阿比行事方法中的关键是提问和倾听，而没有什么是比在艰苦的工作完成后轻松地聚在一起，坐下来聊聊事情的真实情况更好的环境了。

星期五晚间研讨会

这种非正式会谈非常有效，阿比后来又组织了更正式的星期五晚间研讨会，被称为"晚祷会"。会上被邀请的演讲嘉宾将以非正式的方式分享他们对当前议题的想法和观点。这些研讨会非常有价值，以至于斯塔福德有一次为了避免错过研讨会，甚至没去参加在加利福尼亚州举行的一次有偿的委员会会议。正如其报告标题"门槛上的美国"[①]一样，综合小组报告的广度和深度是如此全面和深刻，甚至可以作为 NASA 当前让人类重返月球这一愿景的模板。综合小组还根据太空飞行领导者 40 年来积累的智慧，为未来的 NASA 领导者提供了一份太空经验清单。对未来的教训是写在过去的，这些箴言不仅在当时十分珍贵，对于 21 世纪的太空飞行也具有重大意义。

在综合小组通过提出技术建议报告支持布什政府的《太空探索倡议》的同时，NASA 仍然在努力控制"自由号"空间站不断增长的成本。在奎尔的领导下，美国国家航天委员会意识到需要一种新的方法来实现这一跨越两届政府的、建立"自由号"空间站的愿景。阿尔布雷希特了解阿比在综合小组中的作用，于是他决定让阿比为美国国家航天委员会服务，但特鲁利表示反对，因为他知道阿比对 NASA 有多大的价值。最终阿尔布雷希特问特鲁

---

① 指美国正处于走进下一个太空探索时代的门槛，虽然并非遥不可及，但仍需努力才能迈入。意指美国航天事业即将迈入新时代。——译者注

利："难道我应该让副总统亲自给你打电话要人吗？"特鲁利同意了，阿比很兴奋地接受了这个新任务。

摩擦不断

阿尔布雷希特回忆说："我们知道，我想特鲁利也知道这一点——如果美国国家航天委员会有阿比在，那么白宫是不可能被 NASA 蒙骗的。与阿比交谈就好像拥有了一个 NASA 解码器。我会很激动地挥舞着手臂说：'NASA 那群人到底在干什么？'而阿比会踱着步，喃喃地向我解释：'……这就是正在发生的事情。'他总是对的。他很忠诚，也很聪明。"[①] 曾任航天飞机指令长的罗伯特·吉布森（Robert Gibson）在谈到阿比时说："NASA 的历任局长和各大研究中心的主任大都是杰出的技术人员或科学家。但我认为没有人能够像阿比那样，掌握对 NASA 的未来和成就有极大影响的政治力量。"

美国国会随后指示让 NASA 重新设计"自由号"空间站。1991 年 3 月，NASA 提交了一份预算为 300 亿美元的新提案。对国会中的许多议员来说，这个天文数字进一步加剧了他们对 NASA 的担忧。当年晚些时候，众议院将举行投票来决定空间站计划的命运。没有了空间站，航天飞机几乎失去了意义；而没有了航天飞机，NASA 未来的载人航天计划似乎就要泡汤了。对阿尔布雷希特和其他人来说，是时候对 NASA 进行重大改革了。在 NASA 这样的大型政府组织框架中，这将意味着领导层的改变。

---

① NASA 经过多年的发展已经自成体系，主要为宇航员出身的 NASA 领导层与布什政府的美国国家航天委员会之间一直摩擦不断，最后以 NASA 局长特鲁利被撤职收场。——译者注

美国副总统奎尔的助手阿尔布雷希特之前就认识丹尼尔·戈尔丁（Daniel Goldin）："我很荣幸，我在美国国家航天委员会工作的过程中遇到了他，那还是在他被任命为 NASA 局长之前。在我们第一次见面时……他就给我留下了深刻的印象……他能够清晰地指出我们的前路所向，并从根本上理解我们面临的障碍是什么。"戈尔丁从一个行业的角度看到了 NASA 所面临的许多挑战。"在工作中，他对如何更近一步、如何促进商业航天业务的增长，和如何对政府机构提供支持有不少远见卓识，这与我所认识的事情是如此一致且动机清晰。"阿尔布雷希特认为戈尔丁将是取代特鲁利的理想人选。

工程师思维

- 不要提出你无法支持的意见。最好的决定来自相互尊重的论述、分歧和倾听。

- 与那些消息灵通、背景良好、愿意直言不讳和倾听的人才组建团队。

- 要接触在组织的各个层面工作的人，他们会带来新的知识和理解。

LEADERSHIP
MOMENTS FROM
NASA

第 13 章

召集最优秀的人才，广泛思考
未来的愿景

"火星探路者号"将登陆火星

Frankly, I think NASA's been pretty rock-and-roll under his administration.

— BARBARA MIKULSKI

"坦率地说，我认为 NASA 在戈尔丁的领导下运行得很酷。"
——芭芭拉·米库尔斯基，美国参议员

　　1990 年的夏天是个不愉快的夏天。对于 NASA 局长特鲁利来说，千禧年之前最后一个 10 年的开局尤其艰难。氢气切断阀是航天飞机主发动机燃料供应系统的组成部分。航天飞机机队在一系列与氢气切断阀相关的泄漏事故后再次被停飞。哈勃太空望远镜于当年 4 月发射升空，但在不久后就发现它的反射镜被打磨成了错误的弧度，导致这台价值 15 亿美元的精密科学仪器出现了图像失焦的问题，而它最初被誉为"世界第八大奇迹"。媒体广泛报道了哈勃太空望远镜的这一失败，还多次将其讥讽为"近视望远镜""大白象"①"技术火鸡"②。《大卫·莱特曼深夜秀》（*Late Show with David Letterman*）节目主持人大卫·莱特曼（David Letterman）在一段现在看来十分可耻的、名为"迷失太空：哈勃太空望远镜的十大借口"的节目片段中总结了当时的公众言论。雪上加霜的是，由里根总统提出的富有远见的"自由号"空间站计划，本来要在近地轨道上建造一个多国协作的研究平台，但因存在着预算超支、进度落后的问题而成为美国国会审查的主要对象，面临着被取消的危险。特鲁利遇到了许多挑战，最初他得到了布什总统

---

① 白象在英语俚语中表示保管起来费钱费事而又没用、累赘的东西。——译者注

② 火鸡在英语俚语中有"不中用的家伙""笨蛋"或"失败"的含意。——译者注

的支持——布什总统说他对特鲁利抱有"极大的信心"，并进一步评论说："NASA 是一个非常复杂的组织，因此局长可以召集他所能找到的最优秀的人才来实现我们的目标。"

布什总统的《太空探索倡议》及其推动 NASA 让人类重返月球并进一步登上火星的大胆愿景具有远见卓识，能够鼓舞人心，并且将确保美国在太空探索方面的持续领先地位。戈尔丁回忆说，布什总统"是对太空探索最为友好、最有远见的总统之一"，这一观点也被美国国家航天委员会所认可。自从 1984 年《商业航天发射法案》（*Commercial Space Launch Act*）颁布以来，NASA 等政府机构的愿景逐渐发生了巨大的转变，从主导大型太空探索项目的提出、设计和实现，转型为为商业航天发射的发展和增长提供支持。这就需要在避开高预算的大型复杂项目的同时，以一种更具协作性的方式与私营企业合作。

戈尔丁的挑战：更快、更好、更便宜

戈尔丁拥有在私营企业工作的背景，他将接替特鲁利成为下一任 NASA 局长，他的任务是为美国的太空探索创造可持续的未来。戈尔丁的时间非常紧迫，因为他需要处理奥古斯丁委员会在报告中列出的问题清单，还有其他许多需要面对的挑战。他已准备好接受领导 NASA 这项任务。

戈尔丁于 1962 年在美国弗吉尼亚州汉普顿市的兰利研究中心开始了他在 NASA 的职业生涯，他那时从事有关载人航天电推进系统的研究。随后，他离开 NASA，到 TRW 空间与技术公司（TRW Space and Technology）[①]工作，最终成为该公司负责先进通信航天器项目的副总裁兼总经理。他和很

———————
① 该公司 2002 年被诺斯罗普·格鲁曼公司（Northrop Grumman）收购。——译者注

多人都认为NASA变得过于官僚主义了。"NASA的预算一直在不断地增长、增长、增长，还是增长。他们所使用的管理技术和工具在很大程度上已经过时了。"戈尔丁很高兴能够有机会回到NASA。他意识到NASA需要进行重大变革，但他同时也明白有效的领导力不是比拼受欢迎程度的人气竞赛。戈尔丁的领导风格被描述为"意志坚强、锋芒毕露并且行事果断"，他很快就因其"更快、更好、更便宜"的信条而闻名。他来到NASA的使命是领导变革，他也因所做出的变革而闻名。他所采用的方法受到很多NASA外部人士的欢迎，但这种理念的改变并不能让NASA内部一些已经工作多年的研究人员和公务人员感到满意。

特鲁利离开了NASA，戈尔丁在1992年3月接受了领导NASA的挑战，这位即将成为NASA历史上最有影响力的局长之一的人说，NASA必须"花更少的钱办更多的事"。NASA需要改变是显而易见的。戈尔丁开始向斯塔福德和阿尔布雷希特寻求建议。他们建议阿比和戈尔丁达成一致。根据在综合小组时所做的工作，阿比回忆说，当时"我更倾向于认为我们应该利用'和平号'计划的优势并吸取苏联的经验，继续前进，重返月球"，而不是努力在近地轨道建造一个空间站。但无论NASA有多么宏大的愿景，如果无法管理好项目成本，就都有可能被取消。

> "有效的领导力不在于擅长发表演说或者受人欢迎；领导力是由其结果而不是属性来定义的。"
> ——彼得·德鲁克（Peter Drucker）[1]

"我知道我要把大家逼疯了。"戈尔丁在描述他在领导NASA的早期情形时说。在谈到他设想的许多变革时，他认为"人的生命安全是首要目标"。

---

[1] 美国管理顾问、教授、作家，被誉为"现代管理学之父"。

他决定："安全目标首先是关于那些面对最高风险的人，即宇航员；其次是地面上的其他人；再次是高风险、高价值的机器人系统。我只是推进、推进、推进、推进"来实现这些优先事项。许多组织都谈到过安全的重要性，但没有将安全作为其组织文化的关键要素。戈尔丁认识到他在确保运行安全方面的作用，并对他的高级管理团队进行了调整，他任命美国前海军陆战队将军约翰·戴利（John Dailey）为 NASA 副局长，任命阿比为局长特别助理，从而加强在安全方面的努力。"如果组织的领导者不承担个人责任，也不愿意拿他们的声誉和职业生涯冒险，那组织就不会有安全管理系统。我遇到了这个问题，不仅仅是在 NASA，我在政府部门和工业界的其他部门也遇到过这个问题……我总是考虑实行问责制。"

问责制是组织文化中进行风险控制的一项关键制度。戴利和阿比都拥有丰富的领导经验，戈尔丁将这些经验用于重塑 NASA 的安全文化。经验丰富的航天飞机指令长兼高级执行官詹姆斯·韦瑟比（James Wetherbee）指出："任何领导者在到任时都必须了解组织的文化，这一点至关重要。"戈尔丁听取了阿比和戴利的意见，并根据他们的建议做出了缩减 NASA 员工规模的决定，同时重塑各项航天计划以提高成本效益。在戈尔丁担任 NASA 局长期间，他的领导能力、对员工的信任和对技术专家意见的采纳，使得 NASA 执行了 59 次航天飞机任务而没有发生任何事故。

鼓励员工"再次梦想"

戈尔丁在任职初期必须实现两个关键目标，一是重新获得白宫和国会的信任，控制 NASA 的预算；二是处理哈勃太空望远镜维修任务、零零碎碎的航天飞机问题和"自由号"空间站计划预算超支的问题。"当我到任时，奥古斯丁委员会在刚刚完成的报告中说，NASA 的开支将在 10 年内从 143 亿美元增加到 250 亿美元，"戈尔丁回忆道，"在我准备入职期间，我与参议员弗里茨・霍林斯（Fritz Hollings）进行了一次谈话……他走到黑板前，画了一条曲线，然后说：'这是你的预算。'……他说，如果我想要这份工作，就要制订一个合理的预算。NASA 现在的开支太高了。他还说，哈勃太空望远镜是'盲人'，'伽利略号'探测器是'哑巴'。'伽利略号'无法发送信号，因为天线不具备展开功能——那是一个正在前往木星的途中、价值数十亿美元的探测器。航天飞机还因各种问题而停飞。空间站项目花光了预算，却什么也没干成。哦，是的，还有气象卫星的问题。我们的地球静止轨道气象卫星已经坏了①，而飓风季节就要来了。而这些问题 NASA 都视而不见，它已经与现实脱节了。他问我你真的想要这份工作吗？我说，是的，我会接受这些指责，我确切地知道该如何解决这些问题。"

"我马上就意识到，我们要裁撤三分之一的员工……我必须让 NASA 变得更有效率。我们和离职的员工达成了买断协议，因为我不想让他们受苦。我想采用让他们自愿离职的政策……NASA 带头进行了买断工龄的补偿……我们没有强制辞退一名 NASA 员工，但我们的规模从大约 25 000 人减少到 17 000 人。你必须顾全大局，看清自己的处境，搞清楚你是如何沦落到这样的境地的，而且你不能伤害别人。"戈尔丁希望改变 NASA 的文化，让 NASA 能够采用他在 TRW 空间与技术公司通过使用创新技术而开发的更快、更好、更便宜的方法和管理大型项目的新方法。"当你要领导一项组织转型工作时，你需要做到两件事：对组织所处的情形进行评估，并且回顾组织的历史。然后你要问，它是如何走到今天的？你不能不管不顾就一股脑地进行大刀阔斧的改革……你要考虑，我们需要去往哪里？你需要清晰地想象未来，然后从那个未来倒推回你今天所处的位置。"戈尔丁希望通过新的

---

① 1989 年，美国 GOES-6 卫星的成像器故障导致无法继续进行气象观测，此后作为中继卫星运行到 1992 年退役；GOES-6 卫星的成像器发生故障后，美国在地球静止轨道上只剩下 GOES-7 卫星可用，直到 1994 年发射 GOES-8 卫星补充。——译者注

项目和新的思想改造 NASA，从而将 NASA 推进 21 世纪。

为了完成 NASA 的改革，克林顿总统必须重新任命戈尔丁为 NASA 局长。在改革工作开始后不到一年，NASA 员工的士气落到了谷底，并与戈尔丁的变革愿景格格不入，戈尔丁面临着成为"一年局长"的风险。但好在，政府赋予了戈尔丁继续变革的使命。在很短的时间内，戈尔丁"对 NASA 的管理结构进行了广泛的重组。重组……在政府中经常发生，但由此产生的结果通常是重组后的机构比重组前的更加笨拙，因为不仅没有人失去权力，而且还增加了各种新的闲职。但在戈尔丁对 NASA 的改革案例中，几个根深蒂固的部门实际上已经被撤销了。"有些人可能将变革视为一种威胁："每当高级公务员开始抱怨士气低落时，他们的意思是有人在强迫他们改变。从这个意义上讲，对 NASA 来说，没有什么比士气低落更好的了。产生抱怨的原因是，NASA 的根本性变革终于在经过多次讨论之后……开始逐步实现。

在此之前的近 10 年里，NASA 一直在上演精心策划的假把式改革。"但这一次不再是虚假的改革了。在 10 个月内，戈尔丁"促使 NASA 的员工重新思考 NASA 应该如何履行其基本使命，减少运营浪费并改变 NASA 与私营企业开展业务合作的方式。他……在 NASA 总部的关键领导职位上至少进行了 35 次人事调整，提拔新人，去掉或重新分配其他有影响力的职位……他拆分了旧的 NASA 办公室，并创建了新的办公室，从而将更多的精力集中在航空、行星科学和发射地球环境监测卫星等领域。"他充分利用授权进行改革，并且得到了克林顿总统的再次任命，这使他能够继续对 NASA 进行改革。

戈尔丁对未来的设想是在太空探索早期成就的基础上更进一步，他通过鼓励员工"再次梦想"来广泛思考 NASA 未来的愿景。对一些人来说，戈尔丁的第一个行动虽然在当时看似微不足道，却成为重建 NASA 文化的重要元素。在担任局长的第一个月，戈尔丁禁用了 NASA 的"蠕虫"标志。"蠕虫"标志是在 20 世纪 70 年代设计的未来主义的 NASA 标志。戈尔丁要恢复 NASA 最初的"肉丸"标志。

在他确认成为局长后不久，戈尔丁开始访问 NASA 的各大研究中心，以更好地了解每个研究中心面临的挑战。当他搭载的飞机降落在兰利研究中心时，飞机滑向一个机库，机库门上方同时展示着一些新的"蠕虫"标志和旧的"肉丸"标志。NASA 的很多人不喜欢"蠕虫"标志，当戈尔丁向阿比和兰利研究中心主任保罗·霍洛韦（Paul Holloway）询问可以做些什么来提振兰利研究中心低落的士气时，阿比建议戈尔丁恢复使用"肉丸"标志，保罗·霍洛韦也同意了。戈尔丁在他讲话的最后宣布了这一消息，他说："NASA 过去的精神依然完好存在。"

对许多人来说，"NASA 的标志激发了一种对这个世界上存在的美好事物的普遍好奇，因为它是能够成功地让人们离开地球并回望我们这个世界的少数实体之一"。这不是对 NASA 标志设计的评论，而是承诺将 NASA 的组织文化建立在令人信服的愿景以及能力、正直和信任的价值观上，这些因素曾经对"水星"计划、"双子座"计划和"阿波罗"计划的成功起到了至关重要的作用。

管理结构重组

戈尔丁继续着对 NASA 的改革，并且领导 NASA 在 5 年内就成功完成了哈勃太空望远镜维修任务，同时开始了将航天飞机计划商业化的尝试，还与俄罗斯及其他国际合作伙伴一起合作实施一项新计划来重新设计国际空间站，另外，还大大缩减了 NASA 的员工规模。"戈尔丁先生拥有大胆的个性。"

美国参议员芭芭拉·米库尔斯基当时是 NASA 一个重要的资助小组委员会的主席，她表示，"但坦率地说，我认为 NASA 在戈尔丁的领导下运行得很酷。"担任"阿波罗 16 号"任务指令长，同时也是航天飞机首飞任务指令长的约翰·杨说："尽管戈尔丁的行事风格粗粝，但他的心思确实都在正道上。"

在"阿波罗 10 号"和"阿波罗－联盟"计划中担任指令长的斯塔福德认为戈尔丁是"自从在 20 世纪 60 年代为'阿波罗'计划奠定基础的詹姆斯·韦伯以来最好的 NASA 局长"。尽管仍然存在许多挑战，但戈尔丁能够将 NASA 的注意力从载人航天飞行转移到机器人任务上，从而能够探索火星和地球所在的太阳系，同时依靠他信任的顾问、领导团队和各大中心主任实施新的战略计划。

戈尔丁终于能够专注于探索火星的愿望。"我和自己立下了契约，因此我不能退缩……我接受这样一个事实，也许让人类去往火星以外的地方可能是优先级。但我最深切的梦想是，在我的有生之年，以某种方式负责一次载人火星探测任务。这将是一件我们作为人类可以做的崇高的事情。"他创建了"起源"计划，希望了解宇宙的诞生及命运，同时寻找可能支持地外生命的条件。这最终促成了 NASA 天体生物学研究所（NASA Astrobiology Institute，NAI）的建立，它最初由斯科特·哈伯德（Scott Hubbard）领导，而后，诺贝尔生理学或医学奖获得者巴鲁克·布隆伯格（Baruch Blumberg）被任命为 NAI 首任主任。

戈尔丁还承诺 NASA 将使用"更快、更好、更便宜"的策略，以每两年一次的频率发射一系列轨道飞行探测器和着陆器飞往火星，这一计划得到了政府的支持。克林顿总统于 1997 年 1 月开始了他的第二个任期，毫无疑问，他继续让戈尔丁当 NASA 局长。

1997 年的夏天，秉承戈尔丁"更快、更好、更便宜"的策略设计的"火星探路者号"探测器将登陆火星。除使用新的管理策略外，该任务也是各种技术的"概念验证"，如基于安全气囊的软着陆技术和自动避障技术的应用，这两种技术后来都被"火星探测漫游者"任务 [①] 所应用。仅耗资 1.71 亿美元的"火星探路者号"任务是 1992 年执行的耗资 10 亿美元的"火星观察者号"任务的继任者，这为戈尔丁"更快、更好、更便宜"的管理战略带来了公信力。

"火星探路者号"不仅更好、更便宜，而且 NASA 还创建了一个网站，让全世界的人们都可以跟随"火星探路者号"探测器搭载的"旅居者号"火星车探索火星表面。除科学研究目标外，无人探测任务还在教育和推广方面获得了与载人航天飞行类似的全新可能性。

戈尔丁成功地带领 NASA 经历了一段重大的变革时期。回顾戈尔丁所面临的挑战，阿尔布雷希特评论道："他是这个职位的不二人选。"在戈尔丁加入之前，"NASA 被视为'连枪都打不直的团伙' [②] 'NASA 要去哪里？''迷失太空' [③] '注意力不集中，表现不佳'。而今天的 NASA 在美国的外交政策、民用研究和发展计划中被视为代表技术进步、目的明确、积极向上的光辉典范……NASA 好像找回了在 20 世纪 60 年代伴随孩子们成长时的那种风范，它在推进重要的项目，它是重要的政府机构……戈尔丁和阿比应该受到高度赞扬。"

---

① "火星探测漫游者"任务（Mars Exploration Rovers，MER），即"勇气号"和"机遇号"两项火星车任务的合称。——译者注

② 出自 1971 年的美国犯罪喜剧电影《我的子弹会拐弯》（*The Gang That Couldn't Shoot Straight*），在这里形容 NASA 笨手笨脚，总犯错误。——译者注

③ 出自 1965 年至 1968 年在美国哥伦比亚广播公司播出的科幻电视连续剧《迷失太空》（*Lost in Space*）。——译者注

工程师思维

○ 领导者要建立一个值得信赖的顾问网络，依靠他们并愿意听取他们的建议。

○ 相信技术专家的建议。

○ 正确的决定并不总是受欢迎的决定。

○ 要找到前进的道路，就要了解你是怎么走到今天这一步的，要想象你的未来，然后倒推回现在的位置。

LEADERSHIP
MOMENTS FROM
NASA

第 14 章

未来的方向可以由
过去的历程决定

缩减国际空间站预算

That weekend
saved human
spaceflight for
the 21st century.

— THOMAS STAFFORD

"那个周末拯救了21世纪的美国载人航天计划。"
——托马斯·斯塔福德，"阿波罗-联盟测试"计划指令长如今的国际空间站是夜空中除月球外最明亮的物体。它以大约 8 千米每秒的速度绕地球运行，是一座代表人类探索未来希望的灯塔。国际空间站是由 5 个主要国际合作伙伴主导①、共涉及 16 个参与国家合作努力的结果，也是历史上最具雄心的国际合作计划之一。但当时间回到 1993 年的 6 月时，国际空间站项目距离被美国国会取消的命运只有一票之遥。②

当戈尔丁加入 NASA 时，他立即意识到空间站的问题："当我来到 NASA 时，这已经是一个非常严重的问题了。'自由号'空间站项目已经花光了全部预算，但是当我想看看有什么可以展示的项目成果时……发现他们没有建造出任何东西。"美国政府对 NASA 的耐心消磨殆尽，戈尔丁明白他能否在 NASA 局长的位子上坐稳将取决于他降低'自由号'空间

---

① 主导国际空间站建设的 5 个机构分别是美国国家航空航天局、俄罗斯联邦航天局（Roscosmos）、日本宇宙航空研究开发机构（JAXA）、欧洲航天局和加拿大航天局（CSA）。——译者注

② 1993 年 6 月 23 日，美国众议院就取消"自由号"空间站项目的修正案进行了投票，该修正案以 215 票同意、216 票反对、9 票弃权没有通过，空间站项目仅以 1 票之差得以保留。——译者注

站建造成本的能力。如果这一问题找不到解决方案，那么空间站计划将被取消，美国载人航天计划的未来将处于危险之中。戈尔丁必须迅速行动。

> "最好的领导者懂得找到优秀的人才来做好计划中的工作，而且又能克制自己在过程中不横加干涉。"
> ——西奥多·罗斯福

《洛杉矶时报》专栏作家格雷格·伊斯特布鲁克（Gregg Easterbrook）评论道："从几个方面来讲，戈尔丁在 NASA 的历史上都是独一无二的。他是第一位不对 NASA 文化产生敬畏之心的局长——他的老雇主 TRW 空间与技术公司是一家航空航天承包商，在历史上与 NASA 有过敌对关系。他还是第一位在载人航天计划中没有与各方人员涉及利益关系的 NASA 局长。在他之前，NASA 长期以来以此为借口，规避对航天预算这一事项进行理性思考。"当戈尔丁最初专注于对 NASA 进行改革时，阿比仍在美国国家航天委员会与阿尔布雷希特密切合作，在戈尔丁考虑他的领导团队如何转型时，他们两人为戈尔丁提供了一系列的选项。阿比很喜欢与戈尔丁合作，他形容这位新任 NASA 局长"敏锐而聪明，是一位才华横溢、富有远见的工程师"。他们提供的建议有很大帮助。

在通常情况下，新总统当选后组建的新一届美国政府将更换 NASA 局长，但比尔·克林顿决定保留戈尔丁的职位。《华盛顿邮报》记者凯茜·索耶（Kathy Sawyer）在政府换届之后写道："据白宫消息人士透露，由于民用航天计划即将迎来历史性的调整，白宫打算让在布什政府期间担任 NASA 局长的戈尔丁留任，作为 NASA 的首席决策者。"

来自各领域专家的提议

戈尔丁从来都不是"自由号"空间站的粉丝。在被克林顿任命后不久，他就去会见了 NASA 的代理副局长科恩、负责立法事务的局长助理马蒂·克雷斯（Marty Kress）以及阿比，与他们一起讨论 NASA 改革的各种选项。戈尔丁想改变"自由号"空间站计划的方向，但克雷斯和科恩认为这会让国会取消这一计划。改革计划一筹莫展，而戈尔丁，在得到克林顿总统任命后，被要求在 1993 年 2 月第一个星期的星期五下午到白宫与科学顾问约翰·吉本斯（John Gibbons）会面。吉本斯说到了重点："我们打算取消'自由号'空间站计划。"克林顿把工作重点放在了预算上，很快就把目标对准这项预算过高的计划，并得出了结论：它是行不通的。戈尔丁要求暂缓一段时间再做出回应，但新政府正在为美国国会准备新的预算计划，没有时间留给戈尔丁。"只给你一个周末的时间。"吉本斯回答。戈尔丁回到了 NASA 总部，绞尽脑汁地思考如何才能拯救美国载人航天计划的未来。

> "乔治·阿比在拯救空间站计划的行动中厥功至伟。"
> ——托马斯·斯塔福德

戈尔丁有 48 小时的时间来找到解决办法，他做的第一件事就是给阿比打电话。阿比又马上给斯塔福德打了电话。他们二人多年来在"阿波罗"计划、"阿波罗－联盟测试"计划和航天飞机计划中建立的关系是找到解决方案的关键因素。但麻烦的是，斯塔福德当时在佛罗里达州，无法返回弗吉尼亚州，但他提出阿比可以使用他在弗吉尼亚州亚历山大市的办公室，并打电话给他的秘书，让他把钥匙送给阿比。阿比打电话给约瑟夫·谢伊（Joseph Shea），请他周末一起讨论这件事。谢伊是阿比所认识的最杰出的工程师之一，他在"阿波罗 1 号"火灾事故后离开了 NASA。阿比召集的成员还包括著名的航天器设计师费格特、来自综合小组的迈克尔·莫特（Michael

Mott），以及约翰·杨。约翰·杨是一位杰出的工程师，也是第一次航天飞机飞行任务的指令长，他还参加了两次"双子座"飞行任务和两次"阿波罗"飞行任务。莫特后来成为戈尔丁团队中不可或缺的一员，他将担任 NASA 的局长助理副手，发挥参谋长的职责，这是类似首席运营官的角色，"在 NASA 的所有部门和所有职能领域的日常活动中发挥作用"。他们围绕着会议桌开始工作，拿着铅笔和便笺纸试图挽救这个高科技项目。他们都是富有远见的现实主义者，而且都是各自领域的专家。他们制订了一项计划，将要建立一个能够为 21 世纪的载人航天飞行做准备的空间站。

戈尔丁介绍了他们面临的挑战，新的空间站计划必须在每年 20 亿美元的预算下完成，否则就会被取消，美国的载人航天计划也就失去了未来。这个团队包括一位杰出的梦想家、最重要的影响者、两位杰出的航空航天工程师和一位美国历史上最有经验的宇航员。1984 年，乔治·洛在他 58 岁时不幸死于癌症，但通过他生前与在场人员的密切工作关系，他的观点得到了很好的体现。美国载人航天计划的未来正掌握在这几位好手之中。

费格特只用了很短的时间就勾勒出一个模块化空间站的草案，这个空间站可以在建造过程中无人自动运行。当所有的附加模块都连接到位后，可以再添加加压的载人模块从而形成最终配置。乔治·洛和阿比多年前都是这一方案的支持者，但费格特离开 NASA，去私营企业从事一项名为"工业空间设施"的商业项目，而这个方案在私营企业中并未得到重视。苏联 / 俄罗斯的"和平号"空间站在其运行的 6 年中就成功地利用了类似的模块化概念来扩大其规模和能力。

费格特的这一草案得到了团队的一致支持。谢伊建议："你需要认真考虑简化子系统和项目管理。"费格特补充了一个关键的提醒："你还需要回到过去，使用能让我们成功的关键方法，让休斯敦（约翰逊航天中心）主导项目管理。"这是一个清晰的提示，即未来的方向可以由过去的历程决定。

秉承综合小组的指导方针

吉本斯对这项提议的反应证明了那个周末的努力是成功的。戈尔丁与吉本斯在白宫进行了会面，并像费格特在上周末所做的那样，通过在桌上摆出一根根火柴来解释这一计划。吉本斯回答说："如果你能在每年 20 亿美元的预算下完成这件事，它就行得通。"吉本斯信守了他的诺言，被重新命名的国际空间站计划获得批准，并将由约翰逊航天中心领导实施。在被批准后的4 年内，国际空间站的第一个模块于 1998 年发射升空[①]；而在那个关键的周末会议之后，7 年内就将有第一批宇航员访问并入驻国际空间站[②]，由此开启了人类在太空中持续驻留 20 年的征程。

当一个数千人的团队花费了将近 10 年时间设计的"自由号"空间站不符合成本预算和设计要求时，一场只有 6 个人参加的周末会议挽救了国际空间站计划。他们是如何做到的呢？在某种程度上，他们的成功是因为正确选择了让谁在场、谁不在场。戈尔丁愿意听取与会专家的意见也是一个原因，但他们的成功根本上还是来自秉承了综合小组报告中对于大型航天计划的指导方针。除了戈尔丁，周末会议的每位与会者都曾是综合小组的成员或者顾问。阿比对需要做什么事情有独特理解能力，此外，他对做正确事情的投入是十分关键的。阿比的这些特点在确定综合小组的建议、创建和运作"阿波罗"配置控制委员会，以及在两天内重新设计和拯救空间站计划中发挥了关键作用。有些人将综合小组报告中总结的太空飞行经验清单称为"未来太空

---

① 1998 年 11 月 20 日，俄罗斯的"曙光号"（Zarya）功能货舱作为国际空间站的第一个模块发射升空。——译者注

② 第一批 3 名宇航员于 2000 年 11 月搭乘俄罗斯"联盟 TM-31 号"飞船登上国际空间站，开始长期驻留。此前也有宇航员抵达国际空间站进行安装作业，但并未入驻。——译者注

飞行的箴言"。清单中提出的每一个指导方针、提示的每一个陷阱，都是基于人类航天史上最优秀的航天工程师和领导者的集体智慧。这些意见将作为对未来的提醒，从过去那些将人类送上月球并成功带回地球的前人那里收集智慧，并传递给下一代太空飞行任务的领导者。阅读这些意见很容易，但吸收它们可能会很难。有时做正确的事情并不总是容易的或者受欢迎的。

从历史中学习经验教训

阿比召集的团队知道建造空间站的正确方法是"基于子系统和模块之间的简单接口，最大限度地利用模块化……在先前任务所建立的能力基础上进行拓展。要进行冗余设计，保留冗余的主系统和备份系统，而不是严重依赖在轨维护"。事实证明，这些准则中的每一条都对美国载人航天计划在上一个时代中的成功至关重要，它们也是促使国际空间站计划成功的关键要素。NASA 以复杂的、高风险的技术项目为工作中心，一次又一次使看似不可能的事情成为可能。NASA 已经认识到了"对项目的所有要素设定清晰的管理责任界限、确定可行性高的计划检查节点为决策提供明确的进入和退出标准、雇用优秀人才并且信任他们"的价值。

在"阿波罗 1 号"火灾事故后，克兰兹对他的团队提出了严格的要求，要求他们秉承"坚强""称职"的箴言。在 NASA，信任由能力建立，能力也成为组织韧性的基础——这是 NASA 在"阿波罗 1 号"事故、"挑战者号"事故和"哥伦比亚号"事故后能够重启太空飞行任务的关键因素。对于有志于创建高绩效团队的领导者来说，美国的载人航天计划中有很多可以学习的经验教训。例如，雇用你能找到的最优秀的人才，创造一个能够让他们持续学习的环境，倾听他们的意见，信任他们，并给他们提供成功所需的工具。信任与验证——乔治·洛和阿比认识到了让团队集体负责的重要性，并掌握了提出有可操作性的、有洞察力的问题的艺术，这将帮助团队取得成功。历史永远不会知道如果没有采用这些方法会发生什么。但显然，如果没有这些方法，NASA 历史上最重要的两项成就——将人类送上月球和国际空间站的建立，就不会产生。这对所有的领导者来说都是一个深刻的启示。

"阿波罗"计划中的宇航员、长期担任 NASA 顾问的斯塔福德评论说："阿比亲手拯救了空间站。"斯塔福德称赞阿比将"阿波罗"式的管理实践引入了空间站项目，此前，该项目一直陷于官僚主义和工程失误之中。"如果没有他……"斯塔福德说，"NASA 仍然不会有任何进展，天上将不会有一座空间站。"尽管这一说法是正确的，但阿比会第一个站出来说，是数以千计兢兢业业的公务员、承包商人员、苏联宇航员和美国宇航员促成了国际空间站计划的成功。

工程师思维

○ 我们的行事方式决定了我们在关键时刻是否安全。安全不应该只是简单的口号，而应该是一种组织习惯。

○ 如果不能对决策记录、组织经验教训和总结进行有效的保存、阅读和交流，将会为未来的失败埋下伏笔。从历史中吸取教训，避免重复做在过去就不起作用的事情。

○ 由能力建立信任，使能力成为组织韧性的基础。

LEADERSHIP
MOMENTS FROM
NASA

第 15 章

尊重合作伙伴并
建立信任

空间站计划是一项外交政策

We are at a point in history where a proper attention to space... may be absolutely crucial in bringing the world together.

— MARGARET MEAD

"我们正处在一个对太空给予适当关注的历史时期……
这对于将世界联系在一起可能是至关重要的。"
——玛格丽特·米德，美国人类学家

　　"这其实是一项有关美国外交政策的倡议。"加拿大航天局前主席威廉·埃文斯（William Evans）对建造"自由号"空间站的计划评论道："这是里根总统最主要的外交倡议。"NASA 曾经催促里根，希望他能批准建造一个美国的空间站计划，从而与苏联的空间站计划竞争，后来里根总统在 1984 年 1 月的国情咨文中接受了这一计划，他指示 NASA 开发一个载人空间站并邀请其他国家共同参与。NASA 国际办公室的佩吉·菲纳雷利（Peggy Finarelli）回忆说，这是一个"冷战背景下的领导力问题，我们正在与苏联争夺太空制高点。所以我们'自由号'空间站必须比苏联的空间站更大更好"。埃文斯继续回忆说，几个月后，"NASA 局长詹姆斯·贝格斯（James Beggs）出访了加拿大，又去了欧洲和日本，并且向出访的各个国家和地区发出了参与'自由号'空间站计划的邀请"。

　　建立"自由号"空间站的愿景基于美国、加拿大、日本和欧洲各国之间紧密合作的伙伴关系。埃文斯说，这将被用作"一项外交倡议……而NASA 恰巧在合适的时间有了合适的主题：建设一座国际空间站，成立一个能够由 NASA 主导建设的主管机构"。各个航天机构代表他们的国家或地区，同意合作开发'自由号'空间站的各个关键组件。最初，各个航天机构都与 NASA 签署了机构间的双边协议，随后于 1988 年 9 月签署了政府间协议。包括《战略防御倡议》（*Strategic Defense Initiative*）在内的许多因素影响了美国与苏联在太空中的合作关系，一些人，如夏威夷州参议员松永雅之（Masayuki Matsunaga），就对美国政府太空武器化的危险提出了警告，并呼吁"建立一个国际合作开发的空间站作为替代方案"。基于"阿波罗 - 联盟测试"计划的成功，NASA 的许多人也认识到了与苏联太空计划进行合作的必要性。

1986 年"挑战者号"航天飞机的悲惨失事震动了所有航天大国，全世界都陷入悲痛之中。欧洲议会为"挑战者号"飞行乘组举行了默哀仪式，表达同情和慰问的电话和电报也涌入了白宫。在联合国，秘书长向里根表达了他的深切哀悼："这是在人类追逐知识前沿的进步中发生的悲惨生命损失，全世界都为此感到悲痛。"尽管存在风险，但空间站计划的每个合作伙伴都希望将项目继续下去。里根总统的演说中表达了许多人的共同感受："未来不属于胆小的人，它属于勇敢者。'挑战者号'飞行乘组正在将我们带往未来，我们将继续跟随他们的脚步前进。'自由号'空间站计划正是 NASA 继承他们遗志的计划。"

在 20 世纪 80 年代即将结束之际，"自由号"空间站计划面临的预算挑战受到了国际合作伙伴的密切关注。戈尔丁认为"'自由号'空间站过去被当作一项浩大的工程来建造，其目的是向世界展示我们可以建造一座比苏联更大更好的空间站。但不应该是这样的……我们想向世界展示的是我们可以合作，而且它不必那么昂贵"。合作伙伴们相信，国际协议的签署能够保护空间站计划和他们在开发技术上的投资，但"自由号"空间站的未来还远未得到保证。

在弗吉尼亚州雷斯顿那个周末的重新规划为 NASA 争取了时间，让

NASA 能够对调整空间站计划的可能性选项进行一次外部审查。戈尔丁也认识到外部审查的战略重要性，他立即联系了麻省理工学院的校长查尔斯·维斯特（Charles Vest），戈尔丁认为让维斯特来担任外部审查组组长这一角色"很棒"。维斯特热情地接受了这项任务，他说："审查小组只有一个目标——NASA 设计团队提出各种调整选项，审查小组要准确评估这些选项，并向联邦政府报告。包括评估设计目标是否达成，以及对 NASA 提议的管理方法和成本预测进行批判性审查。"国际合作伙伴也被邀请参与了审查。审查完成后，他们得出了结论："NASA 已经能够成功应对这一挑战，他们提出的计划能够大幅降低成本、改善管理流程、保护研究成果，美国可以继续与其国际伙伴合作，履行美国的国际承诺。"

埃文斯认为外交倡议是保证项目前景的一个重要因素："因为各种信息会通过外交渠道发出，如果项目最终取消，那将会是一场重大灾难。欧洲各国在项目中做出了重大贡献，加拿大也发挥了重要作用……这是一项国际合作条约，如果美国此时退出……这将是一个巨大的外交层面的失败。"美国国家航天委员会也很清楚这一点。阿尔布雷希特回顾了在"利用好国际合作的方法"上的变化："这种合作不仅仅存在于为了支持建立国际空间站而形成的脆弱的国际联盟关系中，而是一种真正的、根本上的、不可分割的基础……当然，这在 NASA 对空间站进行全面重新设计时起到了引领作用。"

> "当空间站计划得到非常强有力的政治支持时，我们就能够取得进展。"
> ——威廉·埃文斯

政府对维斯特小组的调查结果很满意，克林顿总统呼吁"美国与我们的国际伙伴合作，开发一个比原版'自由号'空间站成本更低、规模更小的空间站。同时，我还将寻找机会，让国际伙伴在更大的范围里，更深入参与项目，使国际空间站项目成为各国和平合作的典范"。有些人认为戈尔丁缺乏足够的政治智慧在华盛顿的艰难环境中驾驭 NASA，但在他被任命为 NASA 局长后的 2 年内，他成功地领导 NASA 完成了重组，同时重获美国政府对空间站计划的支持，并且还管理好了其他的项目。

分歧和辩论有巨大价值

即使在最好的情况下，改变一个组织也是具有挑战性的，然而被一些人称为"华盛顿的局外人"的戈尔丁却成功了。许多人认为他可能会失败，甚至有些人希望他会失败。有许多因素在他的成功中发挥了关键作用。戈尔丁对自己希望 NASA 实现的目标有一个清晰的认知，他了解 NASA 的历史和美国政府的目标，并且有能够将愿景变成现实的计划。

戈尔丁到 NASA 任局长后不久，他就在 NASA 总部建立了两个团队——红队和蓝队，每个团队都要提出建议，来提高 NASA 的工作效率。两个团队都对不同的项目进行审查，其中一个团队会对另一个团队的成果进行评价。戈尔丁在 TRW 空间与技术公司工作时就提出了两个队伍互相审查的概念："蓝队提出建议，而红队进行批判……这是 NASA 过去没有实践过的一个新概念。"这种实践方法对当时的 NASA 总部团队来说是全新的，它的核心是强调分歧、论述和辩论对于确定最佳行动方案的价值。而这点正是 NASA 过去的"水星"计划、"双子座"计划和"阿波罗"计划能够成功的关键因素，也是 NASA 早期文化的一部分。

让员工参与有关组织改革的讨论可以发挥重要作用，这能够帮助大家获得新的想法和新的行事方式。戈尔丁努力推动 NASA 的改革，他试图让两个团队制定策略从而将 NASA 的项目精简 30%。这对任何组织来说都是一个挑战，但获得全部或部分团队的认同有助于戈尔丁获得对于改革的内部支持。因为在一个资源有限的组织中，有过多的相互竞争的技术项目与团队，改革举措永远不会得到广泛的支持。改革计划的首批追随者或早期的贯彻者是至关重要的，通过红、蓝两个团队的工作，他能够为发起改革措施获得一定程度的内部支持。作为领导者，戈尔丁依赖于人数较少的技术专家小组的建议，而这些专家也很快就成为值得信赖的顾问。必要时，戈尔丁会利用来自 NASA 内部或者外部的专家咨询小组的建议来帮助他做出合理的决定。在领导高风险事业的范畴中，这是一个成功的策略。

抵御失败的能力

20 世纪 90 年代初发生的国际政治巨变 ① 对建设国际空间站这一新愿景的未来产生了重要的影响。随着柏林墙的倒塌和苏联的解体，俄罗斯联邦成为苏联遗产的主要继承者，许多人"开始看到让苏联成员国参与空间站计划的独特机会。我们看到了借助俄罗斯的能力让空间站成本进一步降低的机会，并对如何合作推进空间站的工作计划十分感兴趣，因为我们想要在国际空间站计划之外继续进行太空探索"，阿尔布雷希特说。俄罗斯在重型火箭运载能力、先进的火箭发动机技术以及"和平号"空间站的长期载人航天方面拥有丰富的专业经验。尽管邀请俄罗斯成为国际空间站的合作伙伴将会带来显著的运营优势，但 NASA 的许多人并不支持这个想法。

采用冗余系统是控制载人航天风险的主要策略之一。邀请俄罗斯联邦航天局加入国际空间站伙伴关系，能够为国际空间站计划提供额外的发射和着陆能力，并获得俄罗斯任务控制团队的运作经验。戈尔丁回忆道："我们的问题是，美国虽然拥有航天飞机，但我们只能通过这种运载工具来建造和运营空间站。'自由号'空间站计划是不可能在只有航天飞机支持的情况下生

---

① 指 1991 年苏联解体事件，这也标志着冷战告终。——译者注

存下来的。我们需要功能和数量上的冗余上行运载能力。因此，国际合作的美妙之处就在于我们现在有了俄罗斯人的支持，而他们也有能力向空间站和驻留人员运送补给。"

冗余为系统和组织提供了抵御失败的能力。通过乔治·洛、克拉夫特和其他人的努力，NASA 开发了一种故障处理操作程序作为控制风险的方法。发生首次故障，可能会影响任务，但系统仍然可以运行；发生两次故障后，系统可能无法完全运行，但仍然能保持安全；3 个故障同时发生就会危及安全，导致启动应急计划或任务中止程序。随着人们对美国外交政策和降低空间站成本信息的关注，很少有人能想象到，NASA 未来将不得不完全依赖俄罗斯这一新合作伙伴提供的冗余发射和着陆能力[①]。一个专家小组对于新合作伙伴将为国际空间站计划带来的好处具有充分的了解，他们包括阿比、斯塔福德、约翰·杨、克拉夫特和戈尔丁——正是他们重新规划了国际空间站计划。

有效合作始于尊重

有效的合作始于尊重。合作不能是强迫的：互利共赢必须成为共识。不同的组织或团队会出于各种不同的原因参与合作。就国际空间站而言，人们出于外交政策、降低成本以及互相借鉴运营能力和专业知识的目标展开合作。随着美俄两国载人航天合作的"第一阶段"，即"航天飞机－和平号"计划[②]在 1994 年开始陆续实施，他们建立了相互之间的尊重和信任，这构成

---

① 2011 年航天飞机全部退役后，美国暂时失去了载人航天飞机的发射能力，此后 NASA 完全依赖俄罗斯"联盟号"飞船向国际空间站运送宇航员和补给，直到 2020 年 5 月使用 SpaceX 公司的载人龙飞船才再次向国际空间站发射了美国自己的载人飞机。——译者注

② "航天飞机－和平号"计划（Shuttle-Mir Program）是美俄两国在空间站方面合作的一项计划，也被称为"第一阶段"（Phase 1，第二阶段即为国际空间站），包括两国宇航员搭乘航天飞机与"和平号"空间站对接以及美国宇航员搭乘俄罗斯"联盟号"飞船的一系列任务。——译者注

了所有国际空间站合作伙伴之间牢固联盟的基础。

　　新任项目经理威廉·格斯登美尔（William Gerstenmaier）在被任命为"航天飞机 - 和平号"计划的项目运营经理时，立即体会到了理解、尊重和信任合作伙伴的重要性。NASA 宇航员香农·露西德（Shannon Lucid）即将在"和平号"空间站上长期驻留，准备为她的第一次长期飞行提供支持时，格斯登美尔很快就意识到仅仅去俄罗斯进行为期几个星期的任务准备是行不通的。"我本来觉得我应该先过去两个星期，接着回来两个星期，然后再去两个星期，再回来两个星期。直到我真的过去了，我才发现，如果我真的要为露西德提供在轨工作的支持，我必须一直留在俄罗斯。我告诉我的妻子……我要待在这里，估计要待很长一段时间。我最终在俄罗斯待了将近一整年的时间。但我认为那段时间里，俄罗斯人并没有经常看到其他美国人过来……但是他们看到我过来了然后留了下来，这是很罕见的。"凭借丰富的长期太空飞行经验，俄罗斯团队非常理解格斯登美尔与家人分离意味着什么。"他们有点像是收留了我。他们还发现我实际上可以做一些工作，我可以读懂交会对接程序，我可以理解'和平号'上的系统……他们知道我不只是来监督工作的那种典型的访问者……我实际上也可以对他们产生价值。他们开始接纳我进入他们的系统，我就成了他们任务控制团队中的一员。"

相互信任的伙伴关系

　　毫无意外的是，NASA 宇航员迈克尔·福尔（Michael Foale）在被分配到"和平号"空间站上执行长期飞行任务时也采用了和格斯登美尔同样的方法。他和他的家人搬到了俄罗斯，学会了说俄语并融入了星城社区，他也像格斯登美尔一样，通过专业能力和对拥抱俄罗斯航天文化的努力，与任务控制团队成员建立了相互尊重的关系并赢得了他们的信任。这种信任对于处理太空飞行中的事件至关重要，这也是 NASA 高级管理层能够对俄罗斯联邦航天局建立信任的一个重要因素。

但合作并不总是容易的。美俄之间的合作伙伴关系将面临重重挑战，"和平号"空间站最终受到了后续任务中发生的火灾、碰撞和减压的综合影响。这些事件导致美国国会对"航天飞机－和平号"计划失去信心，并加深了对美俄合作价值的怀疑，"国会议员和其他人士昨天指责说，美国宇航员所面临的风险已经达到了非常严重的地步，他们在'和平号'上工作所带来的任何好处都无法令人忽视这些风险。众议院科学委员会主席、众议员小詹姆斯·森森布伦纳（James Sensenbrenner Jr.）昨天要求 NASA 局长戈尔丁对'和平号'空间站的安全性进行'自上而下'的评估。"国会议员补充说，"否则，就不应该继续将美国宇航员送往'和平号'空间站"。

戈尔丁一直关注着宇航员的安全问题："相信我，我晚上睡不着觉。几个星期以来，我只思考一件事情，那就是我们美国宇航员的安全问题。"NASA 和俄罗斯联邦航天局都委托了一些专家小组来审查所发生的事情，并就如何继续实施"航天飞机－和平号"计划提出改进建议。这是对美俄合作伙伴关系的一次真正考验。

在作为美国国会"和平号"安全听证会主席的证词中，森森布伦纳说："在这次听证会召开之前就已经有了足够多的证据，足以让人们就美国宇航员在'和平号'空间站上长期驻留的安全性提出质疑。"根据 NASA 召集的 3 项审查得出的报告，航天飞机前指令长卡伯特森重点关注"两个广泛的问题"来回应质疑。他问道："美国宇航员在'和平号'上继续执行任务是否可以获得足够多的价值和好处？""我们能安全地执行这些任务吗？"他使用来自众多调查的数据分别解答了每个有关安全的问题，然后又回到了有关价值问题的讨论上，说："我们还有很多东西需要学习。当你正在探索新领域或准备向未知领域迈出重要一步时，谁能说已经学得足够多了呢？"

戈尔丁承诺继续合作以促成该计划的成功，并巩固 NASA 与俄罗斯联邦航天局之间的关系。"第一阶段，也就是'航天飞机－和平号'计划的成功有以下原因。"卡伯特森评论道，"它之所以成功，是因为我们得到了阿比、戈尔丁和时任俄罗斯联邦航天局局长尤里·科普捷夫（Yuri Koptev）等关键领导人坚定不移的支持和指导，尽管我们面临来自两个航天机构之外的最强烈的政治压力。"正是建立在尊重和信任之上的有效领导，冒着风险抓住机会，成功应对了危机。NASA 宇航员大卫·沃尔夫（David Wolf）认识到伙伴关系的重要性，他说："当事情进展顺利时……与俄罗斯人成为好伙伴很容易。但是只有在困难重重的时候，我们才能真正知道我们的伙伴关系多么牢固。"

当埃文斯谈到戈尔丁的 NASA 局长任期时，他毫不令人意外地称戈尔丁为"一位鼓舞人心的领导者，一位真正的国际主义者，一位充满使命感、激情和信念的人。他永远改变了人类在太空中的行为能力和行为方式"。

工程师思维

- 必要时寻求内部或外部专家团队的建议。

- 将冗余系统纳入风险控制策略。

- 有效的合作始于相互信任和尊重。

LEADERSHIP
MOMENTS FROM
NASA

第 16 章

让每个人都有发言权和
发言渠道

"NASA-和平号"计划

I think the International Space Station is a great place to live for a year.

— SUNITA WILLIAMS

"我觉得国际空间站是个能待上一年的好地方。"
——苏尼塔·威廉姆斯，美国宇航员

人们将永远记得这个千禧年的开始，因为这正是人类航天新时代的破晓时分。即使在之前的 40 年里，NASA 和俄罗斯联邦航天局已经取得了许多令人瞩目的成就，2000 年 11 月 2 日的发射任务依然显得格外不同。这次任务是一道分水岭，随着美国宇航员威廉·谢泼德（William Shepherd）和俄罗斯宇航员谢尔盖·克里卡列夫（Sergei Krikalev）、尤里·吉德津科（Yuri Gidzenko）3 位宇航员的升空，各国在此后通力协作，一起建设和运作历史上最复杂的技术项目。美国和俄罗斯宇航员持续在太空中生活和工作、开展研究，以帮助人类踏上更长远的航程，进入更深邃的太空。这次发射是人类成为航天物种的道路上，足以被后代铭记的历史性节点。

在国际空间站项目中，仅仅是在技术方面取得的成就就很了不起。空间站的大型模块和配套设备通过 42 次发射任务在轨组装交付，其中 37 次任务由美国的航天飞机执行，另外 5 次任务由俄罗斯的"质子号"或"联盟号"运载火箭执行。空间站宽 108.8 米，长 50.9 米，使用到的计算机代码近 230 万行，其中有 150 万行飞行软件代码在美国运行，仅这部分软件就用了 44 台计算机，通过 100 个数据网络进行通信。空间站的软件系统使用 35 万个传感器来监测空间站设备，以确保空间站及飞行乘组人员的安全和健康。截至撰写本书之时，国际空间站已经接待了来自 19 个国家的 240 多名访客，并由 16 个国家和地区共同支持其运营和管理。国际空间站计划耗资超过 1 000 亿美元，是历史上最昂贵的合作项目之一，它以围绕地球运行的独一无二的空间实验室为人们所认知。国际空间站计划是在弗吉尼亚州雷斯顿花了一个周末的时间重新规划的，而且在批准投票期间以多一票的优势避免了被取消的命运。最终，各方花费了大约 13 年建成整个空间站。国际空间站计划的落实不仅是技术上的成功，也是一个关于领导力和团队合作的动人故事。阿比再次成为这个故事的中心人物。

评审委员会的建议得到了美国时任总统克林顿的支持，并在 1993 年 6 月的国会投票中以多一票的微弱优势获得批准。然而，想要建成当时还名为"阿尔法"（Alpha）的国际空间站，还有许多其他基础要素是必需的，"NASA-和平号"计划（NASA-Mir Program）便是其中之一。6 月底，包括戈尔丁、阿比和美国国家航天委员会新任主席布莱恩·奥康纳（Bryan O'Connor）在内的代表团前往莫斯科商讨，最终达成一项价值 4 亿美元的协议，允许"和平号"空间站接纳 10 次航天飞机飞行。同年晚些时候，美国政府正式邀请俄罗斯参加国际空间站计划。

与承包商的新合作方式

用单一的主合同统管"自由号"空间站项目的 4 个主要承包商，亦是一个亟待实现的目标。戈尔丁会见了波音公司、麦克唐纳-道格拉斯公司（McDonnell Douglas，以下简称麦道公司）、罗克韦尔公司和格鲁曼公司的首席执行官，向他们介绍了新的空间站计划。从根本上说，需要的是为承包商和 NASA 找到一种新的合作方式，从而拯救岌岌可危的有关空间站计划的政府提案。否则，不仅承包商拿不到合同，空间站计划也会是一纸空谈。戈尔丁告知各大承包商的首席执行官，NASA 将自主选择一个主承包商，其余承包商将由新的主承包商监督。在 1993 年 8 月的一天，NASA 宣布选定波音公司为主承包商，6 天后，戈尔丁向国会提交了一份决议书，声明"为了公众利益，波音公司在没有全面、公开竞争的情况下被选为空间站的单一主承包商"。而波音公司希望利用麦道公司、罗克韦尔公司的洛克达因团队和格鲁曼公司的专长优势一起建造空间站。对此，波音公司的发言人大卫·萨菲亚（David Suffia）评论道："我们的职责是统领这项由所有承包商组成的合作关系，而 NASA 仍然是我们的客户。" NASA 还宣布由约翰逊航天中心承担起重新设计空间站计划的任务。与此同时，戈尔丁还希望阿比从华盛顿的 NASA 总部回到休斯敦的约翰逊航天中心工作。

危机领导是建立在信任和能力的基础上的。戈尔丁和阿比一样，努力寻找最优秀的人才，并委托他们领导 NASA 的关键项目。1983 年 8 月，约翰逊航天中心主任科恩宣布退休，戈尔丁选择卡罗琳·亨通（Carolyn Huntoon）接任约翰逊航天中心主任职务。她曾经在约翰逊航天中心担任空间与生命科学理事会主席，还担任过代理副主任。她回忆起与戈尔丁对话的情形："我们曾在两三个不同的情形下谈论过由我接任科恩职位的可能性……当他第一次提起这件事时，我告诉他我不愿接受这个工作，因为约翰逊航天中心里的大部分人都是工程师。他却认为我的工作经历和教育背景、我处理人际关系的能力正是当时的约翰逊航天中心所需要的……当他第二次提起这件事前，我已经和其他几个人谈过了，他们都鼓励我上任……因为这是一项了不起的工作。我很庆幸我接受了。那成了我的高光时刻。"

尽可能获取信息进行评估

亨通在约翰逊航天中心空间与生命科学理事会主席的科学背景和经验告诉她，在做出决策之前，获得关于事情"至少两到三个"不同版本的描述很重要。在做出基于数据的决策之前，尤其应该尽可能获取最佳信息。她最初的提案之一是精简约翰逊航天中心的组织架构，对其进行重大重组，使其以航天飞机和空间站项目为中心。"这是对约翰逊航天中心进行评估的时期。在这一时期，我们也要重建一些需要关注的部门，并将工作重心放在'为了使航天飞机和空间站成为工作的焦点，还应做出哪些改变'上。"她说。架构重组的一部分内容还包括让阿比担任约翰逊航天中心新的副主任。

> "重要的是你要相信大多数人是善良且聪明的，如果你给他们合适的工具，他们将实现伟大的事业。"
> ——史蒂夫·乔布斯

阿比非常钦佩亨通，他向戈尔丁推荐亨通作为下一任约翰逊航天中心主任的候选人，但阿比本人却不愿意担任约翰逊航天中心的新一任副主任，因为他觉得华盛顿的 NASA 总部仍然需要他，于是他拒绝了戈尔丁的提议。戈尔丁打电话给当时正在新西兰的斯塔福德寻求帮助。斯塔福德又打电话给阿比，劝说他接受这个职位："你是唯一一个能让国际空间站项目运作起来的人。"阿比不情愿地同意了，他还说服综合小组的莫特接任他的 NASA 副局长职务。莫特回忆道："我觉得我们遇到了你能想象得到的所有困难。我们面临着明显的技术挑战……我们遇到了一系列困难的政治问题。我们要与 NASA 中许多不同的航天中心以及其他一些方面打交道。美国联邦政府内的各种机构也全都要参与进来……我真的觉得我们几乎无法克服这些困难，并且我认为，将新的飞往'和平号'空间站的飞行任务加入现有计划中，会给 NASA 内部带来挑战。"约翰逊航天中心将很快成为面对这些挑战的中心地带，而此时阿比作为副主任回到了休斯敦，他将尽一切努力，让计划成功。

建立人才网招贤纳士

实施空间站计划需要时间、团队协作、能力和奉献。建设一支能够同时支持航天飞机和空间站项目的团队意味着需要招募最优秀、最具智慧的工程师。"我们必须招募人才。我的目标之一是招募一些具备资格的年轻人加入约翰逊航天中心的队伍，因为我们正在面临既有人才的流失。上一代工程师们已经到了退休的年纪。他们也曾经年轻过，有过朝气蓬勃的日子……那还是在'阿波罗'飞船登月时期，而现在他们正在逐渐退休，使得一些岗位出现了空缺。"亨通回忆道。她与一些大学建立了一个人才网络，从而能够让NASA"接触美国最优秀的人才，让他们的大脑思考我们的问题"，也在处理新技术时有效地利用与私营部门的关系。

亨通和阿比很快开始发挥彼此的优势。亨通专注于约翰逊航天中心的管理运营工作，领导建设了最终能将空间站用作研究平台的科学能力和人才网络。阿比承担了管理和运营航天飞机项目的挑战，同时也领导建设了空间站建造和运行所需的基础设施和关键能力。在各个层面上，这都是团队合作所完成的工作。尽管面临诸多挑战，但迅速地变革为约翰逊航天中心注入了活力。"我认为谈论有关'我'个人的部分对我来说很难的，对在NASA这样的组织工作过的任何人来说都是很难的一件事，因为在NASA不是'我'怎么样了，而总是'我们'怎么样。任何一项工作都有很多人和你一起参与其中，这是一个团队的工作。"亨通在思考她所扮演的角色时说。

亨通的人际网络工作集中在NASA和外部的联系，而阿比则像与乔治·洛在"阿波罗"项目中合作时一样，专注于建立NASA内部的人际网络。那些日子里，乔治·洛和阿比经常在半夜来到任务控制中心，与飞行总监和其他人谈论他们正在处理的问题和面对的挑战。大型组织的领导者往往很难与一线团队成员的关注点保持一致。乔治·洛经常与NASA的工作团队交流，向他们提问并听取他们的想法。他还毫不避讳地拜访和观察"阿波罗"计划中承包商的员工，与他们交谈，了解这些组织的工作情况。当他坦率地向这些公司的首席执行官阐述他的意见时，这些公司会迅速做出相应的变化。阿比向乔治·洛学习，思考变革产生的实际问题，并要求员工反馈，因为他关心他的员工。航天飞机指令长，同时也是飞行乘组运营理事会负责人的韦瑟比说："阿比在技术方面和人际关系方面都有诸多建树。虽然他在处理人际关系方面的工作没有得到太多的赞扬，但我一直与他密切合作，我注意到了他对做这类工作的同事是多么关心。"

风险控制来自高质量完成任务

阿比意识到，在建造空间站的同时执行航天飞机飞行任务的运行压力给组织增加了风险。控制风险意味着要坚持不懈地追求卓越，以最高水平的质量和安全标准来运营。通过参与飞行准备审查、任务管理团队会议以及与一线团队成员的交流，他潜移默化地影响了 NASA 的组织文化。"太多的领导者……太多的管理者会告诉人们，我们的任务是安全飞行，而实际上这些人中的大多数人认为这样的任务只是完成飞行。阿比改变了这个想法，尽管他没有明确地说出来，但听从他的人能清晰地理解这一点……成功不仅仅是完成飞行任务，成功是以尽可能高的质量正确地完成飞行任务。"韦瑟比说。对任何组织中的一线团队成员来说，与高级管理人员交谈都可能是令人恐惧的。阿比在深夜对员工的拜访既能够帮助他本人将工作重点放在安全和质量上，又能够帮助韦瑟比验证通过管理指挥链获得的信息。

阿比参加了飞行准备审查会议和任务管理团队会议，询问探索性的技术问题，其部分原因是为了改变组织文化，将 NASA 的关注点放在安全上，同时也为了验证所有飞行问题都已得到解决。韦瑟比回忆道："在阿比确信所有需要解决的问题都已得到解决之前……他绝不会确定发射日期。他扛住了日程计划的压力。他确实影响着人们去努力工作……当技术问题得到解决，或者团队有了解决技术问题的明确计划时，他都很满意。"这种方法提高了项目的安全性，韦瑟比指出："在 NASA 整个历史上，阿比任职期间的飞行任务执行频率是最高的……他从未有为了赶进度而强制做出发射决定的时候……而是在遇到问题时决定推迟发射并解决问题……他总是在小问题变成大麻烦之前就解决它们。"

亨通和阿比还必须翻新约翰逊航天中心的基础设施，以容纳新的训练设施，容纳保障空间站运行的任务控制中心。他们在 9 号楼的航天飞机模拟器中增加了一个与实物大小相同、高度还原的空间站模拟器，这将成为执行空间站长期驻留任务宇航员的主要训练设施之一。阿比还将目光投向了麦道公司于 20 世纪 90 年代初在休斯敦艾灵顿机场附近建造的一座未使用的建筑，这座建筑曾经是为"自由号"空间站计划的各种组成部分进行工程设计准备的。现有的失重环境训练设施使用水下模拟训练方法为宇航员进行太空行走训练，但这种设施规模太小，无法为即将到来的在轨建造空间站的"出舱活动高峰期"进行宇航员训练工作。

所以他们需要一个新设施。对这座建筑的改造自 1995 年 4 月开始，18 个月后，这个被称为"世界上最大的室内水池"投入使用。它长约 61.6 米、宽 31.1 米、深 12.3 米，可以容纳 2.36 万立方米的水，使宇航员能够在与国际空间站 1 : 1 大小的模型上进行训练。阿比还从空中客车公司（Airbus）购买了一架"超级古比鱼"运输机①，将空间站的模块运送到肯尼迪航天中心，在那里，这些模块将被安装在航天飞机的有效载荷舱中，并由航天飞机执行空间站在轨建造任务。在许多层面，NASA 此时的氛围与 20 世纪 60

---

① 由客机改装，为运载小型飞机机身或航天器组件专门设计的，客舱上部加大的运输机。——译者注

年代末的"阿波罗"计划时期的氛围相似，NASA 和承包商管理着数千个
细节，他们严格遵循时间进度，同时控制失败的风险。

在大型组织中，变革是一种常态。戈尔丁于 1995 年 8 月指示亨通前往
华盛顿，协助建立一个新的研究所，一旦空间站投入使用，该研究所将开始
跟踪实验和调查。同时，亨通收到了一份工作邀请，"欢迎来白宫，在总统
科技政策办公室工作，从事影响美国科技发展的政策工作"。亨通一直是乐
观主义者，她反思说："你的事业中有很多时候……事情变了，外部因素变
了，你自己的优先工作事项也变了，这样做似乎每次都是对的，我一点也不
后悔。我从事的是伟大的事业。"而亨通离开后，阿比晋升为约翰逊航天中
心代理主任。

考虑到空间站项目多方面的需求，戈尔丁邀请承担哈勃太空望远镜维修
任务的总监兰迪·布林克利（Randy Brinkley）担任空间站项目经理。之前
承担哈勃太空望远镜维修任务的工作经历意味着布林克利能够协调科学界
和 NASA 的不同航天中心之间的工作，只有这样才能确保服务任务的顺利
完成。

布林克利在美国海军陆战队工作了 25 年，又在麦道公司工作了几年，
成为 NASA 团队的外部成员。1992 年加入 NASA 后，他很快就承担起了
哈勃太空望远镜维修任务。戈尔丁认为布林克利"擅长人事工作……因为他
的性格特质，没有人会感觉受到了威胁，他是监督哈勃太空望远镜维修任务
的合适人选"。布林克利回忆道："我想无论戈尔丁先生觉得我的行事方式是
对还是错，他都认可我在组建团队方面取得了成功。我从戈达德太空飞行中
心……以及约翰逊航天中心找来人员，并将他们整合为一个具有一套统一目
标和优先事项的综合团队，建立清晰的沟通渠道、权力、责任和问责制度。
戈尔丁认可我以上工作的成功，他觉得这对他未来的发展很重要，因为他找

到了我这样一个不被'这是 NASA 一贯的做事方式'所限制的人。"

戈尔丁和阿比需要同样的方法来领导约翰逊航天中心的空间站项目，布林克利对与该团队合作感到兴奋。"这项工作是由一些真正伟大的人领导的：切特·沃恩（Chet Vaughan）、谢泼德、韦瑟比、约翰·杨，还有许多非常聪明的人……这也在白宫产生了巨大的政治动力，因为从战略上看，这是我们将俄罗斯人纳入国际空间站的一种方式，"他回忆道，"NASA 是一个很棒的组织，我们是一群很棒的人，在哈勃任务和建造国际空间站的过程中更是如此。"几年前被认为已经"迷失太空"的 NASA 文化风格已经转变回"阿波罗"时代的风格，即选贤举能，建立最好的团队，给团队成员所需的资源，并相信他们能做好自己的工作。

阿比在继续快速发展航天飞机和空间站项目的同时做出了额外的改变。让 STS-63 任务的航天飞机指令长韦瑟比担任约翰逊航天中心新的代理副主任，苏珊·加曼（Susan Garman）继续担任主任助理，曾为宇航员的约翰成为监督技术问题的副主任。阿比在安全问题上毫不留情，在蒂格礼堂举行的欢迎仪式上的讲话中也提到了安全问题，他还在每年 8 月的约翰逊航天中心开放日之中设置了安全意识日。阿比的职业道德影响着整个中心的成员，约翰逊航天中心的停车场再次在工作日晚上和周末也停满了车，团队成员努力跟上不断增长的航天飞机和空间站任务需求。由于航天飞机计划的综合运行速度、与俄罗斯在"NASA- 和平号"任务上的合作以及建造国际空间站的全面努力，约翰逊航天中心蓬勃发展。

保持开放，让每个人都参与进来

戈尔丁对新的变化感到高兴，并于 1996 年 1 月任命阿比为约翰逊航天中心的常任主任，同时指定约翰逊航天中心领导航天飞机和国际空间站项目。这一公告也巩固了阿比及其团队在两大项目中的领导地位，阿比证明，实现这一目标是一项艰巨的挑战，他督促波音公司承担其作为主承包商的责任，同时将空间站计划、承包商、俄罗斯及其他国际合作伙伴的开发工作安排在同一张时间表上，使它们第一次在近地轨道上结合在一起。

考虑到这一挑战的重要性，阿比评论道："当我接管约翰逊航天中心时，我被赋予了统领航天飞机项目和国际空间站项目的重任，当时，我很关注空间站计划，因为它的工作非常分散。人们没有在一起工作，承包商也肯定没有在一起工作。我有一种感觉，那些国际合作伙伴不会真正地参与项目……当然，俄罗斯人刚刚加入我们，我们认为他们是该项目的重要组成部分。"

"我觉得如果我们真的要建立一个团队，"阿比继续说，"我们必须保持开放，让每个人都参与进来，把他们当作平等的伙伴，公平、诚实地对待所有国际伙伴，让他们参与所有决策，并且完全把俄罗斯人当作合作伙伴，公开地这样做，让他们参与到正在进行的所有活动中去。将美国的承包商整合在一起也十分重要。我很幸运，波音公司在这方面帮助了我，因为波音公司收购了罗克韦尔公司和麦道公司。最终我只需面对波音公司，让他们整合这些元素……让他们真正发挥作用，制定一个可行的时间表……我认为开放真的是它的重要组成部分……要将问题摆在桌面上。""NASA- 和平号"项目期间建立的互相信任和尊重，帮助 NASA 和俄罗斯联邦航天局作为两个主要合作伙伴解决了许多问题。阿比的包容领导，加上他希望将每个人都视为平等的伙伴，团结了原本很容易维持分裂状态的团队成员。

阿比采用了类似早年 NASA 的一种模式，他选择了值得信赖、久经考验的领导人来管理航天飞机和国际空间站项目。布林克利继续担任国际空间站项目的主管，汤米·霍洛韦（Tommy Holloway）则负责管理航天飞机项目。汤米·霍洛韦在 20 世纪 60 年代开始了他在 NASA 的职业生涯，从事"双子座"计划和"阿波罗"计划的飞行工作。他是负责早期航天飞机任务飞行控制工作的飞行总监，接着成为办公室主任，随后被任命为航天飞机项目的总监助理。他天生适合管理航天飞机项目。阿比显然从他的导师乔治·洛那里学到了很多东西，但他很快发现 NASA 的工程师和承包商在重复过去犯过的错误。"你需要从过去吸取教训。历史本身不会重来但如果人们不从历史中吸取教训，人们就会重蹈覆辙。"

是时候从过去吸取教训，成立一个配置控制委员会了。这是一个在"阿波罗 1 号"火灾的悲惨事故后，阿比建议乔治·洛实施的、成功处理了无数问题并使"阿波罗"计划回到正轨的方法。从这一成功经验中，阿比召开了一系列每星期会议，于每个星期六上午 8 点进行，以确保空间站项目按计划前进。会议没有固定的结束时间，但实际的会议时长从来没有短于过 4 个小时，只有在讨论完一个星期的所有工作、指出行动项目，并为下个星期的活动制定计划后，会议才会结束。

很少有领导者有这么大的影响力，让美国不同地区的承包商、NASA 各个中心的人员以及来自加拿大、日本、俄罗斯和欧洲各国的合作伙伴，每个星期六上午聚在一起，开会 4～6 个小时。这种影响力来自相互尊重。阿比尊重所有参与该计划的人并努力让每个人都参与进来。合作伙伴尊重阿比的领导，并始终参与其中。阿比知道，项目成功的唯一途径是让每个人都有发言权和发言渠道。乔治·阿比的星期六审查会（George Abbey Saturday Reviews）就是这个渠道，人们亲切地称之为 GASSERs。没有人喜欢这些会议，但从没有人缺席。如果工作没有按计划完成或问题持续存在，会议将继续进行，直到制定出新的计划。没有人想成为拉长会议时间的原因，尽管从未被提及，但朋辈压力无疑是使项目按时进行的驱动因素。

阿比后来认为这是他在 NASA 的职业生涯中遭到的最大的领导力挑战。

"我一直认为我会负责一个团队，与成员合作的项目，但这里没有团队合作，团队合作只是被写进了合同而已。当承包商彼此争论时，NASA 团队成员认为他们无法与承包商合作。承包商也觉得他们无法与 NASA 团队成员合作。合作伙伴们不喜欢 NASA 团队成员做事的方式。而俄罗斯人觉得自己只是来参加这个项目的。在我最终参与的所有活动中，国际空间站项目可能是我所面临的最困难的挑战……在国际空间站项目中，我是决定某一具体计划能不能从无到有的人，现在我突然不得不促成它实现。"阿比、NASA 团队、承包商和国际合作伙伴促成了这一过程。两年之内，空间站的第一批组件发射升空，4 年之内，第一批宇航员开始了人类在太空中最长时间的不间断驻留。

工程师思维

○ 危机领导是建立在信任和能力的基础上的。

○ 在实施变革之前，及时获取关键问题和关注点的反馈。

○ 在小问题变成大麻烦之前解决它们。

○ 招募有能力的人才，培训员工，提升员工的熟练度，为团队成员提供所需资源并信任他们的工作。

LEADERSHIP
MOMENTS FROM
NASA

第 17 章

伟大的领导者需要
重视讨论

"和平号"空间站起火

Time was no longer like a river running, but a deep still pool.

— RICHARD BYRD

"时间不再像奔腾的河流，而是静静的深潭。"
——理查德·伯德，美国极地探险家

美国宇航员杰里·林恩格（Jerry Linenger）描述发生在"和平号"空间站上的火灾时说："我没想到烟雾能扩散得这么快……可能比我想象中的速度快 10 倍。烟雾很快就冒出来了，很浓……我基本上只能看到我的手指。我可以看到面前那个人模模糊糊的轮廓，我尝试盯着他，以确保他一切正常。但我真的认不出他是谁，不知道他站在哪里，（我冲他挥手）他甚至看不到他脸前方的手。"

任何一次太空飞行中都可能出现诸多潜在的灾难，火灾和减压是其中的两种。这两种情况都曾发生在美俄太空合作"第一阶段"，也就是"NASA-和平号"项目中的"和平号"空间站上。1997 年 1 月 12 日，林恩格与执行 STS-81 任务的美国飞行乘组一起随航天飞机升空，加入在空间站即将完成为期 196 天的"和平号 -22"驻留任务的宇航员瓦列里·科尔尊（Valeri Korzun）和亚历山大·卡列里（Aleksandr Kaleri）的队伍[①]。两名俄罗斯新

---

① STS-81 任务发射时"亚特兰蒂斯号"航天飞机上搭载了 6 名美国宇航员，与"和平号"空间站对接后，林恩格接替先前在空间站上工作的美国宇航员约翰·布莱哈（John Blaha）执行长期驻留任务，而布莱哈随后于 1 月 22 日同 STS-81 飞行乘组其余 5 名宇航员一起乘航天飞机返回了地球。——译者注

宇航员瓦西里·齐布利耶夫（Vasili Tsibliyev）和呼号为"萨沙"（Sasha）的亚历山大·拉祖特金（Aleksandr Lazutkin）于 2 月 10 日抵达"和平号"空间站。德国研究员莱因霍尔德·埃瓦尔德（Reinhold Ewald）也在"和平号"空间站内停留 20 天，随后与科尔尊和卡列里一起返回地球。

自两名俄罗斯宇航员到达空间站的那一刻起，他们就与林恩格非常投缘，展开了愉快的合作。他们的长期任务看起来已经有了一个很好的开端，林恩格期待着搭乘"联盟号"飞船进行环绕飞行，并进行太空行走，这将使他成为第一个从外国空间站进行出舱活动的美国人。然而，2 月 24 日晚发生的大火使这两项成就蒙上阴影。

由于"和平号"空间站上有 6 名宇航员，所以他们必须使用备用的固体燃料氧气罐来补充氧气供应。晚餐后，林恩格从空间站核心舱到"光谱号"遥感舱做一些工作，而萨沙进入"量子 -1 号"天体物理舱，启动俄罗斯开发的"Vika"化学装置，即固体燃料氧气罐装置。这是一个由 3 部分组成的薄壁结构装置，当"和平号"空间站上有 3 名以上宇航员时，可以使用它通过化学反应产生氧气，以补充空间站的主氧气供应系统（称为"Elektron"系统[①]）供应的氧气。

林恩格没能完成多少工作。他开始工作后不久，空间站便响起了主警报，他去查看发生了什么时撞上了齐布利耶夫，并看到烟雾从"量子 -1 号"天体物理舱中冒出。在林恩格看来，这场大火就像一个装满烟花的盒子在一瞬间全部燃烧起来那样可怕。喷射出的火焰近 1 米长，明亮的熔融金属碎片飞溅到另一边的舱壁上。固体燃料氧气罐既为火焰提供了氧气，又提

[①] 同为俄罗斯开发的，通过电解方法制造氧气的设备，是通常情况下和平号空间站中的主氧气供应系统。——译者注

供了燃料。"周围的一切为大火的燃烧提供了助力。"他在随后的采访中评论道。林恩格开始与萨沙以及"和平号-22"任务乘组指令长科尔尊合作，并稍后从"和平号"上发来汇报说："我们立即开始灭火。"林恩格后来回忆说："你必须对形势做出反应，你必须保持头脑清醒，所以我想这是性命攸关的问题。我一直在想，'我们需要把火扑灭'。"当时的情况非常危急，大火挡住了宇航员们前往两艘停靠的"联盟号"飞船其中一艘的唯一通道，而另一艘能够前往的"联盟号"飞船仅为空间站上 6 名宇航员中的 3 人留下了逃生之路。

当空间站内的空气变得无法呼吸时，宇航员们立即戴上氧气面罩。"我没有吸入任何东西，我想其他人也没有，因为浓烟让你根本无法呼吸。所以，每个人都立即找到了氧气面罩。它们保护我们免受吸入性伤害。"林恩格说。

科尔尊要求其中一艘他们可以到达的"联盟号"飞船做好紧急撤离的准备，随后便转向火场，开始使用"和平号"上的灭火器灭火。"当我开始往灼热的固体燃料氧气罐上喷洒泡沫时，泡沫没有粘住，几乎没有什么效果。所以，我改用了水，我开始使用水来灭火。"科尔尊后来说道，并描述了他的尝试。水变成了蒸汽，混入烟雾之中。林恩格留下来陪同科尔尊，并递给他新的灭火器，同时监测他的意识水平。为了在没有重力的情况下让科尔尊的身体保持稳定，林恩格将自己的双腿固定在"和平号"的连接通道上，并抓住科尔尊的双腿。"有一会儿，"林恩格说，"我就在他面前漂浮，但烟太浓了，甚至在 15 厘米的距离上也依然浓厚，"这让林恩格很难看清科尔尊在做什么。他使劲拉着科尔尊的腿，以确保他仍然清醒。科尔尊后来回忆道："林恩格一直在拉我的腿，并且问我，'科尔尊，你感觉怎么样？'"

林恩格是一名医师，他一直在监护其他宇航员的身体状况。卡列里预计他们可能需要从空间站撤离，他冷静地在计算机前工作，打印出 2 艘"联盟号"飞船的再入信息。固体燃料氧气罐最终燃烧殆尽，但烟雾仍然无处不在，甚至"在最远端的舱段尽头处的对接锥最末端"都有烟雾。萨沙说："我们甚至觉得像是有人关掉了'量子-1 号'舱里的灯。就是这么黑。"

大火灭了，固体燃料氧气罐以及覆盖这一装置的面板皆已烧毁。林恩格继续监护宇航员们的健康状况。"我们为任何可能发生的呼吸问题设置了一个监测站。我们已经准备好了所有的应急设备。我在火灾后立即对所有宇航员进行了检查，并在 24 小时和 48 小时后及时复查。我还参照火灾后例行检查的流程观察了宇航员们血液中的血氧饱和度，检查了他们的肺部。根据我的评估，没有人受到严重的烟雾吸入损伤，这是因为宇航员们迅速戴上了氧气面罩。"

坚韧不拔

长期驻留太空的宇航员必须应对许多不同的挑战，而 7 名 NASA 宇航员通过"NASA- 和平号"项目得到了许多关于长期太空飞行本质的见解。短期任务和长期任务之间存在着明显的差异，不仅仅如"短期任务就像冲刺，长期任务就像马拉松"这句俗话所言。事实上，一些国际空间站宇航员将他们的经历描述为执行任务期间的持续冲刺。因为成功的长期飞行任务所遵循的原则并不一定适用于短期飞行任务，训练团队试图从过去的长期太空飞行，以及第一批北极和南极探险家进行的环球探险中汲取经验教训。这是一个"以史为鉴"的例子。

太空飞行是一项以能力为基础的团队运动。克兰兹对他的团队提出的挑战是变得"坚强""称职"，这一挑战已经演变成 NASA 文化中核心价值观的一部分。坚韧的品质通过恢复能力和奉献程度来衡量，确保了任务控制团队将尽一切努力与太空中的宇航员合作以取得成功。个人和团队的技术能力至关重要，在模拟器中，这些技能受到无情的磨炼，飞行乘组成员像真实飞行一样训练，以便有一天他们能够实现与训练结果一样的飞行。"NASA-和平号"任务中，长期驻留的经历给成为一名成功的宇航员所需的能力添加了新的维度。在决定任务成功的要素中，行为属性、领导能力、追随能力和团队技能变得与技术技能同等重要，有时甚至更为重要。为准备国际空间站的多文化长期任务，行为健康和绩效小组为长期驻留宇航员制定了一份资源与训练指南，其中包括不同类型太空飞行模拟的实地经验训练。长期驻留的宇航员将在这些模拟中一起训练，在荒野中的美国国家户外领导力学校训练，或通过 NASA 与监管水瓶宫海底实验室的美国国家海洋和大气管理局（NOAA）的合作让宇航员们在海洋中进行水下训练。

太空是一个严酷甚至是极端的环境，那里不能容忍错误。在这里，需要依靠复杂的航天器系统和技术取得成功。飞行乘组中的宇航员们每天早上都在同一个地方醒来，与同一群人一起工作，仅仅以时间安排表来划分工作、用餐、锻炼和个人时间。在执行任务的过程中，活动之间的界限往往变得不那么明显。尽管宇航员们密切关注日常计划，但许多因素可能会影响长期驻留宇航员的日常生活。研究发现，参与有意义的小任务，对于成功缓解漫长的陆地或太空探险时的乏味感很有帮助。参与"NASA- 和平号"项目中的宇航员们发现，用足够有意义的工作来充实一天，对于保持良好的态度和保持生产力至关重要。"如果该日程安排是活跃的、有意义的，孤独和禁闭造成的其他许多问题都可以避免。"

动机

NASA 宇航员的经历再次强调了丹尼尔·平克关于动机和表现的研究

的重要性[1]。在长时间太空飞行中，动机同样来自基于"自主、专精和目的"的原则。

据报道，在"和平号"空间站和国际空间站上进行广泛的、由 NASA 严格的同行评议程序挑选的科学实验，使宇航员始终保持使命感。太空飞行训练具有挑战性高、技术要求高的特点，常被人描述为"用消防水龙带喝水"；宇航员很难精通太空飞行的各个方面。许多宇航员会说，要实现太空飞行中真正意义上的团队合作，就要平衡利用每位宇航员的专业知识，使他们共同实现任务目标。自太空飞行的早期开始，飞行乘组的自主性一直是重要的平衡点，那时的宇航员还被称为"罐头里的午餐肉"。任务控制小组成员通过吸取"水星"计划、"双子座"计划、"阿波罗"计划、天空实验室计划和航天飞机任务的经验，与太空中的宇航员之间实现了监督与自主之间的微妙平衡的关系，以完成任务。显然，在太空中执行长期任务的飞行乘组取得成功的因素，马拉松运动员都知道——动机，虽然动机很重要，但仅靠它并不能保证成功。

团队协作

远征行为建立在发展个体技术和行为能力的基础上，同时强调自我照顾、领导、跟随和团队合作。"和平号"上发生的大火很好地提醒我们，太空飞行的特点是面对持续不断的挑战、低水平的压力以及重大灾难的威胁。尽管日常工作单调乏味，但飞行乘组随时都可能受到足以危及生命的紧急情况的挑战。虽然一直存在的潜在危险可能对团队成员造成压力，但危险的可能性相对较低。许多宇航员报告说，日常生活中来自社会的压力更为常见，

---

[1] 想更好地了解关于动机和表现的研究，请阅读《驱动力》，此书的中文简体字版已由湛庐策划，浙江人民出版社 2018 年出版。——编者注

这对任务可能产生更大的影响。了解如何作为团队一员一起工作是太空飞行中的一个基本要素，也是 NASA 的组织文化。在 NASA，通常个人会将自己视为团队的一员，成功取决于个人为团队带来的贡献，以及他们在团队合作中产生的互相依赖和互相作用。团队合作意味着团队成员愿意监督彼此的绩效，提供和接受反馈，在任务运行期间有效沟通和支持团队成员。

"和平号 -23"任务飞行乘组在灭火时表现了出色的团队合作精神，确保了空间站上宇航员的健康和安全，并为可能的任务终止情形进行了规划。通过多年的常规和特定任务培训，每位宇航员都具备独特的个人和团队技能，这有助于他们成功地控制火势。同理，如果宇航员们被迫要通过两艘"联盟号"飞船撤离，这也将确保撤离的成功。

在评论他们所面临的挑战时，林恩格说："我们遇到了两个困难。一个是处理这些事情的人力困难，另一个是空间站本身是否支撑得住。从一方面说，我们克服了所有的困难。最终的考验是我们要保证自己的生命安全，并且，我们仍在渴求探索太空前沿。从另一方面来说，探索太空需要大量的工作，需要日复一日地关注，需要地面上那些聪明人的辛勤工作，站在我们的肩膀上向长远看，并在一路上提供一些指导。但我们克服了你们所能想象到的一切困难。"人们常说，"团队中不只有'我'"。"和平号 -23"任务飞行乘组证明了团队协作克服逆境的力量有多么强大。

在飞行乘组在轨轮换期间，林恩格花了大约 6 个小时向第 5 位访问"和平号"的 NASA 宇航员福尔介绍了长期太空飞行面临的挑战。尽管在林恩格执行的"NASA- 和平号"第 4 次乘组增补任务的过程中出现了火灾和其他问题，福尔还是期待着前往"和平号"国际空间站执行长期驻留任务。他期待着艰苦的工作、些许的不适以及许多的挑战，并期待着成为"和平号 -23/24"任务飞行乘组的一员。他不会意识到，他居住的"光谱号"遥感舱会被一艘"进步号"货运补给飞船意外撞上，导致舱内减压，如果没有飞行乘组的配合，结果将只能是飞行乘组被迫撤离空间站。

"在'和平号'空间站上，我们很容易彼此分开……你不知道其他人在哪里……不过不是因为'和平号'的空间太大，而是因为这个空间非常混乱。简单来说，你会穿过舱口通道，从空间站的一个舱段到达另一个舱段，因此空间站内的设备会将你与空间站的其他部分隔离开来。"福尔在任务结束后评论道。设备装载和线缆管理可能是任何太空飞行的挑战，在长期任务中，这个挑战可能更为巨大。多年来，"和平号"各舱段间安装了许多线缆，这些线缆穿过用于在紧急情况下隔离舱段的舱口区域。这将给"和平号 -23"任务的飞行乘组带来麻烦。

抵达"和平号"后不久，福尔努力成为团队的一部分，并与任务控制团队建立信任。"在碰撞事故发生前的那些日子里，我了解了他们之前遇到的一些麻烦，尤其是那场火灾。齐布利耶夫和萨沙和我谈了很多。有一次，萨沙……真的带我去了火灾发生的地方，向我展示了他当时在做什么，以及火灾是如何发生的，他花了很长时间向我描述火灾期间发生的一切。这很有趣。我们很享受。这是一个很好的故事，虽然它背后的东西很沉重，但他并没有把这当成什么大事，他只是在给我讲故事，因为我想听。还有一些时候，齐布利耶夫会讲'进步号'对接失败的故事……那真是……千钧一发的时刻。"

在最初执行"NASA- 和平号"任务期间，NASA 宇航员将大部分时间用于操作实验，以了解更多有关微重力的信息。林恩格参与救火和他对遭遇火灾人员康复的临床建议，证明了建立一支能够充分利用飞行乘组中每位宇航员技能的团队的好处。在林恩格开创的团队合作基础上，福尔也正努力工作着。福尔意识到沟通在高风险环境中的重要性，他努力发展自己的俄语技能。与他的前任长期驻留宇航员不同，他用俄语与俄罗斯任务控制中心的飞行控制员交流。福尔回忆道："但是……大概一个月后，我就熟悉飞行控制员的声音了，他们也熟悉我的声音。我们之间通过无线电进行交流变得不再拘束。这使我融入了整个俄罗斯空间站的运作。"起初，由于技术术语的原因，天地间的对话很困难，但随着时间的推移，福尔变得更加熟练。凭借这种熟练，他有机会与任务控制团队建立关系。

碰撞

"和平号"空间站任务控制负责人弗拉基米尔·洛巴乔夫（Vladimir Lobachyov）将"光谱号"遥感与 1997 年 4 月发射的"进步 M-34 号"货运补给飞船发生的碰撞描述为"近些年最严重的太空事故"。发射两天后，它使用自动对接系统成功对接"和平号"空间站"量子 -1 号"天体物理舱的尾部对接口。然而，空间站在 6 月进行了一次手动控制对接程序的测试，在测试中，"进步号"飞船与"和平号"空间站断开了对接，指令长齐布利耶夫尝试使用"进步号"飞船的 TORU 手动控制对接系统与空间站重新对接。在飞船机动过程中，"进步号"飞船与"和平号"空间站的"光谱号"遥感舱相撞，造成舱段破裂并损坏了舱段上的太阳能电池板。

福尔回忆道："我在这 6 个多星期了，可是现在只能回家了。我真的有点难过。真可惜，我没法完成所有工作了。我本来打算在这里待四个半月，现在时间就要被缩短了。我们遭遇了真正的紧急情况。我们只得逃离那里的所有危险，'这太可惜了。我才来这里 6 个多星期。接下来我需要集中精力把破损的舱段封闭起来。"

福尔和萨沙开始拆除线缆，关闭通往"光谱号"遥感舱的舱口来隔离这一舱段。在描述这一挑战时，他说："一个对接用的节点舱由 6 个洞口构成。

就像一个有 6 个面的骰子。每个洞口都有一个舱门……问题在于，通常情况下为了不妨碍乘员正常通行，必须让打开的舱门远离空间站的动线，所以它们已经被捆绑起来防止妨碍宇航员的活动，而且绑得很牢 ①。最大的那一扇舱门……它被绑得很死。我们用了大约一分钟解开舱门的捆带。那时，空间站的气压不断下降，所以我们越来越手忙脚乱……我当时想，'现在情况变得相当紧张了。'"在成功关闭舱门后，福尔指出："我知道当时我们已经隔离了舱段破裂区域，因为舱口被堵住时，我能感觉到自己的耳压停止下降了。"他们在还剩几分钟操作时间的时候成功了。

尽管取得了初步成功，但局势仍然严峻。在碰撞后的轨道上，地面团队注意到空间站以每秒一度的速度旋转，飞行乘组还必须控制住空间站的姿态。地面团队问："伙计们，（空间站的）旋转速度是多少？"得到（飞行乘组回答）"我们不知道"的答案时，地面团队和飞行乘组迅速交换了意见。"我们必须知道它的旋转速度。"萨沙立即开始尝试确定旋转速度和旋转轴。福尔有着物理学和制导系统的知识背景，他走到了窗边。"我把我的拇指靠在窗户上，看着星星，尝试告诉地面团队旋转速度是多少。随后我向地面呼叫。"福尔知道这是他第一次向地面团队发出"和平号"状态的行动呼叫，虽然他没有任何经验但地面团队别无选择，只能接受他的数据。萨沙证实："嗯，是的，是的，福尔是对的。"任务控制团队获取信息，在盲操作模式下启动姿态控制发动机以停止空间站的旋转。尝试成功了。他们问："成功了吗？"福尔再次向窗外望去，看着星星说："成功了。"

飞行乘组作为一个团队迅速地拯救了空间站，当然，事实证明，正是福尔向地面团队提出的建议在阻止空间站旋转方面起到了关键作用。

---

① 空间站舱口上的舱门在正常情况下不能妨碍宇航员的正常通行，加之微重力环境的特殊性使得舱门自身无法固定位置，因而舱门会被拉到最大并牢牢绑住。——译者注

> "我真的认为，美国和俄罗斯一起所做的一切，是未来地球上的合作值得借鉴的珍贵遗产。"
>
> ——迈克尔·福尔

福尔说："这次碰撞给我的飞行任务划了界限，不是因为碰撞的可怕，而是因为它改变了空间站的整体状况和我们工作的环境。"这次事故再次证明，在高风险环境中，能力至关重要。能力通过有效沟通增强，是建立信任的基础。高水平的信任是高绩效团队的特征，在高绩效团队中，人们理解各自的角色，有确定的目标，团队成员以诚信和尊重的态度坦诚沟通，讨论持续的挑战，最终取得成功。团队合作包括理解"成功取决于团队成员之间如何互动"这句话。准备在运营期间支持团队成员，愿意倾听和接受其他团队成员的帮助，是高度信任团队的基本技能。

每个团队成员为团队带来不同的价值观、态度、动机和努力。如果个人的价值观能够反映组织的价值观，那么共同的价值观会促进团队的成功。"和平号 -24"任务飞行乘组中的每个人都拥有独立的技术能力，并在从碰撞事故中恢复的任务过程中建立信任基础。福尔尝试学习讲俄语、了解俄罗斯文化、与在轨宇航员以及任务控制团队建立关系，他的诚意表明了他的正直和对任务的投入。伟大的团队不断建立信任，随时准备应对关键行动，也随时准备迎接决策成功的时刻。

沟通

沟通失误会立即破坏信任。有效、自信的沟通是一种必须在个人身上培养并被组织重视的技能。在"挑战者号"航天飞机和"哥伦比亚号"航天飞机的灾难中，无效和被动的沟通方式导致了悲剧的发生。在"挑战者号"失事的案例中，罗杰斯委员会发现"NASA 在沟通安全问题时，丧失良好判断力和常识"。失事时，担任莫顿聚硫橡胶公司承担的航天飞机固体火箭发动机项目总监的艾伦·麦克唐纳（Alan MacDonald）回忆道，在发射前"我想让你们把工程师召集起来，让他们评估一下 O 形密封圈在低温情况下的密封效果，说说他们的担忧。我希望他们能给我一个建议……我们能接受的最低、最安全的发射温度是多少，我希望工程副总裁做出决定，给出建议"。发射决定最终是在管理层投票的基础上做出的，工程团队建议取消发射的数据分析结果，要么没有展示出来，要么没有被管理层听到，要么被误解，导致了飞行乘组和飞船的灾难性损失。

"挑战者号"事故发生后，NASA 实施了一系列改革，以创建强大的安全文化，但 17 年后，"哥伦比亚号"事故调查委员会得出结论，沟通方面的缺陷仍是导致这场灾难的一个因素。人们普遍认为，组织文化是建立在共同的价值观、态度、目标和实践的基础上的，这些因素都体现了工作方式的特点。将有效的沟通方式融入这些组织价值观是维持组织变革的一个重要因素。"阿波罗 1 号"失火和"挑战者号"失事间隔 19 年。"挑战者号"事故和"哥伦比亚号"事故间隔 17 年。3 起事故发生期间领导层的变化可能导致组织文化的逐渐转变，削弱了用自信的沟通、讨论和争论为工具的价值，降低了在阐述不同观点的同时寻求理解和控制风险的能力。综合小组认识到沟通风险的关键性作用，建议未来的领导人"确保政府和国会清楚地了解……空间探索方案（或载人航天任务）在技术和方案上的风险"。历史证明，这是明智的建议。

我们从"水星"计划、"双子座"计划和"阿波罗"计划中认识到，兼具直言不讳和耐心倾听两方面的自信沟通是一项宝贵的技能。领导者理解向技术团队提出有见地的问题的重要性，这些问题将揭示潜在风险，使团队能够应对技术挑战并控制风险。正如阿比在 NASA 早年所观察到的那样，人们在一次会议上就一个话题展开激烈讨论，而后在社交环境中仍然是朋友，这是有可能的。讨论是一种可以控制风险和优化成功的组织价值。经验表明，成功的结果来自决策者提出正确的问题，听取高度称职的、值得信赖的个人的建议，并根据讨论做出决策。这种方法在"阿波罗 1 号"失火、"阿波罗 13 号"爆炸、"和平号"碰撞事故中，以及无数不同的场景中都有效。对于任何组织的领导者来说，培养能力、信任团队成员并认真听取他们的建议都是需要学习的一课。伟大的领导者重视讨论。

工程师思维

- ○ 与许多企业运营一样，太空飞行是一项基于个人能力的团队运动。

- ○ 动机的共同属性基于丹尼尔·平克提出的"自主、专精和目的"原则。

- ○ 通过有效沟通提高能力，建立信任。

- ○ 伟大的领导者重视讨论。

LEADERSHIP
MOMENTS FROM
NASA

第 18 章

高度互信的团队能应对
持续挑战

STS-118任务中的太空行走

How's the view?

— CHARLES HOBAUGH

"景色如何？"
——查尔斯·霍鲍，美国宇航员

"将电源切换到电池供电。"任务控制中心的呼叫标志着第二次出舱活动（EVA）的正式开始。EVA 是 NASA 对 STS-118 任务中的太空行走的说法。我 ① 和马斯特拉基奥回复道："收到，切换到电池。"离开了空间与生命科学理事会主席的职位后，我再次被指派作为加拿大航天局的一名宇航员执行任务，帮助建造国际空间站。两天前，我的同乘组宇航员理查德·马斯特拉基奥（Richard Mastracchio）领导了第一次太空行走，我们在空间站的主桁架上安装了右舷的第五大型单元。这次太空行走的目的是拆除并更换 4 个陀螺仪中的一个——那个陀螺仪已经开始失效。

所有的航天器都使用陀螺仪来稳定其位置和确定其朝向，因此这项任务对空间站的未来至关重要。这一次太空行走中，我们还需要与动作精心编排的空间站机械臂相配合来完成任务。任务能否成功取决于飞行乘组是否能作为一个团队一起工作，并且相信每个人都能尽其所能完成任务。没有什么能比与另一名宇航员一起走出气闸舱进入极端严酷的太空更能证明相互之间的信任了。有人说，如果你在太空行走中遇到问题，你有可能会搭上性命来解

---

① 本书中"我"指的是作者戴夫·威廉姆斯。——编者注

决这个问题。这次太空行走将考验我们的团队技能。

建立高绩效团队需要时间。太空行走尤其如此。我们通常把重点放在进行太空行走的宇航员身上，但留在舱内的宇航员（IVA）与任务控制团队也是最终成功完成目标的关键因素。太空行走一般持续 5 ～ 8 小时，由一个或多个主要任务（有时是关键任务）、其他次要任务和所谓的"先头"任务组成。如果乘组实际操作的时间比计划的时间快，则可以继续完成后续任务。由于宇航服的生命支持系统供应存在限制，遵守时间表至关重要。

作为一个团队，我们在训练中学会了超越时间表上计划的用时，实际操作用时持续领先于时间表，会为处理随时可能出现的不可预见的问题赢得宝贵的时间。众所周知，尽管宇航员为几个小时的太空行走做了数千小时的计划和准备，但宇航员一旦走出舱口，无论发生什么都必须处理。我们希望一切任务按计划进行，但如果出现不可预见的事件，如硬件故障、螺栓卡住、工具丢失、宇航服出现紧急情况和假警报发生，则必须加以控制。

这次任务中的第 3 次太空行走进行到一半时，马斯特拉基奥发现他的宇航服外层有一个洞。这个洞很可能是被太空垃圾撞击空间站产生的锋利金属边缘划出的。虽然他宇航服上的洞还未泄漏内部空气，但这导致这次太空行走提前终止。在第 4 次太空行走中，我和克莱顿·安德森（Clayton Anderson）在执行任务 20 分钟后，空间站内的火警响了。我们知道飞行乘组和任务控制中心将处理所有问题，我们的工作是继续按时间表进行任务，直到另行通知为止。实际上这是虚惊一场，因为我们继续专注于任务，所以火警响起没有对进度造成任何影响。

训练作为团队一起工作的能力

　　历史上每一个太空行走团队都信奉"坚强""称职"的口号。我们生存的基础建立在共同信任所有人的个人能力、有效沟通和应对不可预见情况的能力之上。成功取决于我们个人的和共同的判断、技能和知识。许多不同的训练环境用于帮助宇航员发展这些技能。自怀特于 1965 年 6 月"双子座 4 号"任务期间首次进行太空行走时起，到"阿波罗"计划、天空实验室任务，再到航天飞机时代，宇航员都将水下训练作为学习太空行走技能的主要方式。其他的微重力模拟方式包括"无摩擦"的气浮平台、抛物线飞行①、名为 POGO 的部分重力模拟器，以及新晋投入使用的、可能具备更好效果的沉浸式虚拟现实设备。但大多数训练仍在水下进行。为了进一步训练太空行走，建设空间站，NASA 建造了中性浮力实验室，这是世界上最大的室内水池。无论训练环境如何，宇航员们都会学习宇航服系统、太空行走工具和技术，学会如何执行不同的任务，以及最重要的：如何作为团队一起工作。

　　所有宇航员都要参加通用的太空行走训练，而针对特定任务的太空行走训练也时常进行，并集中、严格地进行审查，确保宇航员做好在太空执行任务的准备。这是一个学习、磨炼个人和团队技能的机会。在这里，失败也是学习的机会。STS-118 任务的太空行走训练，是 2003 年初我所在的飞行乘组被指派负责这项任务后不久开始的。虽然乘组中其他宇航员都会帮助支持一次实际的太空行走，而且任务控制中心内会有一支大型团队为太空中的飞行乘组提供支持，但训练是从一个 3 人小组开始的：包括 2 名出舱活动的宇航员和 1 名留在舱内的宇航员。与出舱活动宇航员不同，舱内宇航员扮演着相当于管弦乐队指挥的关键角色，负责协调完成太空行走中多项任务所需

---

① 飞机以抛物线轨迹加速俯冲飞行时，能够在机舱内创建失重的环境供宇航员训练。——译者注

的许多步骤。马斯特拉基奥和我是出舱宇航员，特蕾西·考德威尔（Tracy Caldwell）是舱内宇航员。虽然这将是我们的第二次太空飞行，但马斯特拉基奥和我都没有进行过太空行走，而这还是考德威尔的第一次太空飞行。我们很兴奋，相当自信，并渴望学习。

水下训练很早就开始了，我们在早上 6 时 45 分到达。首先是对前一日任务与乘组宇航员的协调性进行回顾，然后是体检，确定两名出舱活动宇航员是否适合执行任务。如果出现感冒或季节性过敏等症状，就无法穿着加压服工作。在穿上长长的内衣和液体冷却服后，出舱宇航员穿上宇航服。宇航服安装在穿着辅助支架[①]上。考德威尔和我们的指令长斯科特·凯利（Scott Kelly）帮助马斯特拉基奥和我穿上宇航服，之后在太空中他们也将如此操作。戴头盔之前，考德威尔直视着我说："祝你训练顺利。我们几个小时后见。"她帮我戴上头盔，随着头盔被扣上、固定和锁定，我开始感到孤独。

在早期的训练周期中，我们略过了与气闸舱减压有关的许多步骤。这些训练将在不同的模拟器中进行，并在稍后阶段纳入水下训练。在称体重以确保我们具有中性浮力[②]后，潜水员将我们从头到脚送入气闸舱，这是唯一适合我们的姿势，这样我们就可以在不被彼此的安全绳缠住的情况下练习离开气闸舱。这一次，马斯特拉基奥将头朝外第一个出气闸舱，而我将脚朝外第二个出舱。"你要出舱了。"考德威尔对马斯特拉基奥说。她平静的声音表示我们一切顺利。马斯特拉基奥慢慢离开气闸舱，漂向正确的位置，对我说："戴夫，我已经在气闸舱后扶手上拴好安全绳，准备好让你出舱了。""谢谢。"我回答道，我很高兴开始我们的训练。接下来的 6 个小时里，我们完

---

① 当时美国的舱外宇航服是上下分体挂在支架上的，宇航员自己穿下装，上装需要另一名宇航员协助穿上。——译者注

② 使得穿着宇航服的宇航员具有与水相当的密度，从而在水池中使重力和浮力抵消，来模拟完全失重的环境。——译者注

成了所有任务，并且在时间表安排上做得很好。偶尔，我们会落后于时间表上的进度，随后我们立即迎头赶上。偶尔，我们也会领先于时间表上的安排。训练结束后，马斯特拉基奥和我让潜水员把我们安置在穿着辅助支架上，这个支架也用来将我们抬下水池和抬出水池。虽然很累，但我们很好地完成了任务，我很满意。

健康的自我怀疑

　　洗完澡、换完衣服后，马斯特拉基奥和我上楼到了俯瞰水池的控制室。我和马斯特拉基奥在水下时，考德威尔和我们的训练小组一直待在那个房间的控制台旁，他们借助通信控制台和许多电视监视器，了解我们在执行与任务相关的复杂程序时是怎么做的。STS-118 任务的首席太空行走官保罗·博姆（Paul Boehm）开始询问我们的情况，他对马斯特拉基奥和我说："你们觉得进展如何？"我们两人在换衣服准备汇报时已经聊过了，于是我们对视了一下，然后回答："我们认为进展得很顺利。有几次我们在时间表上的进度落后了，但我们随即迎头赶上，总体来说，这一轮训练似乎完成得很好。"博姆微笑着看向考德威尔："考德威尔，你觉得怎么样？"考德威尔在说话前停顿了一下，马斯特拉基奥和我都看着她，她说："好吧，如果我们在太空中做今天的事情，进展可能不会很顺利。"马斯特拉基奥和我感到惊讶，因为从我们的角度看，今天的工作似乎进展得很顺利。考德威尔为什么会担心？

　　博姆继续微笑着问考德威尔："你指的是什么呢？"考德威尔的回答提醒了我们，我们是一个团队。"好吧，"她说，"戴夫，你没告知我就离开了气闸舱，然后你们两个都出去了，到工作区域开始了工作。我一直在关注你们，但对事情的进展几乎一无所知。你们需要给我更多的反馈，这样我才能帮助你们。"她说得没错。她的评论得到了博姆和其他训练团队成员的响应，我们认真地反思了一下这些意见。从技术角度来看，我们做得相当不错。但从团队的角度来看，我们必须学会相互信任、有效沟通，要利用我们的个人技能，取得团队的成功配合。对于我们来说，这是很关键的，我们需要团结在一起，组成一个团队。

并不是所有的出舱宇航员都能有效利用他们的同伴——舱内宇航员的特长，这会导致太空中的工作效率降低，或者在某些情况下，还会损失工具或出现对任务有影响的错误。我们不想那样。在《在危险的世界中控制风险》（*Controlling Risk in a Dangerous World*）一书中，曾担任过 5 次航天飞机指令长的韦瑟比谈到了"两人"规则在降低出错可能性上的重要性。通过训练减少失误数量从而规避错误，毫无疑问是有好处的，但有效运作的组织明白"犯错是人的天性"。人不是绝对正确的。犯错的原因有很多，通过训练降低出错的概率是一种合适的策略。然而，这并不是唯一的策略。偶尔，训练有素、称职能干的人也会犯错误。经验丰富的团队能够利用其他团队成员的能力，尽早修正个人的错误，从而避免它们造成不良后果。每个操作人员都了解具有能力的必要性和个人错误的风险。韦瑟比从他担任海军飞行员和航天飞机指令长的所有经历中认识到："你既需要具备能力，也需要保持谦逊，这样才能知道你可能会犯错，从而确保你不犯错。曾有人向我解释过……这就是造就优秀操作人员的原因，他们确实拥有技能和信心。但驱使他们走向完美，或努力追求完美的，是我过去常说的自我怀疑，健康的自我怀疑……这会让你比其他领导者更深入地思考你做出的决定。这就是你成功的原因。"

保持有效沟通

尽管马斯特拉基奥和我对我们的技能充满信心，我们也足够谦虚，明白我们可能会犯错。但考德威尔是对的。我们可以利用舱内宇航员的能力，确保我们在完成每次太空行走任务时拥有最大的成功机会。下一次训练的内容将有所不同。我们是一个紧密协调的团队，可以有效沟通我们正在进行的工作。同时，在考德威尔的指导下，通过对复杂的程序和时间表的监督，我们能够万无一失地按时完成我们的目标。我们尝试提高流程效率以及优化操作，以确保在太空中执行任务时能够与时间表齐头并进，此时我们仍有很多学习机会。

有效沟通需要有一定的批判性，但批判性地交流并非易事。

> "要乐于走出你的舒适区，学会合作并接纳他人的声音，扩展你的视角，交流并分享你在这一过程中学到的东西。"
> ——斯科特·凯利

有时，大声说出真话需要勇气，但只有这样才能成功。"挑战者号"航天飞机和"哥伦比亚号"航天飞机的失事都是无效沟通的例子。这其中要么没有提出正确的问题，要么没有听取对问题的答复。在某些情况下，还包括没有听取技术专家主动提出的忧虑。**有效沟通要求说明方清楚地陈述问题或担忧，接收者不偏不倚地倾听以理解信息，以及双方确认信息已正确转达。**在高风险环境中，如果目标是成功，那么在团队成员之间建立高度信任的关系可以让团队进行复杂的对话，以强化他们的能力。

在太空行走过程中，连接航天器与宇航员的系绳是至关重要的。从某种意义上说，这就像攀岩中重要的"先连上再解开"系绳的过程，在解开前一条系绳之前必须先连上另一条系绳。在工作区域中，我们总是遵守这一冗余系绳程序，让一条局域系绳将我们固定在工作区域附近，另一条主安全系绳连接到气闸舱或空间站上的另一个端点。在某些情况下，例如，我们的第一次太空行走任务是在国际空间站上安装 S5 桁架单元，我们离气闸舱太远了，这时候就需要两条气闸舱系绳。它们不是两端都与气闸舱连接的；相反，我们将第一条绳系在扶手上，而这条系绳的终点也是第二条系绳的起点。

太空中的安全问题主要考虑创造冗余备份，即在主要途径失效时可以使用的备份途径。对于太空行走者来说，系绳是一种故障保护装置，它可以防止设备丢失，或在最糟糕的情形中，降低宇航员意外脱离航天器、在太空中自由漂浮的风险。每件宇航服都有一个名为 SAFER 的简易舱外活动救援辅助装置，即一个可以用来飞回安全地带的喷气背包。尽管宇航员受过严格的训练，可以安全地使用喷气背包，但没有人希望在不经意间脱离航天器。我们作为团队密切合作，以确保我们的冗余系绳程序能够防止一切太空灾难。我们使用"两人"规则，在水下训练中学习了如何在不落后于时间表进程的情况下，与另一名宇航员确认系绳动作。

每个人都要集中精力

对于每一次太空行走，我们事先的训练量和实际太空行走的比例至少达到了 10∶1。这里部分原因是"哥伦比亚号"航天飞机乘组不幸罹难后我们的发射计划推迟，同样也由于我们将要进行的太空行走的高复杂性。考虑到疲劳可能会导致人为失误，我特意在几次水下训练前熬夜，看看当我疲劳时进行太空行走会是什么样子。

与许多操作任务一样，集中精力至关重要。无论你是外科医生、一级方程式赛车手、飞行员、宇航员，还是不同环境下的操作员，集中注意力的能力都与安全和成功的结果密不可分。疲劳的最初影响之一便是集中精力的能力下降，这一点在我开始第二次太空行走的水下训练课程时表现得尤为明显，因为此前一晚我只睡了 4 个小时，在这种情况下，警惕和专注需要付出额外的努力。后来，我很高兴我在疲劳状态下尝试了训练，因为在第一次正式太空行走的前一天晚上，马斯特拉基奥和我被空间站的警报吵醒了。几小时后，当我们走出出舱口时，我知道会发生什么，我很高兴我为自己创造了学习的机会。太空行走进行得很顺利，马斯特拉基奥和我完成了所有的既定任务，并完成了部分"先头"任务。

我们的第二次太空行走设计得更加复杂，这次太空行走是为了更换故障的陀螺仪并正确连接许多电力接口，这通常需要完全集中精力才能成功。太空行走的每一个细节都至关重要。对于我来说，这是一次能够评估疲劳对我表现的影响的完美训练。为了最大程度地发挥水下训练课程的训练效果，我们像飞行一样训练，像训练一样飞行。水下训练除了能使我们提高任务程序的效率，也提供了一个可以从错误中学习的安全环境，以防止在太空中真的出现失误。同时，它也发展了我们的团队技能，使我们能够相互支持并在可能的失误演变为操作上的恶性后果之前及时拦截它们。

那一天，我学习了战胜疲劳、保持专注和通过团队合作来捕捉错误。我们在太空行走的时候，我正乘着空间站的"加拿大机械臂 2 号"向载荷舱移动，准备拿取新的陀螺仪。机械臂操作员是查尔斯·霍鲍，他非常精准地把我放到了新的陀螺仪旁边。我的安全系绳连接在机械臂末端的足部约束装置上。有了这条系绳，即使意外脱离足部约束装置，我们仍能与机械臂相连。约束装置的脚跟锁定功能效率很高，一旦进入约束装置，这一功能就会将脚跟向外翻转，但脚跟意外脱出的事件并非从未发生过。有了系绳，我就可以相对直接地回到载荷舱，尽管就我的实际状况而言，在抓住一个 550 千克的陀螺仪和它的安装支架的情况下这并不是一个好选择。

在我和马斯特拉基奥从储物平台上拆下陀螺仪及其支架的螺栓之前，我在陀螺仪上安装了一条系绳，在航天飞机的载荷舱门缘的扶手上安装了另一条局域系绳。尽管我很疲劳，但一切都进展顺利，不过这仍然需要我全力以赴，保持专注。我们一卸下所有的螺栓就慢慢离开储物平台，霍鲍随后将我送回空间站。"开始移动。"我喊道，双手紧紧握住陀螺仪。就在机械臂开始移动时，我注意到我的局域系绳仍在原位。"停止运动！"我喊道。显然这引起了大家的注意。霍鲍问："怎么了？""稍等一下，"我回答道，"我必须解开我的局域系绳。"陀螺仪仍然稳定置于储物平台上，我也加了另一条系绳在上面，因而我能够用左手稳住陀螺仪，用右手快速解开局域系绳。之前我疲惫不堪，故而在下令移动时没有注意到这一点。我们在训练课程结束后进行了汇报，我将验证步骤记在脑海中，确保它不会在训练或太空中再次发生。

个人能力与团队能力一样重要

在我完成第一次太空行走的任务之后，我在飞行乘组笔记本上写下了这样的话："奇妙的太空行走！一切都是按计划进行，虽然我们在睡梦中被吵醒。这很好地描述了像飞行一样训练和像训练一样飞行。"

第二次太空行走时，我们的团队合作继续保持无差错和遵守时间表的良好状态。当我乘着"加拿大机械臂 2 号"驶向载荷舱准备获取新的陀螺仪时，我惊异于眼前的景色。这一次，在下达移动的指令前，我仔细检查了系绳程序的每一个步骤。当我要求移动时，考德威尔再度确认了一下："确定局域系绳没有问题？"我回答说："确定。"然后霍鲍用机械臂把我从载荷舱运回空间站。

这就是团队合作。这不是只考虑自我，也不是担心如果你提醒某人某件事，他们可能会感到不安，而是确保我们大家在共同努力，提高安全性、效率，最终取得成功。

陀螺仪挡住了我的视线，我无法看到脚下地球的壮丽景象。尽管是在太空中手动移动一个 550 千克的置于机械臂末端的物体，这个过程风险重重，霍鲍还是问道："景色如何？"他其实知道我除了陀螺仪什么都看不见，但他这样揶揄我反倒让我笑了起来，我想到了团队合作、优化成功和管理情感能量的问题。伟大的团队知道何时使用幽默，我们之所以成功，是因为我们就是这样一个伟大的团队。

建立高绩效团队需要时间。同样，也需要投入。**团队中的每个人都必须确保他们利用自己的技能积极参与团队活动。个人能力与团队能力一样重要，虽然是前者为后者创造了基础，但决定成功的关键常常是团队合作。在**企业团队中，个人能力、协作技能、团队规模、任务、资源、组织文化和报告结构都很重要。

组建一支太空行走团队是为一项任务指派宇航员的一个子集。在高风险环境中，将个人能力与任务相结合是重要的第一步，知道团队如何才能成功，挑选能够优化团队成功属性的个人，可以进一步强化这个重要的第一步。

团队成员可能具有技术能力，因其在某一特定领域的专业知识而被选中，而高效的团队成员具有广泛的非技术能力，包括经过验证的协作能力、沟通能力、谈判和冲突解决能力、领导和追随能力，以及努力工作的意愿、耐心、投入和增强团队情感能量的能力。

我们中的许多人都有过与技术能力强的个人共事而被"榨干生命"的经验。虽然这些人可能因其高超的技术能力而被选中，但他们对团队的潜在负面影响可能是巨大的。具有较强团队技能的团队成员可以通过训练提高技能，而改变一个难以相处的团队成员的行为往往更为困难。

> "我认为在美国范围内寻找候选人并给每个人一个申请项目的机会是很重要的。"
> ——乔治·阿比

在能力驱动的环境中，仅根据技术能力进行选择会降低团队的多样性。这是一把双刃剑。想要创建更为强大的团队，除了靠技术能力选择之外，还需要考虑来自不同种族、文化和性别的成员。

阿比在 1978 年为航天飞机计划选拔第一批宇航员时就认识到了这一点。在航天飞机计划挑选的 35 名宇航员中，有 6 名是女性，3 名是黑人男性，还有 1 名亚裔男性。当时，这是在宇航员队伍中建立多样性的重要第一步，阿比在随后的选择中继续采用这种方法。对于未达标准但具有潜力的候选人，给他们建议，告诉他们可以做些什么来提高再次申请时成功的可能性，约翰逊航天中心提议让他们中的一些人从事技术工作，帮助他们提高技能。

无论技术背景如何，在太空中，具备合作意愿、团队合作技能和广泛学习新技术的能力的人将有最佳的表现。毫无疑问，太空飞行终究是团队活动，而太空行走则是这句话的注解。

伟大的组织通过投入持续学习和人才培养来创建伟大的团队，从而拥抱多样性。我们都希望成为这样组织的一部分：这些组织中有充满活力的文化，有吸引最佳人才的令人信服的使命，能通过积极主动的发展使组织变得更加强大。支持我们每次太空行走的是由数千人构成的金字塔般的体系，这个体系就是这种文化的一部分。作为一个团队，我们利用每个人的技能取得成功。

工程师思维

○ "两人"规则降低了出现错误的可能性及已有错误可能带来的后果。

○ 沟通需要具有批判性，但这绝非易事。

○ 为你将要进行的工作做好准备，并且严格按照准备开展工作。

○ 组建团队需要时间、承诺、沟通和信任。高绩效团队通常是高度互信的团队。

LEADERSHIP
MOMENTS FROM
NASA

第 19 章

关键信息或数据要与
领导者直接沟通

"哥伦比亚号"失事

We shouldn't abbreviate the truth but rather get a new method of presentation.

— EDWARD TUFTE

"我们不应只是简述事实，而应找到一种新的表达方式。"
——爱德华·塔夫特，美国统计学家

塔夫特的目光透过圆眼镜扫过观众，而后他慢慢强调他的观点："证据就是证据，无论它是文字、数字、图像、图表，静止的还是移动的。信息不在乎它是如上何种形式，这些内容都是信息。对于读者和观众来说，脑力工作始终是这样……理解和推理已有的材料，并评估其相关性和完整性。"塔夫特是耶鲁大学政治学、计算机科学和统计学名誉教授。他热衷于研究定量信息的视觉显示，撰写了多本与之相关的书籍，如《用新的眼光审视》（*Seeing With Fresh Eyes*）、《美丽的证据》（*Beautiful Evidence*）和《定量信息的视觉显示》（*The Visual Display of Quantitative Information*）。他是非凡的现代统计学家和艺术家，也是数据分析方面的专家。此外，他还是"哥伦比亚号"事故调查委员会邀来调查事故的多位专家之一。

2003 年 2 月 1 日上午，执行 STS-107 任务的"哥伦比亚号"航天飞机的宇航员家属正在佛罗里达州肯尼迪航天中心耐心等待他们的亲人归来。这是"哥伦比亚号"的第 28 次任务。与航天飞机发射时媒体大张旗鼓竞相报道不同，着陆场门可罗雀。通常只会有少数媒体对飞行乘组在飞行任务结束后召开的新闻发布会进行报道，也可能会有几个好奇的围观者在堤道[①]上饶有兴致地看航天飞机着陆。NASA 团队准备着帮助飞行乘组成员离开航天飞机，并对航天飞机进行检修以备执行下一次任务。宇航员的家人们都站在33 号跑道附近等待航天飞机着陆。着陆时间预计在美国东部时间上午 9 时16 分，虽然准备工作从一大早就开始了，但每个人都很清醒，期待着为即将归来的宇航员送上拥抱和祝贺。当航天飞机接近肯尼迪航天中心主着陆场时，宇航员的家人仔细聆听，期待听到它由超音速降速至亚音速飞行时产生的两声音爆。可是那天早上，这声音没有响起。

上午 8 时 59 分，在预计着陆时间前的 17 分钟，STS-107 任务以"哥伦比亚号"航天飞机在得克萨斯州东北部上空解体而告终。在此之前，种种迹象表明这又将是一次成功的科学任务，任务期间进行了大量实验，并将数个商业有效载荷送入了轨道。然而其实，这次任务的悲惨结局早在 16 天前，也就是 1 月 16 日航天飞机发射后第 81.7 秒时就已注定。在发射过程中，一块隔热泡沫从航天飞机外挂燃料贮箱左侧支撑架的连接斜面处脱落，以大约877.1 千米 / 小时的速度撞击了航天飞机的左翼前缘。发射时的这次撞击并不明显，然而在发射后 24 小时以内，任务控制中心回顾发射视频图像时才发现发生了撞击。对视频进行逐帧分析的结果显示，撞击后机翼散落了一些材料。此时浮现在每个人心中的关键问题是：撞击是否损坏了航天飞机的轨道器？如果是，损坏程度如何？这个问题将交由任务管理团队来回答。

任务支持活动是 1 天 24 小时无休进行的，持续时间长达一周。在整个任务中，控制台上都有专家小组，负责监测航天器系统并与飞行乘组进行通信。虽然在整个飞行任务中都要保持高度警惕，因为经验表明任何事情随时

---

① 肯尼迪航天中心所在的卡纳维拉尔角原本是临海的洼地，其中有不少湖泊沼泽，对公众开放的区域离核心区域较远，开放的基本上是堤道，而这些堤道是在沼泽间筑堤修建起来的。——译者注

都可能发生，但作为飞行任务中的动态阶段，起飞和着陆涉及最高级别的风险要素。在任务执行期间，每天都有任务管理团队会议，高级项目经理们在会上讨论影响任务成功的任何问题。任务评估室在任务期间为航天飞机项目办公室提供工程和技术支持，向任务管理团队汇报工程数据。任务管理团队主席向航天飞机项目经理提供任务状态更新情况，而航天飞机项目经理要确保及时向 NASA 高级管理层通报相关问题。

视频图像使得碎片评估小组与波音公司和 NASA 的工程师立即采取行动。虽然之前在航天飞机项目中也曾发生过泡沫撞击事件，但据估计，撞击"哥伦比亚号"的泡沫尺寸比以往任何一次都要大。飞行乘组在外贮箱与航天飞机分离后传回了一些视频，但视频图像中看不到泡沫撞击的区域。评估小组除了对现有的图像进行分析以外，也讨论在任务期间使用美国军方的一些设备来获取"哥伦比亚号"左翼的图像。与此同时，休斯敦的波音公司团队使用了一个名为"撞击坑"的软件来模拟撞击的结果。"撞击坑"软件是为分析波音公司数据库中涵盖的小型碎片撞击事件而设计的，且原本是为了在发射前预测小碎片（通常是冰）是否会损坏航天飞机的外贮箱，它其实不适用于 STS-107 任务中出现的大型撞击物的分析。根据"撞击坑"软件模拟的结果、之前的发射经验和其他泡沫脱落事件，以及参考关于泡沫撞击航天飞机轨道器风险的飞行准备审查决议，任务管理团队得出结论：在航天飞机再入过程中，泡沫撞击"哥伦比亚号"机翼不会危及航天飞机轨道器或者飞行乘组成员的生命安全。这一结论和随后发生的悲剧提醒人们，驾驶航天飞机这一史上最复杂的航天器之一具有何等的风险与挑战。

NASA 是一个由才华横溢、技术过硬、极度敬业的人员组成的组织。韦恩·黑尔在晋升为肯尼迪航天中心航天飞机发射总装主管之前，曾在休斯敦的约翰逊航天中心担任飞行总监长达 15 年的时间。他于 2003 年 2 月 1 日开始在肯尼迪航天中心的工作，也就是"哥伦比亚号"计划着陆的那一天。

他在着陆前一天将行李打包收拾好，驱车前往佛罗里达州，与其他 NASA 人员一起在着陆场欢迎宇航员们回家。这种热切的期待很快就变成了深深的悲痛，变成了笼罩 NASA 的令人心碎的挫败感。"我觉得我们的组织很棒，我们可以处理任何事情。"他在 2017 年接受美国国家公共广播电台（NPR）采访时说。但和其他人一样，他也注意到了航天飞机轨道器上反复发生泡沫撞击的问题，根据数据、讨论和团队分享的经验："我们都感觉很好，这不会是一个安全问题。"

黑尔从未真正担任过发射总装主管。"哥伦比亚号"航天飞机失事后，威廉·帕森斯（William Parsons）成为新的航天飞机项目经理，那年夏天晚些时候，帕森斯打电话给黑尔说："我真的希望你能来休斯敦担任航天飞机的项目副经理。"黑尔又回到了休斯敦，并在接下来的两年半时间里与团队合作，使航天飞机机队复飞。人们如何用行动面对失败决定了他们最终能否成功。黑尔意识到 NASA 的文化需要改变，经验和可用的数据阻止了团队"用新的眼光审视"。NASA 的领导者需要在沟通技艺方面做得更好。团队成员和领导者必须改进他们表达和倾听担忧的方式。黑尔认识到，在控制风险方面，有效的沟通与最复杂的工程分析一样重要，也许对 NASA 的每个人来说，最大的变化是变得更善于倾听。

成为倾听者

退役美国海军上将哈罗德·格曼（Harold Gehman）领导了对"哥伦比亚号"失事为期 7 个月的调查。在航天飞机失去信号的 2 个小时内，"哥伦比亚号"事故调查委员会就已组建。在接下来的几个月里，委员会的 13 名成员得到了由 120 多名人员组成的团队和 400 名 NASA 工程师的支持。他们审查了 3 万多份文件，进行了 200 多次面谈，听取了众多专家证人的证词，并整理了公众的 3 000 多份意见。就像"挑战者号"和"阿波罗 1 号"

事故一样，委员会认识到，载人航天计划中的组织文化在几次飞行乘组与航天器的损失中起到了重要作用。"随着调查的进行，调查委员会愈发坚信这些因素的重要性，因此报告在调查结果、结论和建议中，将这些因素与更容易理解和纠正事故的物理原因置于同等地位。"许多方面上，这些因素与社会学家黛安娜·沃恩在其著作《"挑战者号"发射决策》中描述的因素相似。她认为越轨行为社会正常化的结果是："组织内的人变得习惯于某种越轨行为，以至于他们不认为这是越轨行为，尽管事实上他们远远越过了自己定下的基本安全规则。"

没有人一开始就认为违反规则是可被接受的，但是强大的外部力量会影响人们的决定。公开的任务时间表压力影响了"挑战者号"的发射决策。毫无疑问，"哥伦比亚号"团队同样关注泡沫撞击问题会如何影响未来的发射，空间站的建设和运行能否继续。但随着越轨行为的演进，决策也在发生微妙的变化，也许这是对每个组织都适用的教训，即使是最好的组织也无法幸免。对于所有资深领导人而言，如何在组织内做出决定都是个挑战，因为他们时时刻刻都在面对着社会压力、选择、适应程度和权宜之计的微妙力量。敢于直言不讳的人往往要承担风险，但与其批评他们，不如欣然接纳他们挑战现状的勇气。有些人愿意做正确的事情，即使这会让他们付出失去工作的代价，但对于大多数人来说，简单地"随波逐流"更加容易。**在高风险领域，有效沟通在控制风险方面发挥着重要作用。**

组织内部有不同的沟通方式毫不奇怪。关键信息和数据应在团队内部以及领导者之间使用关键沟通技巧共享。在商业航空公司中，飞行员被要求复述一遍空中交通管制部门的指令，以验证他们是否听到和理解该指令。类似地，关键沟通包括以易于理解的方式简明扼要地分享信息、信息的含义和任何建议，而听者有责任倾听、理解信息，如有必要，将他们听到的内容复述给讲述者。这是一项需要勇气的技能，讲述者很难分享复杂的信息，听者要明白他们需要听什么，而不是想听什么。1986 年"挑战者号"失事后，就关注点进行沟通并确保它们被传达到位已经成为重要问题，但彼时电子邮件和现代工作场所特有的计算机应用尚未广泛使用。工程领域中对视图化的依赖引起了"哥伦比亚号"事故调查委员会的注意，他们转而向塔夫特寻求见解。

塔夫特在碎片评估小组准备的幻灯片中重点介绍了第 6 页——传达了"撞击坑"软件建模测试数据的结果。他的分析指出，模糊短语的使用，以及模糊、混乱、草率的语言，可能致使决策者认同航天飞机能够安全再入。乔治·洛以在工程师口头简报中提出探究性问题而闻名。那时他和其他 NASA 领导人已经转变为使用幻灯片，而不再用技术论文、讨论和辩论进行技术交流。幻灯片上的一个要点指出，"较软的喷涂泡沫隔热材料颗粒需要大量能量才能穿透相对坚硬的陶瓷涂层。"这一点还得到了一个次要要点的支持，之后回顾起来，这一点非常令人担忧："试验结果确实表明，如果质量和速度足够，泡沫穿透陶瓷涂层是可能的。"一个满是高级称职的技术专家组怎么会不关注"足够"这个词，继续追问什么样的质量和速度才会导致航天飞机的损坏。也许幻灯片标题中的"保守"等令人安心的字眼[①]降低了他们的警惕性。在复杂的现代组织中，时间总是很宝贵的，因此可以理解管理者会更关注报告标题。委员会发现，"危险分析中的风险信息和数据没有有效地传达至风险评估小组和任务保证流程。"当他们在调查期间从 NASA 官员收到类似的幻灯片而不是技术报告时，他们也感到惊讶和担忧。幻灯片显然有它的优势，但它们必须有效地传达将用于决策的数据，并得到深入技术分析的支持，这一点至关重要。

---

① 测试的结果表明，"撞击坑"软件预测的碎片撞击穿透情况比实际发生的情况要严重，"撞击坑"软件预测的损坏实际可能不会发生，也就是说"撞击坑"软件对于航天飞机耐撞击性的预测结果会偏向保守。——译者注

口头讨论依然是最有效的交流方式

委员会没有对使用电子邮件作为分享关键问题的工具发表评论，因为电子邮件是现今在各组织中普遍存在的沟通工具，如果使用得当，电子邮件也会非常有效，不过对于更多人而言，用电子邮件沟通显然要比面对面交谈容易得多。一年大约有 250 个工作日，高层领导平均每天收到 50 ～ 75 封或更多的电子邮件。领导者通常不得不在每年接收的 12 500 ～ 18 750 封电子邮件中努力寻找关键信息，而非像过去那样有人直接与他们谈论某个问题。在一些现代办公室里，人们很快学会了"广泛抄送问责，密件抄送免责"，这产生了大量的邮件，也使人们需要对大量信息进行排序才能找到要点。发给"哥伦比亚号"管理者的许多电子邮件都没有得到回复，无论它们显示已读，还是被埋在满满的收件箱中，这都表明团队需要用一种不同的方法传达关键信息。**尽管现代技术带来了诸多好处，交流的最好方式依然是面对面口头讨论。**"哥伦比亚号"失事后，负责让航天飞机复飞的 NASA 局长迈克尔·格里芬（Michael Griffin）决定，任何令人担忧的问题都可以与他直接讨论。

迈克尔·格里芬的妻子贝姬回忆说，在他任职之初，曾接到马歇尔太空飞行中心主任大卫·金（David King）的电话。那个周末大卫直接将电话打到他们家中，询问迈克尔·格里芬是否在家。她回忆道："大卫说，给我们家打电话这件事可能比其他任何事情都让他紧张。我说，'千万别担心。如果你需要找迈克尔·格里芬，你就告诉我要找他就好。不论白天还是晚上，什么时候打电话都没关系，只要你需要他，就只管打电话过来。'"领导者的行动对于强化或阻断沟通至关重要。领导者在周末、晚上乃至半夜接到电话时的反应将决定他们能否继续及时获悉重要事件。像迈克尔·格里芬这样的领导者欢迎这些电话。

迈克尔·格里芬接任局长时，NASA 正在为 STS-114 航天飞机"复飞"任务做准备。他一直担心航天飞机的设计问题，希望航天飞机能够安全复飞，从而继续完成国际空间站的建造任务，履行 NASA 向国际合作伙伴做出的承诺。他得到了白宫的支持，布什总统非常同意他的观点。当务之急是完成已经开始的工作，然后将目光投回地球轨道以外的月球。而重返月球之旅的第一步是让航天飞机安全地复飞。

作为最终要为美国载人航天飞行计划负责的 NASA 局长，同时作为一名工程师，迈克尔·格里芬希望随时了解复飞时间表中的关键节点。在他到达 NASA 后的一个星期内，他指示每一次碎片审查会议都要邀请他参加。不久之后，一场关键会议要在休斯敦召开，他在最后一刻才知道这件事。他乘机前往休斯敦，在会议开始前 5 分钟左右走进会场。那是他最后一次没有被通知开会。

会议期间，他担心人们会签署一份他认为不完整的技术评估报告，肯定对航天飞机的外贮箱中一个叫作液氧输送管线波纹管的区域（外贮箱上发生过泡沫脱落的区域）的结冰和泡沫脱落情况进行的评估。作为航空航天领域经验丰富的领导者，迈克尔·格里芬明白只有在准备好飞行时才能执行飞行任务，而不是必须在预定时间发射。当他意识到"据他们自己承认，距离全面分析完成尚需几个月的时间，但与会的高级管理人员还是支持飞行计划"时，迈克尔·格里芬缓缓地环顾房间，告诉他们，在一切准备就绪之前，航天飞机不会复飞，他希望他们再花一个半月或两个月的时间来完成完整的分析。算上这段额外的时间，迈克尔·格里芬坚持执行航天飞机项目主管帕森斯提出的建议，在液氧输送管线波纹管上安装加热器。

执行 STS-114 任务的航天飞机于美国东部时间 2005 年 7 月 26 日上午 10 时 39 分发射，此时距离"哥伦比亚号"失事已经过去了 29 个月。这次任务向国际空间站运送了补给，飞行乘组成功使用了安装在加拿大机械臂末端的新型轨道器吊杆传感器系统来检查航天飞机轨道器下表面的隔热瓦片，任务目标全部完成。意外的是，在起飞 127 秒后，一大块泡沫从燃料箱上脱落。虽然泡沫没有击中航天飞机，但在完成所有工作确保复飞任务的安全性之后还是发生了这种状况，这出乎所有人的意料。

飞行后异常情况审查表明，泡沫脱落的原因是米丘德装配厂（Michoud Assembly Facility）进行的维修工作产生失误，高级管理层尚未获得有关此次修理和重新黏合的信息。迈克尔·格里芬选择让航天飞机机队停飞，他说："这引起了诸多媒体的抨击，媒体认为我们永远无法完成空间站建设。这件事一直传到总统那里，他支持了我。我回想起他说的话，'只要迈克尔·格里芬说我们需要做什么，那就是我们要做的。'"迈克尔·格里芬知道停飞机队是一个正确的决定，尽管在上任后的 3 个月内，他觉得自己的官职将要不保，因为从白宫和国会层面上看，这一决定并不受欢迎。但是总统继续支持他，机队一直停飞到 2006 年 7 月。

迈克尔·格里芬没有退让，他做出了正确的决定。"作为领导者，我知道人们会用我公布的决策评判我，他们不管是谁做的决策，也不管是谁的想法。这是我十几年前就已内化的东西。我受人评判，我的表现能得多少分是那些打分的人决定的。（在这个评判标准下）想法是不是我提出的并不重要，公之于众的想法是否是最好的才重要。所以我试着告诉我的团队成员，这个想法来自哪里，或者谁的论断最终正确这些事都不重要。以我作为领导者的角度来看，我想要的只是最好的想法，这个想法不一定来自我。"

在本书的采访中，他的以身作则和热情洋溢一目了然，他认为领导力和团队技能是成功复飞的关键。他强调："当我犯错时，我会毫不犹豫地道歉；当我犯错时，我会毫不犹豫地承认。如果领导者这样说，那么其他人都可以松一口气，因为他们不会受到指责。我们的目标是公布一个正确的决定。如果每个人都在纠结谁犯了错误，你就没法达成目标。"

迈克尔·格里芬最重要的导师可能是他的前任上司詹姆斯·亚伯拉罕森（James Abrahamson）中将。他在早期的航天飞机飞行任务中担任 NASA 总部主管航天飞机计划的局长助理。在迈克尔·格里芬为亚伯拉罕森工作的五六年里，他能够观察亚伯拉罕森是如何领导和管理事情的。迈克尔·格里芬将他描述为"我所观察到的最优秀的领导者。我过去常这么说，我现在仍这么说，我所知道的关于领导力的一切，都是从亚伯拉罕森那里学到的。唯一遗憾的是，我没有学会他教给我的一切"。迈克尔·格里芬从亚伯拉罕森那里学到的技能对于确保航天飞机能在剩余的服役时间中安全复飞至关重要。

从事高风险工作时，准备就绪至关重要

2003 年 2 月 4 日，星期二，这一天对于参与载人航天飞行的所有人员以及"哥伦比亚号"上 7 名宇航员的亲属来说，都是令人悲痛的一天。人们在约翰逊航天中心举行的特别纪念仪式上对 7 位航天英雄默哀：指令长理查德·赫斯本德、飞行员威廉·麦库尔、有效载荷指令长迈克尔·安德森、任务专家大卫·布朗、任务专家卡尔帕纳·乔拉、任务专家劳雷尔·克拉克和有效载荷专家伊兰·拉蒙。美国总统乔治·布什发表讲话，分享了航天飞机发射几个星期前布朗和他兄弟之间的对话。他的兄弟问如果任务出了问题会怎么样。

布朗回答说："航天飞机计划仍将继续。"总统强调："布朗上尉是正确的。美国的太空计划将继续下去。这份探索和发现的事业不是我们的选择，而是一个写在人类心中的渴望……我们在各位之中找出最好的人选，把他们

送到尚未探明的黑暗中，祈祷他们能平安归来。他们为全人类的和平而去，他们为全人类做出了牺牲。"

　　宇航员的同事、家人和朋友所感受到的悲痛是无法用语言来形容的。整个 NASA 社区都分担了他们的痛苦。仪式前一天，我从得克萨斯州的拉夫金市回到休斯敦，在得克萨斯州我一直在参与飞行乘组与航天飞机失踪后持续进行的搜寻工作。3 天前，在那个决定命运的星期六早晨，我们一家人和一些从外地来的朋友一起在电视上观看着陆。悲剧发生时，电话铃响了——是理查德·威廉姆斯（Richard Williams）博士，NASA 华盛顿总部的首席医疗官打来的。"你在看航天飞机着陆的直播吗？"他问。"是的，"我回答，"我正准备去约翰逊航天中心，我到了给你打电话。"在熟悉的 10 分钟车程中，我的车似乎处于自动驾驶状态。

　　我首先去了我以前在行政大楼 8 楼的办公室，与我的继任者、空间与生命科学理事会主席[①]杰弗里·戴维斯（Jeffrey Davis）博士进行了简短的交谈。他正在电话里讨论有关飞行乘组和航天飞机失踪后的计划。这些计划在我几个月前被重新分配进行新的太空飞行训练之前已经为我修改过。他快速把电话调成静音，然后我问："这个计划有效吗？你有什么问题要问我吗？"他回答说："没有，一切正常。如果有任何问题，我会给你打电话。""好的，"我回答，"我要去宇航员办公室看看有什么我能帮忙的。"2 小时后，我和航天飞机指令长韦瑟比，以及两名宇航员乔治·扎姆卡（George Zamka）和巴里·威尔莫尔（Barry Wilmore）坐上了一辆 NASA 的航空安全卡车，前往得克萨斯州的拉夫金市。

---

① 作者戴夫·威廉姆斯曾于 1998 年 7 月至 2002 年 9 月任空间与生命科学理事会主席。——
　编者注

韦瑟比在"挑战者号"失事时就经历过这种情况。当时，阿比负责飞行乘组的运营事务，并在事故后恢复工作中发挥了关键作用。"有人和阿比谈过了吗？"我问韦瑟比。"我觉得没有。"他回答。我拨通了阿比的电话，把手机递给他。

在高风险运营环境中工作时，准备就绪至关重要。我回忆起与戈尔丁、韦瑟比和时任宇航员办公室主任查尔斯·普雷考特（Charles Precourt）、格伦和他在 STS-95 任务中飞行乘组成员的一次会面。戈尔丁曾问："你一直在说的这个运营环境是什么？"普雷考特回答说："这是一个时间紧迫的环境，在这个环境中，每一个决策都生死攸关，如果你做出了错误的决策，你无法挽回，只能通过后续的决策弥补。"宇航员训练、任务控制模拟、持续学习和实践都是为了准备好应对可能发生的任何事情。而损失一艘航天飞机又是一件难以准备就绪的事情。

人们很难准备好去迎接一场灾难、一场无法形容的悲剧，也无法准备好失去朋友和同事，并且知道他们的家庭将永远改变。而你要为自己希望永远不会发生的事情做准备。在过去的 6 个月里，作为空间与生命科学理事会的主席，我曾要求菲利普·斯捷潘尼亚克（Philip Stepaniak）博士修改计划。他在 2002 年秋天完成了全面计划，表现出色。我们希望我们永远不会使用它，但我们已经做好了准备。我们都没有想到，在 3 个月内，我们就要对这项计划进行测验。

5 分钟后，韦瑟比结束了与阿比的通话。我们没有时间讨论这件事，因为我的电话又响了，一个电话接着一个电话。这一天结束之前，我大概接到了 50 个电话。每次太空飞行之前，支持该任务的计划的每个部分都有一份飞行准备就绪证书。作为空间与生命科学理事会的主席，我也曾是任务管理团队的一员，并与其他高级管理人员坐在肯尼迪航天中心发射控制中心的控制台上。团队中的每一位成员都非常善于随身携带他们需要用的一切东西。如今，我们能够在智能手机、平板电脑或家用电脑上以电子方式提供所有文档，但在 2003 年，我们仍然使用电子和印刷信息相结合的方式。

在空间与生命科学理事会中，我们常备一本口袋大小的小册子，其中列出了发生紧急事故或航天器损失时所需的所有信息。在支持了 20 多次航天飞机任务后，我做好准备，把随身携带的装备放在车里：手机、笔记本电脑、充电器、衣服和应急参考手册。在接下来的 3 天里，我们的事后处理团队一直在使用我的应急参考手册。在指挥中心，每位领导者都有一本。在最初的 24 小时内，它是联系信息、乘组数据、危险品目录、轨道器有效载荷和其他信息的主要来源。

我永远不会忘记我在得克萨斯州东北部度过的时光。2003 年 2 月至 6 月期间，我在荒野中进进出出。"哥伦比亚号"失事是我职业生涯中见证的最悲惨的事件，当地社区、美国林业部志愿搜索队、联邦应急管理局、NASA 和许多其他执法部门的反应是我所见过的最好的团队合作。航天飞机的复飞将基于我们对所发生事情的了解。在返回太空的道路上，搜寻航天飞机和飞行乘组是至关重要的紧急因素。对我来说，这次搜寻是美国做的最好的事情之一。

2 月 2 日凌晨，午夜过后，我终于有了睡觉的时间。美国联邦调查局的一名证据处理技术人员问我住在哪里。我想了一会儿，说我会待在原地，我不会离开。我借了一条毯子和一个枕头，在地板上搭建了一个临时睡觉的地方，我要和团队待在一起。悲伤像一个重物压在我的身上，这感觉比我上次进入太空时所经历的 3 倍重力加速度还要糟糕一百倍。寂静和黑暗包围着我，但我决定继续执行任务，尽我所能协助搜寻，尽我所能为我的下一次任务 STS-118 进行训练，并返回太空继续我与已逝的朋友们共同的探索事业。

工程师思维

○ 对领导者来说，倾听比表达更重要。理解而非简单地听到信息是至关重要的。

○ 当面对不同意见和分歧时，首先确定最保守的做法，然后再去做会更加安全。

○ 组织本身，如组织中的人员，在遭受重大损失时也会回应以悲痛。领导者应当从情感和技术两方面考虑如何从失败中恢复。

LEADERSHIP
MOMENTS FROM
NASA

第 20 章

管理大型复杂项目需要
团队协作

拯救哈勃太空望远镜

No matter what you do, it's like whack-a-mole.

— JOSEPH ROTHENBERG

"无论做什么都像打地鼠一样，按下葫芦起了瓢。"
——约瑟夫·罗滕伯格，NASA局长助理

"早上你走进办公室，遇到了三个问题，这三个问题中的任何一个都可能导致整个项目的失败，无论是哈勃太空望远镜维修任务、空间站项目还是建造太阳能电池板阵列，我将如何解决这些问题？"罗滕伯格回忆说。管理大型复杂项目的技术挑战可能会让人望而生畏，正如他描述 20 世纪 90 年代早期哈勃太空望远镜给他带来的挑战一样。"到午餐时间，两个难题已经解决了。另一个问题看起来也有解决的希望。"在无情的真空中工作时，坚持和乐观是必要的。

这位哈勃太空望远镜飞行计划总监助理正试图解决困扰 NASA 的问题：这台强大的望远镜带着后来让 NASA 颜面尽失的失焦发射升空。发射两个月后，哈勃首席科学家爱德华·韦勒（Edward Weiler）举行了一次新闻发布会，宣布耗资 15 亿美元制成的望远镜无法提供清晰的图像。这架本足以留名青史的望远镜现在却成了媒体的笑柄，失焦的图像引起了国会的愤怒，项目团队必须找到解决方案。

哈勃太空望远镜于 1990 年 4 月 24 日由"发现号"航天飞机发射入轨，发射时间已经晚于计划时间，而且费用超出了预算。4 年前"挑战者号"失事导致包括哈勃任务在内的每一次航天项目都推迟了 2 年。挑战新高度通常伴随着飞涨的预算，因为使用全新技术的新的工程项目必须能够在最苛刻的太空环境中顺利进展，太空望远镜的反射镜面尤其如此。哈勃太空望远镜主镜的工程要求如此精确，以至于制造哈勃太空望远镜的公司必须使用计算机控制的抛光机，使主镜片的形状可以精确捕捉到遥远星系的光线。

迟到总比没有强，NASA 官员向公众承诺，望远镜一定会升空。每个入轨的航天器都必须度过一段调试期，以消除通信"褶皱"，并确保仪器和其他部件处于最佳状态。然而哈勃太空望远镜在试运行期间出现了一个致命的缺陷：强大的抛光机收到错误的指示，将镜片抛光成了错误的形状。哈勃的飞行状态良好，但它有些"近视"，这大大不利于它回望过去、了解宇宙演化的任务 [1]。

就连深夜喜剧演员和报纸专栏作家都开始对哈勃太空望远镜指指点点。然而罗滕伯格开始像系统工程师一样尝试解决这个问题。是的，他必须找到图像失焦的解决方案。不过也有几件事对 NASA 有利，其中最具讽刺意味的是哈勃太空望远镜的位置。虽然哈勃太空望远镜部署在遥远的太空，但它的轨道高度不是很高，足以让宇航员到达它的位置，修理它，使它恢复正常。

倾听、学习和实施

修复哈勃太空望远镜变成了一堂建立共识的课程，罗滕伯格准备好了接受挑战。他首先找到那些想使用望远镜的人——那些为取得修复后的哈勃太

---

[1] 由于真空中的光速是恒定且有上限的，宇宙中遥远天体发出的光要经历漫长的时间才能穿越遥远的空间传播到地球，我们看到的天体只是其在过去光线发出时刻的样貌，因此说哈勃太空望远镜观测遥远天体的任务是回望过去，即观测天体早期的样貌。——译者注

空望远镜使用资格而竞争的科学家。罗滕伯格向他们承诺，救援行动不仅会解决主镜镜片的问题，还可能包括升级仪器，使太空望远镜具备更强的性能。

罗滕伯格说："这有助于科学界接受这项计划，我们不是要再搞个 50 年的项目，也不是要把所有的钱都花在这次修复上。"但是，由于 NASA 受到媒体非常严厉的批评，这条道路没有走通，他不得不动用政治资金来推进这项任务，NASA 也承诺，可以安全地送宇航员去维修。

各方意见达成共识，罗滕伯格的方案就是唯一的出路。

罗滕伯格习惯于为了一项任务，甚至是个人任务而在团队中工作。在他职业生涯的早期，他面临着一个常见的问题，即如何获得所需的技能，去做自己想做的事。他负担不起全日制学习的费用，而他喜欢在美国海军的航空母舰上工作。于是罗滕伯格和妻子达成了一项协议，13 年来，他一直上着夜校。结果是值得的，他同时获得学士和硕士学位，并获得了在负责研制"阿波罗"飞船登月舱的格鲁曼公司工作的机会。

罗滕伯格职业生涯初期的工作之一是设计阿波罗飞船登月舱的环境控制回路，他制造了在系统测试期间寻找压强下降点的仪器。在 NASA 的一次采访中，罗滕伯格回忆了格鲁曼公司计划将他的仪器连接到试验台的时候。他们邀请了 NASA，并准备举办一场大型展览。然而他们预先检查时，发现试验台和仪器尺寸不同，不可能在展览那天实现适配。展览没能举办。

罗滕伯格并没有回避那次失败，而是将这次经历加入自己，也是每一位太空工程师都要被"上一课"的经验链条中。"那个小小的教训教会了我……一项非常有价值的技能，"他后来在 NASA 的一次采访中分享，"就是确保自己足够了解我要进入什么领域，以及我将与什么进行交互。"

罗滕伯格和当时的许多工程师一样迁入 NASA，入职戈达德太空飞行中心，在那里他协助发射了 4 架航天器。此时是 20 世纪 70 年代初，"阿波罗"计划的工作开始收尾，而其他项目逐渐走上正轨。其中一个崭新的想法出现了，这便是哈勃太空望远镜计划，即建造一架太空望远镜，能够避免地球大气层对光线的影响，相比地球上的其他任何同尺寸的望远镜，它能看见更深远的太空，但是这架望远镜的运行应是有保障的——宇航员能够对其进行维修服务。

回到 20 世纪 70 年代，NASA 并没有太多的太空行走经验。虽然NASA 的 12 名宇航员已经积累了数天的月球漫步经验，但 NASA 依然不怎么熟悉太空行走。NASA 从 60 年代的"双子座"任务中了解到，宇航员需要借助把手和系绳，这样他们就不会在离开飞船的过程中因运动过多而消耗太多的热量。但这些太空行走大多是为了进行小型科学实验，而不是为了修理航天器。想要修复哈勃太空望远镜，他们就需要弄清楚，穿着笨重的宇航服、戴着类似于冰球运动员穿戴的手套的宇航员应该如何维修精密仪器。

幸运的是，罗滕伯格比大多数工程师更了解哈勃太空望远镜。他已经经历了早年关于望远镜什么部件可以更换，什么部件可以拆除的辩论。他曾和宇航员谈论他们如何能舒服地工作、舒服地学习。在发现镜面变形后，他用近 20 年在哈勃太空望远镜项目上的经验和作为项目经理的履历，向所有人提出了一个简单的建议：倾听、学习、实施。

首先是回到航天工程师那里找到解决方案。"我们必须找出问题所在。"罗滕伯格回忆道，"其次，我必须与所有利益相关者建立合作关系，让他们帮助我们找出问题所在……最终，我们真的发现并明白了望远镜的问题所在，并且让每个人都同意下一步计划。而且每个人都能够参与到计划中来，确保任务走上正轨，完成所有测试和其他一切。"

"我们要做的是设计一个维修计划，但同时要维持长期项目，即继续制造第二代仪器……"罗滕伯格继续说道，"我们要解决数百个问题，对此我想到了'前 10'的方法，意思是弄清我一直想知道的 10 个最主要的问题，并确保所有人都知道这些问题的答案，这样我们就能清楚应该把精力集中在哪里。"他有了一个计划，下一步是获得支持。

向利益相关者寻求合作

首先，他要让媒体相信哈勃太空望远镜仍值得努力维修一次。罗滕伯格承认镜片有缺陷，但指出它仍能提供有用的图像。"我意识到，所有人都在说哈勃太空望远镜现在做不到什么。但现在它能做些什么呢？我是说，我们……把它放在那里直到我们修好它的这段时间里，它能做些什么？这很重要。"

> "如果你一头雾水，就去问问别人，因为旁观者清。"
> ——威廉·格斯登美尔

罗滕伯格与科学家合作，在寻求临时解决方案的同时赢得了他们的信任。他们"想要确定它出了什么问题，然后我们加入了一个流程来测量和验证它的问题是否持续……我们发现可以用一些地面软件来做相当好的校正。"尽管系统存在缺陷，最终得到的图像仍然"令人惊叹"。他慢慢地开始转移媒体的注意力，强调哈勃太空望远镜依旧可用的部分。而媒体也开始将一整段关于哈勃太空望远镜缺陷的报道内容改为"尽管它存在缺陷，但……"。情况开始一点一点地改变。

随后是政客们。NASA 由美国政府资助，这意味着 NASA 必须列为政府的优先事项，才能获得所需资金。20 世纪 90 年代初，世界各地的经济形势都很严峻。许多国家都陷入了经济衰退，此外，美国还卷入了海湾战争。达成共识需要时间，罗滕伯格将每个星期与人们交谈作为一个目标。

他说："我所做的只是制定战略、做出承诺，并邀请他们派代表参加会议。"他每个星期都将他的"前 10"名单分发给他想与之交谈的人——科学工作组成员、国会成员、NASA 高层管理人员。每个人都有自己的看法。罗滕伯格研究了每一项批评意见，从仪器中的水蒸气问题到那些想以"浪费纳税人的钱"为由解雇他的意见。

"这种事我不能放下。"罗滕伯格说。他与更多人达成共识，为自己的论点争取了更多的支持。他引入了外部审查小组；他与 NASA 里位高权重的人士建立了信任，他们愿意为他发声，包括"阿波罗 10 号"飞行乘组指令长斯塔福德和 NASA 局长戈尔丁。作为 NASA 的高级领导，斯塔福德和戈尔丁提出的标准比罗滕伯格的更高，而罗滕伯格满足了他们的要求。

在戈尔丁的建议下，罗滕伯格让团队编写风险概述，以更好地了解拟定修复方案的影响——太空望远镜光轴补偿校正光学（Corrective Optics Space Telescope Axial Replacement，COSTAR）装置启用后会发生什么。就像散光患者佩戴的眼镜一样，COSTAR 装置会巧妙地修正哈勃太空望远镜上有缺陷的光学元件，这是个精确度很高的装置。每个人都要各司其职才能完成修复任务。

NASA 需要一支训练有素的宇航员团队和任务控制团队才能最终成功修复哈勃太空望远镜这一高度敏感的仪器。这不仅仅是测试喷气背包或从航天飞机有效载荷舱发射人造卫星或太空行走那么简单。相反，这将是一项要求精细地在轨捕获（望远镜）、更换和整修的工作。罗滕伯格从华盛顿特区前往得克萨斯州休斯敦，亲自会见宇航员项目负责人，要求提前至少一年确定执行任务的宇航员名单。

罗滕伯格最终如愿以偿，哈勃太空望远镜维修任务的梦之队成立了。每位宇航员都参与过至少一次太空飞行。每位将要执行出舱任务的宇航员都十分了解舱外活动，并且至少参与过两次太空行走。这个团队包括当时 NASA 中最受尊敬的宇航员之一斯托里·马斯格雷夫（Story Musgrave），修复哈勃太空望远镜将是他的第 5 次太空飞行任务。他曾为"阿波罗"计划和天空实验室计划接受过训练，当他终于有机会再次乘坐航天飞机飞行时，他测试了自己将用于修复哈勃太空望远镜的宇航服。

尽管这架望远镜原本就被设计为可以在太空进行维修，但这项任务对宇航员和任务管理团队来说仍然是一个前所未有的挑战。NASA 需要一位经验丰富、技术娴熟的领导人担任任务总监。美国海军 TOPGUN 计划[①] 毕业生、前海军陆战队战斗机飞行员兰迪·布林克利接受了这项挑战。他于 1992 年加入 NASA，担任太空飞行办公室的特别助理，之后开始参与哈勃太空望远镜的维修任务。"我只是一直在做那些让我成功的事情——那就是尽我所能，让自己的周围都是有献身精神和才干的人，倾听他们的声音，创造一个能够提高他们能力的环境。"这个模式在过去对他颇为有效，而哈勃太空望远镜维修任务再次证明了这一点。

道阻且长。罗滕伯格发现自己正试图从 NASA 中的每个人那里得到支持，下至一线，上至管理层；而政界，包括政府问责办公室，都在密切关注

---

① 美国海军打击战斗机战术教练计划（SFTI program），为美国海军培训飞行员，更广为人知的名称是 TOPGUN。——译者注

NASA 是如何花钱的。

似乎 NASA 的每个人都需要发出声音。每个星期的"前 10"名单还在继续，没完没了的会议也在继续。"无论你做什么，你都像是在游戏厅打地鼠，"罗滕伯格说，"所有地鼠都探出来了，你拿着一个大橡胶锤，锤下去一个，又冒上来一个……这就是项目管理。"

终于到了发射的时候。1993 年 12 月 2 日，"奋进号"航天飞机升空，3 天后成功与哈勃太空望远镜交会对接。如果有必要，宇航员有足够的时间进行 7 次出舱活动，这几乎是 1992 年 5 月在"Intelsat VI"卫星上进行维修任务时 4 次出舱活动的 2 倍。

出舱宇航员将两人一组地轮班工作——第一组是马斯格雷夫和杰弗里·霍夫曼（Jeffrey Hoffman），第二组是托马斯·埃克斯（Thomas Akers）和凯瑟琳·桑顿（Kathryn Thornton）。在每一步复杂的维修工作中，他们都会来回奔波，执行任务，并与任务控制团队密切沟通。这些都再次表明，让这架望远镜工作需要团队合作。

就像任何漫长的住宅装修一样，哈勃太空望远镜的维修过程中也不乏意外状况——尽管 NASA 及其所有承包商合作伙伴尽了最大努力模拟将要发生的事情。但宇航员们依然需要根据经验和任务控制中心同事的帮助操作，进行调整和创新。陀螺仪舱门上的插销不容易复位，原因可能是空间温度变化，得到批准后，马斯格雷夫借用自身重力将插销锁定到位；桑顿的宇航服的通信系统在她第一次太空行走时出现故障，她不得不通过队友传递指令；在后来的一次出舱活动中，马斯格雷夫的宇航服曾一度出现氧气泄漏问题，但最终还是解决了。

宇航员们坚持着。令人惊讶的是，复杂程序中最令人担忧的部分反倒进展顺利。在第 4 次太空行走中，COSTAR 装置滑入了预定位置。到第 5 次太空行走时，一切都已准备就绪。哈勃太空望远镜被重新放回太空中，等待地面控制人员的测试，看看 3 年的工作将望远镜恢复得怎么样。

优秀团队合作典范

此时的哈勃太空望远镜在外观上看与过去别无二致，但新的组件使它成为一个完全不同的望远镜。COSTAR 装置已就位，更换了有故障的高速光度计。广角和行星照相机升级为第二代。太阳能电池板、陀螺仪、电子控制装置和磁强计也都进行了升级或更换。甚至计算机也得到了升级。当"奋进号"完成工作并与哈勃太空望远镜分离之前，航天飞机帮助望远镜提升了轨道。这将使望远镜能够在太空中运行更长时间，而不会有坠入地球大气层的风险。

"奋进号"于 12 月 13 日着陆，现在轮到地面小组确保一切正常。在圣诞假期和元旦期间，NASA 及其合作伙伴对望远镜进行了彻底的测试。仅仅一个月后，1994 年 1 月 13 日，好消息即已到来，哈勃太空望远镜已准备就绪，它已经可以从太空传回数据了。

航天工业中的一些人开始将哈勃太空望远镜任务与"阿波罗 13 号"任务进行比较，因为这两项任务都是"成功的失败"。然而罗滕伯格认为除了"成功的失败"这一说法之外，这两项任务无法真正进行比较。负责"阿波罗 13 号"的工作人员不得不在紧急状态下工作，在 4 天内将宇航员送回地球；然而修复哈勃太空望远镜，宇航员们则经过了 3 年的持续努力。

"这一切确实表现出我们存在能力问题，或者至少是流程问题。"罗滕伯格在谈到哈勃太空望远镜最初的失败时说。但他补充道："但我们有时间完全理解这个问题，有时间仔细检查。在决定如何修复它之前，我们做到了完全理解它。"

并且，3 年，而不是 3 天的期限，给了罗滕伯格足够时间来与别人达成共识。他让专家们参与进来。他做出独立的评论。相比之下，完成"阿波罗13 号"任务则没有足够的时间做准备，他说，因为"你几乎没有什么信息，你必须在近乎实时的情况下做出决定，人的生命处于危险之中，你真的没有太多机会去赌一把"。

罗滕伯格在 20 世纪 90 年代初赌了这么一把，而在后面的几年里，哈勃太空望远镜的发现证明他是对的。哈勃太空望远镜的每一点新发现，都会让你想到这架望远镜在太空中探测了多远的距离，而人们也意识到，所有这些，都源于那 4 位宇航员对哈勃太空望远镜进行的最初的、十分细致的维修。

哈勃太空望远镜的关键发现之一是宇宙不仅在膨胀，而且在加速膨胀。这一获得诺贝尔奖的发现 [1] 让每个人都仔细思考宇宙中的物体是如何演化的，以及它们的年龄有几何。最终，它可能有助于我们更好地理解宇宙的命运——当然，只有在天文学家了解诸如暗物质和基本粒子的复杂特征之后我们才能说清楚。

哈勃太空望远镜在其后期工作中，可能拯救了一艘航天器。当"新视野

---

[1] 2011 年诺贝尔物理学奖授予美国加利福尼亚大学伯克利分校天体物理学家萨尔·波尔马特（Saul Perlmutter）、美国／澳大利亚物理学家布莱恩·施密特（Brian Schmidt）以及美国科学家亚当·里斯（Adam Riess），以表彰他们通过哈勃太空望远镜观测得到的宇宙正在加速膨胀的科学发现。——译者注

号"探测器即将完成飞掠矮行星冥王星的壮举时，探测器望远镜发现了几颗围绕冥王星运行的新卫星。当探测器计划飞掠冥王星系统时，知道卫星的位置是借助引力"穿针引线"的关键。如果距离某颗星球太近或者太远，探测器都可能会转到奇怪的方向，这可能会超出其使用燃料修正轨道的能力，甚至导致与某个遥远天体相撞的灾难性结果。在哈勃太空望远镜的帮助下，"新视野号"探测器安全航行。它在 2015 年飞掠冥王星，2018 年又飞掠了另一个名为 MU69 的天体①，目前仍在发回信息，这将彻底改变我们对外太阳系中那些冰冷天体的认识。

哈勃太空望远镜拍摄的图像一直是一代人好奇心和灵感的源泉，在世界各地的教科书、网站，甚至海报和 T 恤衫上都有这些瑰丽图像出现。加拿大、美国和西欧诸国的数百万学童在学校里看到了哈勃太空望远镜传回的图像，如今，这些"哈勃一代"有的在 NASA 工作，有的通过社交媒体和网络媒介帮助传播哈勃太空望远镜观测到的信息。

哈勃太空望远镜维修任务的圆满完成是团队工作的最佳范例之一。指令长理查德·科维说："我想不出有哪次太空飞行……会比这次更突出、更重要、更有趣。能与这样的团队合作……我真的很高兴。"马斯格雷夫补充道："我看到我们在做 NASA 应该做的事情：优秀得令人难以置信的团队合作。"正是通过不同团队的努力，罗滕伯格将这架望远镜从"技术失败"变成了全世界最著名的望远镜之一。创造与利用哈勃太空望远镜的经验教训值得所有领导者深思，并且肯定会为 NASA 正在筹划的下一代太空望远镜——詹姆斯·韦伯望远镜——提供宝贵的参考信息。詹姆斯·韦伯望远镜将飞向更遥远的太空，更深入地观察更遥远的世界。从地月系到系外行星再到太阳系天体，我们对宇宙的探索才刚刚开始。

---

① 该天体全名为 2014 MU69/ Ultima Thule（天涯海角），位于太阳系柯伊伯带。——译者注

工程师思维

- ○ 磨刀不误砍柴工，建立共识消耗的时间可以由共识带来的持续支持弥补。

- ○ 让尽可能多的参与者了解问题所在，合作制订计划以推进任务并根据计划监控进度。

- ○ 解决问题的同时注意原来的哪些方面仍能发挥作用。

LEADERSHIP
MOMENTS FROM
NASA

第 21 章

在合作中共同学习
与积累专业知识

"远征 -58" 任务顺利完成

Focus more on people to prevent mistakes and their consequences.

— WILLIAM GERSTENMAIER

"把更多关注点放在人身上，防止错误及其后果。"
——威廉·格斯登美尔，"航天飞机-和平号"项目经理一个变形的传感器将飞往国际空间站的太空旅程变为两名宇航员的惊险逃生之旅。

2018 年 10 月的某一天，"远征 -57"任务的飞行乘组无可指摘地完成了任务。他们用无线电向地面报告问题后，启动了紧急程序，这次任务从 6 个月缩短到仅几分钟，不过最终宇航员阿列克谢·奥夫奇宁（Alexey Ovchinin）和尼克劳斯·黑格（Nicklaus Hague）还是安全着陆了。

几小时后，他们就在媒体摄像机前吃着午饭，身体状况良好。他们遭遇了非常严重的情况，但两位宇航员挺了过来，活着并且健康地回到地面。

"我想有时候我们会记得那些非常糟糕的事情，而那些进展顺利的事情很容易就被忘掉。"这是当时 NASA 负责载人探测和运营的局长助理格斯登美尔对任务的总体管理做出的评论。这个评论或许也非常适合描述这次任务的中止，但他和他的俄罗斯同行明白，找到问题、解决问题更加重要。飞船和火箭并没有深入太空，飞行乘组在返回地球的途中一直受到保护，即便如此，NASA 仍需调查清楚，才能进行下一次发射。

　　幸运的是，经过多年合作，俄罗斯团队与美国团队不仅建立了信任，也共同积累了专业知识，他们分别对这次情况进行了独立的评估，最后他们得出了相同的结论。

　　这次发射因出现状况而中止，受此影响，下一次发射没有按计划进行。而事实上下一次发射相比计划提前了 3 个星期，并且这并不是在赶时间。改变时间表的目的是在轨道上顺利完成宇航员的交接程序，在国际空间站上的 3 名宇航员回家之前留给他们与其他几位宇航员更多的时间进行讨论。

　　加拿大宇航员大卫·圣－雅克（David Saint-Jacques）在哈萨克斯坦为即将到来的"远征 -58"任务进行训练时，目睹了这次任务中止事故。在不到 2 个月后，他仍乐意登上同一型号的飞船和火箭执行任务，因为任务中止的成功操作和对调查的反馈令人放心。"这次中止操作让我对俄罗斯人设计'联盟号'飞船的方式更有信心，这艘飞船还是很结实的。"2018 年 10 月底，他在加拿大渥太华接受采访时解释道，当时调查仍在进行中。

　　格斯登美尔从 1977 年起在刘易斯研究中心工作，1980 年前往约翰逊航天中心参加航天飞机项目。从刘易斯中心的研究环境过渡到约翰逊航天中心的快节奏工作是一种挑战。"你要知道，你必须在控制台上证明自己，你必须通过认证。这里可没有培训指南，没有指导发展的东西，没有教学大纲，你必须靠自己构建所有的培训课程。但我来到 NASA 的时机很好，在第一次航天飞机任务之前，而我很高兴自己有机会为这做好准备。"

　　格斯登美尔很高兴能与来自"阿波罗"计划的杰出工程师合作，尤其是直接与克兰兹共事。"有种卓越感，对，你要付出 110% 的努力。对你来说，描述你知道什么、不知道什么是很重要的。你必须是 100% 透明的。"他在描述航天飞机项目中的文化时说，那些杰出的工程师们正忙于航天飞机的初次飞行，他们没有正式的指导自己的机会。尽管从某种意义上说，他有很多学习的机会，"你知道，当你和克兰兹一起工作时，你就充满了干劲，你会非常坚韧。当你和阿比一起工作时，你也能保持同样的态度。他们身上洋溢着种种优秀的品质，这在日常工作中清晰可见。"

早在 1981 年的第一次航天飞机飞行任务中，格斯登美尔就已在任务控制中心任职。航天飞机的发射是举国瞩目的，那是激动人心的时刻。他回忆道："我们曾制作了一张海报，上面写着'走，去太空工作'。这就是航天飞机的根本属性，它是一个多用户平台，可以用它在太空中开展工作。"

他见证了苏联解体后 NASA 和俄罗斯在太空的第一次合作尝试——双方在俄罗斯"和平号"空间站执行联合任务。作为冷战时期的敌对国，美苏之间仍然存在着紧张关系，特别是自从 1975 年的"阿波罗－联盟测试"计划以来，双方都在各自运行独立的太空项目，直到在"和平号"空间站项目上，两国才展开密切合作。当格斯登美尔成为"航天飞机－和平号"项目经理时，他生活在俄罗斯，受当地的语言和文化的影响，因而容易与俄罗斯同事建立信任。

格斯登美尔在 1998 年接受 NASA 的口述历史采访时回忆说，俄罗斯人给他们的美国合作伙伴留下了深刻印象。"和平号"与地面通信的能力有限，出于安全考虑，向俄方通信必须始终放在第一位。他听从这一要求，按照俄罗斯人要求的标准工作。而且，尽管格斯登美尔在香农·露西德执行"和平号"任务期间给予全力支持，但他始终遵守俄罗斯人的规则。通过遵守规则，他赢得了俄罗斯人的信任。

灵活应变，总结经验教训

"如果我告诉他们我需要再占用露西德 1 分钟的时间，我就只多花 1 分钟，决不会花上 5 分钟。"格斯登美尔说。"如果在此期间我被打断，我会放弃通信……所以我被完全接纳，成为飞行控制小组的一员，和一名俄罗斯飞行控制小组成员没有什么不同。对我来说，这是非常值得的。"

当格斯登美尔在 2004 年晋升到局长助理的职位时，他对一切事物都已处变不惊，秉公执正。他年过半百，已然见证过很多太空梦想的破灭。他最早的记忆之一是看到"斯普特尼克 1 号"卫星飞越他在俄亥俄州阿克伦市的乡间住宅。他梦想成为一名试飞员，因此就读于美国海军学院，不过在普渡大学航空航天学院的那段时间又激发了他对空间技术的兴趣。在 NASA 地面团队工作的职业生涯中，他变得沉着冷静，虽然不是他曾经想象的那种属于试飞员的沉着冷静。几十年来，NASA 和俄罗斯人都可以依靠他沉着冷静的声音。

在 NASA 工作 42 年后，格斯登美尔管理了许多不同的计划，领导了数个主要项目，并帮助指导了 NASA 的太空探索计划。他看着 NASA 一路走来。他曾与 NASA 历史上最优秀的一些领导人合作并向他们学习，而 2018 年在 NASA 的 APPEL YouTube 频道上分享见解时，他表现得很谦逊。他论述了 6 大经验教训，在诸多方面补充了 20 年前出版的综合小组总结的太空经验清单。

- 经验教训 1：把关注点更多地放在人身上，防止错误及其后果。格斯登美尔解释说，这意味着"你需要实实在在地花时间与团队在一起，与团队互动，而不是独自坐在办公室里看数据，这样你才能真正了解项目或具体的进展情况"。

- 经验教训 2：重新评估 NASA 评定旗舰任务进展的方式。当任务从纸面设计转向实际的硬件制造时，他认为关键是要知道对于某一阶段工作的管理"在另一个阶段可能没有那么有效，因此我认为你需要调整你的管理风格，并时刻留心你的项目是否发生了变化……你要尝试不同的做事方式"。

- 经验教训 3：按实际情况安排组装、集成和测试。他说，建造新的宇宙飞船是一项艰苦卓绝的工作，而不现实的日程安排（比如让团队全日无休地连续工作 400 天以赶上最后期限）只会导致挫败感。"现实是，总会有事与愿违的时候。你肯定需要一段时间才能赶上，不是吗？"

- 经验教训 4：首次构建时，挑战是不可避免的。"第一次闯过难关显然要花上更长时间。就像是一条学习曲线，第一次闯关时曲线到达最高点，而第二次、第三次时，学习成本就降下来了，你就真的可以开始精通那些规程了，你就知道什么是合适的，什么可以使项目前进。"

- 经验教训 5：与各级都建立透明和开放的沟通文化。"这真是一门艺术。"他解释道，"你想给他们施加压力，你想让人们承担责任，你想提供严厉的爱，你想推动他们做新的事情，但同时你也不想对他们太苛刻以至于他们害怕做任何事情，或者当事情不顺利时他们不敢向你透露。"

- 经验教训 6：确保在任务进展的每个阶段都有适当的监督组织和人员配备。他补充说，他试图将航天器团队成员转入火箭团队，或将火箭团队成员转入航天器团队，因为他"试图通过让这些人接触不同的项目来提高多项目管理的专业水平……这让他们承担了额外的工作，但我认为这确实是提高整体知识水平并向前迈进的积极方式"。

调查工作

在那次发射中止事故后，俄罗斯人和美国人都没有匆忙行事。当时的情况让很多人感到不安，因为这是"联盟号"服役 51 年来第一次发生此类事件。"联盟号"也是当时国际空间站合作伙伴往返空间站的唯一途径。航天飞机早已退役，而 NASA 与私营部门合作开发新飞船的工作尚在进行中。

NASA 时任局长詹姆斯·布里登斯廷（James Bridenstine）在哈萨克斯坦的拜科努尔航天中心观看了这次发射，随后评论道："NASA 宇航员黑格和俄罗斯宇航员奥夫奇宁在今天发射中止事故后状况良好。大家都很安全，我很感激。我们会彻底调查事故原因。"格斯登美尔深入参与了调查，由于他与俄罗斯人的良好关系，俄罗斯人十分信任他。他回忆道："整场失败都促使……他们对我们保持完全透明，我们能够接触一切。我看到了他们的实际设计，看到了实际的硬件。"

NASA 常驻俄罗斯的载人航天计划总监查德·罗（Chad Rowe）解释说："俄罗斯人对于发射当晚出现的问题有一个非常好的想法。他们与我们分享了一些信息，并说明了下一步将采取什么措施。他们进行了分析，以验证他们的假设是正确的。验证成功后，他们就进行了大量评估，以了解如何降低未来此种事故复发的可能性。"

虽然 NASA 没有被邀请参加这些会议，但有两件重要的事情正在进行。首先，俄罗斯人不断向他们的空间站主要合作伙伴发送最新信息。其次，大家都知道 NASA 也会同时进行自己的独立调查。查德解释说："我们不会白白等待，我们曾遭遇的货运飞船未能入轨以及其他的一些主要问题也确实与这次的重大事故类似，我手下的经理，国际空间站项目经理柯克·舍尔曼（Kirk Shireman）将成立专家组对此展开调查。我们将从既有信息中吸取我们所能学到的一切，然后引入我们自己的专家，并开始设想可能出现的错误……以及作为一个技术组织，我们将采取哪些措施来降低事故复发的可能性。"

共享信息

最终，俄罗斯和美国分享了他们的结果，并发现他们得出了完全相同的结论——火箭中的一个变了形的传感器处于故障状态。俄罗斯进行了一些技术修复，然后用同一枚火箭执行了几次货运任务，确保修复工作正常。这个过程花了几个星期。到 11 月，火箭再次获得了能够承担载人任务的认证。

向太空派遣新宇航员的进程加快了，一切都在按照计划进行。飞行乘组指令长奥列格·科诺年科（Oleg Kononenko）是执行了多次任务的"老兵"，他轻松通过了操作"联盟号"载人航天飞行的标准考试。新宇航员大卫·圣 - 雅克和安妮·麦克莱恩（Anne McClain）加速完成了自己的日程安排，也以优异的成绩通过了测试。

合作伙伴对他们的工作充满信心，"远征 -58"飞行任务的准备工作正常进行，参与者并没有感觉到这次太空任务与往常有何不同，而事实上发射提前了 3 个星期，甚至之前遭遇了一次发射中止事故。媒体可以与飞行乘组成员交谈，在发射台附近有视角很好的观看位置，以方便在发射前拍摄。

换句话说，几乎一切都按计划进行。飞行乘组安全抵达太空，火箭又一次以完美的状态工作。这是美国人和俄罗斯人的胜利。在那棘手的几个星期里，格斯登美尔默默地扮演着他的角色，但他在幕后的冷静领导为每个人努力工作、解决问题奠定了基调。他回忆道："总设计师谢尔盖·罗曼诺夫（Sergei Romanov）可能明白那次中止事故是多么不可思议。黑格能平安返回，6 个月后我们仍然能够使用'联盟号'飞行。所以，我们真的是非常非常幸运。而那些保守的工程师总是大喊大叫，他们总是说这很难、那很难。我们可以中止任务并保证乘组的安全，一切都很好。但外界不会理解应对这样的任务中止情境有多困难。"

格斯登美尔理解载人航天飞行相关的风险。他亲历了"挑战者号"失事和"哥伦比亚号"失事两场灾难。他回忆"挑战者号"灾难时说："这对 NASA 的系统来说是一个巨大的冲击，这是令人心碎欲绝的时刻。我和'挑战者号'上的数位宇航员共事过，视他们为友。我和其中一些人一起去当地的教堂和学校，最后却看着他们死去……这真的很难受，因为你在专业上遭遇了失败，而在个人的角度，你也损失了朋友。"放下过去向前看是极其困难的，但为了尊重飞行乘组的遗志和纪念他们为探索太空献身，我们有必要继续前进。

几年后发生的一件事有助于帮格斯登美尔摆脱这场悲剧的阴影。他说："我当时正在肯尼迪航天中心帮助迈克尔·格里芬举行'挑战者号'纪念活动，我计划代表航天飞机项目组发言。琼·罗杰斯（June Rodgers）①在我之前讲话，我完全被她说的话打动了。她失去了丈夫，但她无怨无悔，化悲伤为力量，在'挑战者'学习中心（Challenger Learning Center）②教育下一代。我可能从她的演讲中获得了比我所见过的任何东西都多的动力，这甚至在今天也驱使着我。"

格斯登美尔的诚实和谦逊是他成功成为高风险的载人航天领域领导者的

---

① "挑战者号"事故中遇难的航天飞机指令长斯科比的遗孀。——译者注

② 在"挑战者号"事故发生后，宇航员的家属们决定继承"挑战者号"飞行乘组开展太空科学教育的遗志，促成了"挑战者"学习中心的创建。"挑战者"学习中心是一个非营利性教育组织，使用以太空为主题的模拟学习和角色扮演策略，帮助学生将课堂学习融入生活，培养未来成功所需的技能，如解决问题、批判性思维、沟通和团队合作能力。——译者注

基础。他说自己"总是意识到我们会经历非常糟糕的一天。但是如果我们已经做好了一切准备，并且我们对宇航员开诚布公，如果他们知道前方的风险，并且他们愿意承担风险，那么就理应继续前进……我想确保我已竭尽所能。因此，如果糟糕的一天真的到来，我可以照照镜子，回顾自己的行为，对自己说，我已竭尽生而为人之所能，准备好这次飞行，我问心无愧"。

"哥伦比亚号"的失事重新燃起了人们的情绪，格斯登美尔说："当我们失去'哥伦比亚号'的时候，我们真的很伤心，因为我本确信我们不会，我不会再让任何悲剧发生，但我作为项目的经理，也无法控制灾难再次发生。"有一批飞行乘组仍然在轨道上驻留，他必须照顾好他们，因为他知道航天飞机将停飞一段时间。通过照顾国际空间站上的飞行乘组，他能够将所有"消极的悲伤能量"转化为积极的东西。"在未知时间内继续那些任务实属不易，毕竟我们不知道航天飞机什么时候能够复飞。我们不得不做出非常艰难的决定，比如将飞行乘组人数从 3 人减少到 2 人。我不得不与俄罗斯人就我们能否让宇航员留在轨道上进行谈判。"

格斯登美尔与俄罗斯同行瓦列里·留明（Valery Ryumin）进行了一次非常感性的电话会议。留明坚决认定美国宇航员应当返回地面。归根结底，是格斯登美尔的声誉以及他与留明之间的信任让美国的宇航员得以留在太空。在电话会议上，格斯登美尔向留明解释说："我知道你想要什么，你想让我们继续飞行。你认为如果我们把宇航员送回地面，我们的政府就会努力争取合适的资源和资金，让他们重返轨道。但留明，在我们的文化中，如果美国宇航员返回地面，我们就不会再有任何动力返回并重启飞行。这实际上会产生错误的结果，我们也许再也不可能飞上太空了。"听到这样的回应，留明非常气愤。"他用俄语咒骂了我 5 分钟。最后他说，'我相信你说的话，格斯登美尔。我们会让美国宇航员驻留在轨道上。我们将保留一名俄罗斯人和一名美国人，我们会想办法做到。"

人际关系很重要，而立场很难去协商。留明知道格斯登美尔是什么立场。"留明完全明白我的立场。我和他一起在俄罗斯生活了一年，他知道我的心是 100% 献给了载人航天飞行的，他也如此，我们有着同样的动机。因此，这种信任是如此之深，即使他不喜欢我告诉他的话，他也知道这些话是完全正确的。"对格斯登美尔来说，信任是确切无疑的要求："你必须有100% 的信心彼此信任。如果我今天过得不好，我会告诉你我今天过得不好。所以，你今天要非常明白……要小心我，因为我有点不对劲儿。"这些能够促使团队工作上的制衡。

空间站项目是合作产生收益的典范。该项目的另一个层面是合作的多样性。作为项目经理，格斯登美尔发现："当你将不同的文化、不同的思维方式和不同的设计结构结合在一起，而不仅仅是在你自己的活动机构中偏安一隅，你最终会得到一个更强大、更好的项目。我认为，在人类航天事业向前发展的过程中，国际合作是非常重要的。"

"格斯登美尔在技术上有很好的基础，而且非常精明，这一点大家都认可。众所周知，他会仔细聆听，并基于良好的技术原因做出判断。"格斯登美尔离开 NASA 时，前空间站项目经理韦恩·黑尔评论道。对于那些与格斯登美尔共事多年的人来说，格斯登美尔的离职让人难以接受。但他和其他退休的 NASA 管理人员留下的"遗产"仍然鲜活。格斯登美尔总是尝试"作为一名高级主管，我要质疑自己的逻辑，思考你认为自己真正了解的事情，真正探究这些事情，然后多花一点时间来确保你真的了解它们。如果你不明白某件事，有人向你解释，你完全可以问更多问题来真正理解它。谦虚是很重要的，谦虚的态度永不过时，因为我们这一行很艰难，我们面前充满着未知。你该怎么找出这些未知？你该怎么理解它们？这是我们都面临的挑战。当你担心未知时，你又该如何继续前进？"

2020 年 2 月，格斯登美尔成为 SpaceX 公司的顾问。数月之后，这家总部位于加利福尼亚的公司完成了第一次载人航天任务。当时，美国科技博客网站 Ars Technica 表示，此举将对空间站合作伙伴有利。该网站在一篇关于新任命的报道中说："在全球航空航天界，很少有人像格斯登美尔那样德高望重，也很少有人像格斯登美尔那样了解如何建立联盟来探索太空。当 SpaceX 寻求合作伙伴（包括 NASA）与之合作开发载人登陆月球和火星的'星舰'（Starship）时，格斯登美尔的地位与资历足以提供建议、整合任务计划并打开关键之门。"

格斯登美尔认为："当前 NASA 正在非常努力地推动登月计划，这一点很令人鼓舞……但我们必须确保这是一个可持续的项目。我们正努力建立一条美国太空探索的道路，在这一过程中我们需要与其他国家和其他合作伙伴保持合作，携手向前迈进。你必须永远保持乐观，否则你无法跟上节奏，毕竟这些看上去都是不可能完成的工作。"

工程师思维

- ⟲ 幕后的冷静领导能够为解决问题的工作定下基调。

- ⟲ 了解项目成功的原因有助于保持成功，了解项目失败的原因有助于取得成功。

- ⟲ 灵活的组织恢复能力强，总是不断发展，愿意创新并且明白如何从失败中恢复。

LEADERSHIP
MOMENTS FROM
NASA

第 2 2 章

创造性地讨论
解决方案

一直存在的技术团队"老虎队"

Coming together
is a beginning.
Keeping together
is progress.
Working together
is success.

— HENRY FORD

"相聚是开始，团结是进步，合作是成功。"
——亨利·福特，福特汽车公司创始人

　　大多数组织在其历史上都有"哨兵时刻"，这些时刻是所谓"都市传说"的一部分，新团队成员到来时，人们会将这些故事讲给他们听。NASA 历史中的一部分也是由许多这样的时刻组成的：无论是谢泼德在"友谊 7 号"飞船升空前贴在船舱内的"禁止玩手球"标志，还是"阿波罗 13 号"发生事故时"只准成功，不许失败"的口号，现在的 NASA 建立在由过去铸造的一块块基石之上。随着时间推移，大多数传奇故事在口口相传中变了样，讲述过程中也许还有各种言过其实的润饰，最终它们成为组织文化的一部分。这些故事流传在办公楼里、正式会议后的闲聊中，或是同事们的深夜酒局里，通过这些故事，我们深入了解了是什么让组织运转。

　　"阿波罗 13 号"在前往月球的路上发生部分爆炸，在应对这项考验时，任务控制小组、工程师和宇航员以"只准成功，不许失败"为纲解决了各种问题。在 NASA 和企业界，很少有人忘记这句话的出处，对于陷入过团队危急状况的人来说，这句话道尽了他们的心声。不难想象，克兰兹，这位坚强能干的前海军陆战队飞行员、飞行控制员会在那时自信地与团队分享这一说法。他们一起工作，创造性地讨论解决方案。他们根据飞船上所有的东西，想出了一种方法，在纸质清单和管道胶带上创建了一个新的二氧化碳清除系统。根据都市传说，类似的过程一般由"老虎队"一词概括。但正如大多数都市传说一样，它们没有讲出故事的全部。

高超音速飞行

沃尔特·威廉姆斯于 1939 年在路易斯安那州立大学获得航空工程理学学士学位，随后加入 NASA 兰利研究中心的团队，致力于飞行器稳定性和控制的研究。通过晋升，他成为位于加利福尼亚州穆洛克的 NASA 高速飞行站①站长。飞行研究项目用无数个与超音速飞行相关的复杂问题向团队提出挑战，随后在高超音速飞机的测试中，问题更是层出不穷。虽然大家都了解超音速飞行的历史和打破音障的故事，但时至今日，高超音速飞行领域也常常难以摆脱"那是什么"的棘手问题，所以进行超音速飞行基本上就是在玩命。

在高超音速飞行时，飞机周围的空气分子开始裂解或捕获电荷而发生变化。这种情况并不总是在超音速飞行中发生。而在高超音速的情况下，这种现象开始显著影响飞行力学的临界点。当飞行速度达到音速的约 5～10 倍，即从 5965 千米 / 小时～ 11930 千米 / 小时，高超音速飞行创造了一个环境，其中任意部件的微小变化都会导致其他所有部件周围气流的大幅改变。这是一个不能容忍错误的环境。

威廉姆斯的研究项目正尝试突破飞行试验范围的限制，这向工程师提出了挑战，要求他们将钛或冷却镍等新材料与高度集成的新设计结合使用，而不是仅仅将独立设计的部件组装起来。它还对负责试飞员健康的内外科航空

---

① 1946 年成立的"穆洛克飞行试验队"，1949 年称为高速飞行研究站，1954 年更名为高速飞行站。1976 年为纪念 NASA 时任副局长德莱顿而改称为德莱顿飞行研究中心。——编者注

军医提出了挑战，正如工程师们一样，医生们也在探索人体如何适应极限环境这一未知领域。谈到此点，威廉姆斯揶揄道："一位医生和 X-15 飞行员约瑟夫·沃克（Joseph Walker）进行了讨论。这位医生问沃克在飞行中是否出现晕厥的症状。沃克说，'当然没有！''好的，那你怎么知道你没有？'沃克回答，'因为我下一秒钟能做什么完全取决于我上一秒钟做了什么，我能坐在这里和你说话就证明了一切。'"他们通过跨学科团队的合作克服了这些挑战，最终设计出了北美航空 X-15 火箭动力飞行器，并吸取其中的经验，将其纳入航天飞机的设计中，使后者能够以 25 倍音速或每秒 8 千米的速度飞行。

威廉姆斯的团队由技术专家组成，他们在讨论、辩论和偶尔的冲突之中找到解决方案，并在随后的飞行中随时测试方案中的办法。数据驱动的"测试、学习、重试"过程行之有效，并被证明是开发复杂技术项目的成功方法。威廉姆斯将同样的方法带到了 NASA，他在那里指挥全球跟踪网络，在"水星"计划中担任飞行运行总监，再次晋升为载人航天办公室和 NASA 总部的局长助理副手，最终成为 NASA 总工程师。

老虎队

NASA "老虎队"的起源可以追溯到威廉姆斯 1964 年写的一本书，这本书比"阿波罗 13 号"任务还早了几年，其中描述了与复杂技术设计相关的项目管理原则，用"老虎队"一词来形容在短时间内由一个技术专家小组来解决某个特定的问题。老虎队被形容为"一支由不拘小节、不受约束的技术专家组成的团队，他们经验丰富、精力充沛、想象力丰富，负责不懈地追踪航天器子系统或模拟系统中所有可能的故障源"。老虎队在载人航天飞行的历史早期就成为 NASA 组织文化的一部分。

毫无疑问，根据技术经验和精力选择个人是有意义的。对于老虎队的介绍中有趣的元素包括描述词：不拘小节、不受约束、精力充沛和想象力丰富。你可以想象在一个混乱的环境中，每个团队成员都会积极地、毫不保留地与同龄人分享他们最好的想法。随着声音的提高，粉笔灰在飞扬，滑尺在四处碰撞，黄色的书写板上翻腾着一页页技术笔记和图表。团队在混乱中产生共识、问题的解决办法并获得成功。阿比为 NASA 团队使用的独特方法所震惊。"当我第一次来到 NASA 时，我已经习惯于在空军从事研发活动（空军与 NASA 联合的 Dyna-Soar 项目）。我在 NASA 体验到的经历显然与我之前在空军的经历存在着巨大的文化差异。"构建一个坦诚沟通的平台是老虎队能够发挥作用的原因之一。

布鲁斯·塔克曼（Bruce Tuckman），是时任俄亥俄州立大学的教育心理学教授，那时威廉姆斯发表了一篇描述老虎队的论文，其中描述了已被广泛接受的团队发展的各个阶段。"团队建立后紧接着是冲刺阶段，他们互相了解，弄清自己在做什么，如何做，并建立彼此的信任。"塔克曼认为解决分歧和个性冲突对于进入下一阶段即规范阶段非常重要，随后团队才能开始合作，进入表现阶段，在这一阶段，他们能够高效地合作。塔克曼承认，只要以团队可以接受的方式表达不同意见，这些意见都会受到承认和欢迎。后来塔克曼增加了第 5 个阶段，称为休会阶段，在团队完成目标后进入这个阶段。其他人则将该阶段称为转型阶段，强调了这个阶段会影响组织实施变革。

在许多组织中，当人们被分配到一个特殊的团队时，他们可能会问："我为什么在这里？我们该做什么？为什么我要和这些人一起工作？我什么时候能完成？"一些被反复要求加入特殊团队的顶级员工心想："难道他们没有问过其他人吗？"而老虎队成员不会提出这样的问题。他们知道自己和其他团队成员为什么在这个团队中，知道团队的目标是什么。毫无疑问的是，在以能力为基础的文化中工作，每个团队成员无时无刻不在分享他们的经验。NASA 的老虎队内部有一个强大的共识目标，即着手工作并解决问题。也许，因为处在一种视开放、对话、头脑风暴和辩论为实现卓越的技能的文化中，许多 NASA 员工认为老虎队从组建到运作都是一蹴而就的。这并不奇怪。时间是一个组织的最大财富，如果该组织的文化正在承受并应对重大挑战，那么就没有必要进行"风暴和规范"。在 NASA 早年的高风险时期，团队成员不同于今天的老虎队，但他们依然高效。剧烈的分歧有时只是达成共识和解决问题的部分途径。

老虎队不应取代组织内正常的项目管理结构，了解何时启用老虎队很重要。一般来说，老虎队特别适合于时间紧迫的问题，这些问题需要在几天到几个星期内解决，而非几个月或几年。任务应侧重于某一特定问题，老虎队员应是该领域的专家。明确的目的和明确的时间表有助于避免事态扩大，否则可能导致发现或建议过于宽泛，最终仅能在全局上处理问题，但无法提供具体切实的解决方案。如果可以的话，团队成员应在其现有时间表内花费足够多的时间参与团队活动，并且团队应获得适量的资源。

"阿波罗 13 号"的老虎队就是一个典型的例子。事故发生后，任务控制中心迅速组织了一支队伍，为了将宇航员安全带回地球，有许多不同的子任务需要由不同的专家组来解决。克兰兹回忆起在爆炸发生后最初的几小时内他做出的反应："关键是老虎队不是我组建的——老虎队的基础在很大程度上一直存在。在'阿波罗'计划期间，我们与 4 个任务控制团队一同运作，其中一个团队始终被指定为领导团队，在任务出现任何困难时，该团队负责制定总体计划、救援计划和进行故障排除，而这恰好是我的团队。"

找到原因并制定解决方案

克兰兹和他的团队继续加班了一个多小时，然后交给伦尼的团队。随后克兰兹组建了一支老虎队，专注于让飞行乘组回家所需的工程技术和控制流程。"我们遇上了很多问题,首先是各种各样的生存问题,然后是电力管理、水力管理,我们必须弄清楚如何导航,因为星光被环绕在航天器周围的碎片云遮挡了……我们实际上是在航天器的设计和测试边界之外工作,因此我们必须在前进的过程中发明一切。在场有很多领头人,但我着重提到的是负责核对清单的奥尔德里奇、负责电力管理的约翰·亚伦和负责观察登月舱并试图找出如何将其作为最有效的'救生艇'的比尔·彼得斯(Bill Peters)这三位。"24 小时内,他们即已研究出将乘组送回家的解决方案。

> "我不想只知道它叫什么。我记得我真的很想知道这一切是如何运作的。"
> ——伊丽莎白·布莱克本(Elizabeth Blackburn)[①]

与"阿波罗 13 号"的团队需要立刻找到解决方案不同,"NASA 太空行走肩伤老虎队"花了长达 5 个月的时间来提出建议和制定缓解策略。之所以叫肩伤老虎队是因为过去 3 ~ 4 年中,人们越来越担心宇航员在水下训练期间肩部受伤的频率和程度。肩部受伤的原因尚不明确,而要完成空间站建设,宇航员就需要进行太空行走。任务时间日益临近,给解决这一问题带来了一定程度的紧迫性。任务运行团队清楚地认识到,在发射后几个月内,由于肩伤而失去某一名特定宇航员可能会对任务产生重大影响,并影响空间站建设任务的顺序。

该小组的任务很明确:找到原因并制定解决方案。来自飞行乘组运营、空间与生命科学、任务运行、工程和太空行走方面的专家被分配到该小组,并且根据需要小组邀请了一些骨科和运动医学方面的专业顾问。穿着宇航服工作是一项独特的挑战,宇航服约束着关节运动,这有点像外骨骼。NASA

[①] 分子生物学家,诺贝尔生理学或医学奖获奖者。——编者注

的工程师们为宇航服设计了两种不同类型的肩关节连接：一种可以随着肩部的运动而转动，另一种开口固定。许多宇航员更喜欢枢轴式设计或所谓的枢轴式刚性上半身外壳，这可以增加肩部灵活性。遗憾的是，在训练期间，一个枢轴式刚性上半身外壳肩关节连接发生了灾难性的故障，导致这种舱外服停止使用。穿着平面或固定开口形式的刚性上半身外壳的宇航服成了训练和在太空活动中的唯一选择。

　　为了解肩部受伤的可能原因，研究小组首先必须了解肩部运动的正常生物力学、宇航服内肩部运动的生物力学、与宇航服尺寸相关的人体测量学以及适合训练期间施加在肩部的载荷合力。这是一项艰巨的挑战。他们使用激光人体测量来确定穿着和未穿着宇航服的宇航员的肩关节活动能力，并使用连接到水下平台的负载感应扶手来了解训练期间宇航员使用不同身体位置时相关的力。数据发现，平面刚性上半身外壳显著收紧了肩关节的运动范围，而在某些身体姿势下，特别是训练期间倒立工作的情况下，肩关节的可活动性进一步降低。在穿着宇航服的训练中，活动受限导致一组肩关节肌腱复合体（肩袖）受到冲击，致使肌肉部分或完全撕裂，在某些情况下需要手术修复。有了这些知识，研究小组立即提出了行动建议，在宇航服中加装肩带，以减少此类冲击，同时减少或取消倒立训练。老虎队的成功与目标明确、团队成员拥有广泛的技术资源和专业知识密切相关，也有赖于在管理层支持下团队成员的工作量减少，从而能够在成员中共同攻坚。

　　"老虎队"一词的使用早已超出航天领域。事实上许多人都还记得，在威廉姆斯的文章发表之前，已有不同的军事部门使用过"老虎队"这一称呼。也许这是受威廉姆斯的合著者兼海军试飞员斯科特·克罗斯菲尔德（Scott Crossfield）[①]的影响，这个概念被引入到航天领域。老虎队概念的起源有一

[①] 克罗斯菲尔德后来成为北美航空公司在高超音速 X-15 飞行器上工作的首席试飞员。

定的意义，而更重要的是，将老虎队的方法有选择地添加到不同组织的项目管理中。

参与创新以开发新技术的公司，或者调查软件异常或安全相关事件的 IT 公司都受益于老虎队。在某些情况下，子团队被分配到特定的任务，这些任务将帮助处理全局问题的老虎队找到解决方案。总体而言，老虎队具备的与成功相关的共同要素是一种支持直言的文化，一种致力于培养能力和专业知识的文化，一个明确定义了交付成果和时间表以及分配给适当资源的专家小组。也许对这样不拘小节的专家小组的需求在今天已经不那么高了，但威廉姆斯断言，经验、精力、想象力和找到"失败的每一个可能来源"的不懈承诺时至今日依然与"水星"计划开始的时代一样重要。

工程师思维

- 即时问题通常需要即时解决方案，这些方案通常可以由技术专家共同找到，但前提是他们有找到方案的机会。

- 测试，学习，重试——如此循环。

- 构建一个坦诚沟通的平台是老虎队能够发挥作用的主要原因。

NASA，最好的工程师文化

　　每个月，数千名游客、承包商和员工驾车穿过约翰逊航天中心的大门。从特意命名的土星街拐向航天中心的第二大街，主安全门是他们的第一站。只有在此获得徽章，他们才能进入中心。接下来，他们将驶过火箭公园，这里的景观不容错过。"小乔 2 号"火箭[①]、"水星 – 红石"火箭和"双子座 – 泰坦"火箭高指天空，仿佛准备发射，每一枚火箭都能勾起人们对早年太空项目的回忆。庞然大物"土星 5 号"火箭现在被水平安置在一座低矮的建筑物内，以保护其免受恶劣天气的影响。此前多年，这枚借自史密森学会下属的国家航空航天博物馆的、有 30 层楼那么高的火箭一直躺在这里，好像在等待着有朝一日被竖立起来准备发射。"土星 5 号"火箭高达 110.6 米，在发射台上完全加注燃料后重达 2 812 吨。点火起飞的过程是一次震天撼地的受控爆炸，产生的 3 447 吨推力足以将"阿波罗"飞船以及其中的宇航员送上

[①] 美国于 1963 年前后研制的小型火箭，用于测试"阿波罗"飞船在紧急状况下的逃逸能力。这种火箭只进行了 5 次搭载"阿波罗"飞船指令服务舱的无人飞行，之后的"阿波罗"飞船均使用"土星号"运载火箭发射。——译者注

登月之旅。开车经过公园时，人们的眼光难以忽视这些火箭，也不可能不去想乘坐过火箭的宇航员和把他们送上太空的人。这里的景色令人难忘。对大多数人来说，此时的感觉混合了敬畏、启迪以及对这些成就和技术是否真至于此的些许怀疑。而对另一些人来说，它们是 NASA 文化的象征。

学者与商界领袖研究"组织文化"已 70 余年。不同的企业文化有各自相关的定义、描述和属性，有些略显复杂，有些相对简单。大多数人将企业文化理解为人们在组织中共同工作的方式，也就是做事的方式。它可以是自豪感、学习和成长的源泉，也可以是工作遭遇挫折时的功能失调、缺乏动力的源泉。在最好的情况下，NASA 的文化是一种促使个人学习和培养个人能力的文化，在这种文化中，他们以成为支持太空探索的最佳团队成员为荣。有些人会用生机勃勃、充满活力、永远存在这样的词描述 NASA 的文化。这里确实是汇聚了精英中的精英，使不可能成为可能的地方。然而，这些词汇仅是对 NASA 文化进行了描述，并没有定义它。NASA 前局长迈克尔·格里芬为 NASA 的企业文化提供了最好的定义："NASA 文化是一种工程师文化。这就是我们应该专注的方向。"

在阐述工程师文化时，他停顿了一下，深思熟虑后回答："当我说工程师文化时，我的意思是人们乐于投入学习，而良好的工程师文化是一种通过基于事实的讨论来解决分歧的文化。他们总是在努力改进，总是想让事情变得更好。确切来说，这是关于你如何能将事情做到极致的问题。当然，我们在 NASA 所做的工作非常、非常、非常艰难。当它出错时，人们可能会丢掉性命。但对我来说，NASA 最好的一面就是它有着最好的工程师文化。"

以最佳可用数据为依据，这种基于事实的坦诚讨论，对早年"水星"计划和"双子座"计划的成功尤为重要。在"阿波罗 1 号"失火、"挑战者号"爆炸以及"哥伦比亚号"失事后，乔治·洛、特鲁利和迈克尔·格里芬各自领导相应的复飞时，也都凸显了这一点。"当我们处于最佳状态时，我们之所以愿意提出不同意见，是因为我们看待事实的方式不同。或者，更常见的情况是，我们对给定事实给予的权重不同。我们可能认同这个事实，但某个人可能会认为它比另一事实更加重要，而另一个人会认为相比之下它不那么重要。当我们处于最佳状态时，这些意见和分歧就会浮出水面。我们愿意倾听这些意见和分歧，不管它们来自哪方。或许房间里最年轻的人对事物的看法才是正确的，也可能是其他人都认为最年长的人的老掉牙想法才是正确的，但观点就是观点，应该根据其潜在的好处进行讨论。当我们处于最佳状态时，这就是我们所做的。"几十年来，NASA 的高层领导人一直在努力学习做到一句格言所表述的："不要告诉我你认为我想听到的，告诉我我需要听到的，以及为什么我需要听到。"

在大多数组织中，直言不讳需要勇气，NASA 的历史上也有过这样的情况。需要强有力的领导才能指导其他人学习讨论的艺术，这样团队成员能在会议期间积极地争论，会议后又可以和睦地出去喝啤酒。早期的 NASA 领导人理解坦诚讨论的优点和技巧，并成功创造了一种欢迎直言不讳的文化。约翰逊航天中心前主任杰斐逊·豪厄尔（Jefferson Howell）将军回忆道："如果于公于私都不记仇，这就会成为解决问题的良好方式。我认为克兰兹在任务控制中心建立的文化非常健康。现在的任务控制团队一直都是这样，他们愿意彼此争论，然后解决问题，如此往复，互相拍拍对方的背说'继续吧'。"记住，如果"人们把事情看得太重，怀恨在心，想报复对方，这是行不通的。对于任何大型组织来说，不同的细分领域带来不同的做事方式，这是非常典型的"。

也许正是由于约翰·杨曾是一名可靠的宇航员，再加上他拥有作为工程师的专业知识，他才能够成为载人航天领域最受尊敬的人之一。作为经历过"双子座"计划、"阿波罗"计划和航天飞机计划的老兵，他曾在月球上漫步，也担任过代号 STS-1 的第一次航天飞机载人飞行任务指令长。无论是在星期一早上的宇航员会议上，还是在与机构领导的简报会上，约翰总是直接表达自己的想法。迈克尔·格里芬回忆道："约翰无论说什么都直言不讳。"当时 NASA 的文化尚未发展到最好，"有时他会因此受到惩罚。他的职业生涯止步于成为约翰逊航天中心主任的高级参谋。那不是他真正应该待的位置。但这并没有阻止约翰开口说话。我想说，约翰·杨正是我所说的榜样，即使直言让他付出了代价。"勇敢、正直、致力于做正确的事情和直言不讳，这些都是体现在 NASA 领导者身上的价值观，对载人航天飞行这一高风险领域的成功至关重要，但做到其中的任何一点都并不容易。

在所有组织中，有时价值观会产生共鸣，有时价值观似乎被遗忘。在"哥伦比亚号"失事后的复飞工作中，迈克尔·格里芬注重让人们在意见不一致时畅所欲言，以及让团队和领导愿意倾听。"这并不意味着你可以无限重复你自己。只是空口无凭重复观点，与继续推介自己的观点直到最终把别人击倒是不同的。只有具备足够多的优点，你的论点才站得住脚。在倾听和听众疲劳之间有一个舒适的中间点。当我们处于最佳状态时，我们欢迎人们的意见有分歧，并尽可能以最佳方式解决分歧；当我们不在最佳状态时，我们用重新分配任务的方式惩罚别人，因为我们不认同他们说的话。"

如果直言不讳很容易，一切问题都将迎刃而解。然而这很难，而且正因为这很难，即使领导者提出了这样的要求这也很少会发生。在高度互信的组织中，直言不讳作为一种企业价值观而蓬勃发展，在这些组织中，个人不必顾虑他们所说的话会对自己造成什么影响。在互信程度较低的组织中，这需要勇气，偶尔也需要接受直言不讳的后果。政府机构的领导人必须愿意以正直和求真的态度经受住政治风暴。做正确的事可能不是最方便的。但在某些情况下，当局者迷，旁观者清。领导者面临的挑战是简捷地传达问题和用基础数据支撑自己的建议。

改变组织文化可能很困难。当戈达德太空飞行中心前主任兼主管太空飞行的 NASA 局长助理约瑟夫·罗滕伯格在戈达德中心与团队讨论非技术性系统工程挑战时，他评论道："人是关键因素。"人们创造、调整和维系组织中的文化，罗滕伯格认为："你不能直接改变文化。你必须改变价值体系，改变他们想做的事情、他们的动机，文化必然随之改变。"

战略规划、用员工调查评估企业价值、让员工参与到新的企业愿景中，这些都是有助于改变组织做事方式的工具。罗滕伯格提到："你必须创造一个愿景。肯尼迪航天中心前主任罗伊·布里奇斯（Roy Bridges）非常善于做这方面的工作。你必须在前面拉动大家，而不是在后面推着人前进。推动人前进是一件很难的事，所以你要做的是成为一个拉动者，并吸引那些百里挑一的精英。"

当布里奇斯不得不调整航天飞机处理程序的劳动力规模时，他想创造一些新的东西，为载人航天飞行的未来奠定基础。"他的想法是找出人们真正想做的事情，而不是仅仅把他们从计划中推出来——这就是他建立商业太空港时的想法。"罗滕伯格说。他将布里奇斯描述为一位"思想领袖"，与他的团队一起努力实现新愿景。它改变了肯尼迪航天中心的文化，并帮助该中心迈向为私营企业大举发射的时代做好准备。

要让所有员工参与其中，整个团队都很重要。当罗滕伯格开始改变戈达德太空飞行中心的文化时，他的团队成员凯茜·纳多（Kathy Nado）说："他一丝不苟地确认了戈达德太空飞行中心里正在发生的事情，然后组建了一个由下一代领导人组成的团队，以规定戈达德中心应该往哪里发展。"纳多曾向他建议："你必须跳过一个层次，询问下一级管理层——部门主管或较小的项目经理，以确定组织应该是什么样子的。"罗滕伯格总是会听从任何能够提出好主意的人，决定"在午餐时间举行专题讨论会。我们有足够

500 人吃的比萨……人们会来，然后我们会在做出决定之前很久告诉他们我们在想什么。我们组织了更多的专题小组，譬如战略规划小组。在想举行专题小组会议的时候，战略规划小组可以随时解散"。他的方法奏效了。员工的参与是有帮助的。他"建立这些员工团队是为了让他们觉得自己是变革的一部分。我们听取他们的意见。他们看到自己的想法得到了反馈。如果他们的想法没有得到反馈，他们也会明白原因"。

前宇航员、NASA 格伦研究中心主任珍妮特·卡万迪（Janet Kavandi）也采用类似的方法促使她的团队将预期行为融入他们的文化中。她以与格伦研究中心同名的参议员格伦为原型制作了一张海报，概述了研究中心所期望的行为和价值观。每个行为的第一个字母相连即是"英雄主义"（HEROICS）一词。研究中心的员工一致同意，他们共同致力于"帮助所有人成功（Helping All to Succeed）、卓越（Excellence）、尊重（Respect）、开放（Openness）、正直（Integrity）、合作（Cooperation）与安全（Safety）"这些特质。通过记录和宣传这些预期行为，她成功地强化了格伦研究中心的文化。

麻省理工学院斯隆管理学院名誉教授埃德加·沙因（Edgar Schein）是一位全球组织文化专家，他认为理解企业文化相比简单将其归因于组织中的"做事方式"要复杂得多。他描述了文化的 3 个要素：人造物、信奉的价值观和基本的组织假设。人造物是工作环境中明显可见的和具有特征的指示物。在 NASA，这种指示物无处不在，足以反映工作人员的深度投入以及他们对 NASA 所取得成就的自豪感。当戈尔丁放弃 NASA 的"蠕虫"标志，并以原来的"肉丸"标志取而代之时，潜台词就是要回到"阿波罗"时代的文化环境中及突显其对能力、风险控制和数据驱动决策的努力。NASA 的"肉丸"标志已经从一个标志演变为一个品牌，一个以卓越运营为自豪的品牌。

组织如何应对逆境是体现企业文化力量的很好的例子。在 3 次惨烈事故之后，NASA 通过能力建设、风险控制、坦诚讨论和数据驱动的决策得以恢复。肯尼迪航天中心的团队对终止航天飞机计划的反应同样强烈，这令人难忘。项目团队在 160 米高的、用于准备"阿波罗"飞船与"土星 5 号"火箭及航天飞机发射的垂直装配大楼（现称为运载具装配大楼）的楼顶放置了一个摄像头，他们清理了停车场，随后拍摄了一段视频，其中数百名团队成员聚集在一起排成航天飞机的轮廓。这是一个引人注目却又苦乐参半的标志，一个太空探索的非凡时代即将落幕。这个举动不是自上而下响应管理层的请求，而是项目团队自发地通过这种方式表达了他们的自豪感，因为他们曾经是航天飞机这样一个已经成为国际偶像的项目的一部分。

自豪感在组织中可能是一种帮助，也可能是一种阻碍。领导力专家约翰·马克斯韦尔（John Maxwell）将自豪感描述为领导者最大的个人问题，或许处在谦逊的对立面。马克斯韦指出，个人自豪感可能会对团队合作、学习、建立关系产生负面影响，并可能阻碍个人充分发挥潜力。团队自豪感并非如此。团队自豪感可以让你踏上月球，让你登上"超级碗"①，让你赢得"斯坦利杯"②。许多高效的 NASA 领导人都非常谦逊，虽然有些人可能在个人自豪感方面有些问题，但大多数人在培养团队能力和团队自豪感方面的工作非常有效。如果人们对成为一个组织的一部分不感到自豪，那么他们很可能对公司的价值观不上心，也不会对共同工作感到满意，在这种情况下你很难想象他们会成功。

团队自豪感弥漫于 NASA 之中。NASA 的隐性着装规范反映了它的历史，以及作为顶级团队一员的自豪感。在任务控制中心和发射控制中心工作需要

---

① 超级碗（Super Bowl）是 NFL 职业橄榄球大联盟的年度冠军赛。
② 斯坦利杯（Stanley Cup）是国家冰球联盟的最高奖项。

穿商务装。员工在日常活动中穿着带有 NASA 标志的服装：NASA 的标志突出地显示在 NASA 字符上方，描绘了与任务或组织部分的关系。在约翰逊航天中心附近走上一小段路，目光敏锐的观察者必定会注意到宇航员穿着的印有递增标识或写有"商业飞行乘组"字样的马球衫，或者他们在 T-38 飞机① 上飞行时穿的蓝色飞行服。

现在仍然有管理团队、培训团队和任务控制团队成员穿着航天飞机时代的任务衬衫，上面写有"STS-"后接任务编号的字样。这些印有不同字样的衬衫已经成为 NASA 中使用的缩略词的活生生的词典：MOD（任务运行理事会）、FCOD（飞行乘组运营理事会）、SLSD（空间与生命科学理事会）、Flight Medicine（飞行医学部门）。许多衬衫都是从 Land's End 服装公司购买的，他们有数百种 NASA 特有的标志记录在册。标志在全体员工的穿着中的可见度是作为 NASA 团队一员的士气和自豪感的极佳指示物。同样，在任务控制中心监督下的每个任务都会有牌匾悬挂于墙上，而且会有在墙上放置牌匾的仪式，以及用于装饰大厅的任务照片。你参观 NASA 的任何一个研究中心，都会切身感受到 NASA 那不可思议的伟大历史的一部分以及其所取得的荣耀成就。也许这解释了 NASA 标志服装的流行程度，它让每个人都能够从 NASA 的成就中感到一些骄傲。

沙因在谷歌做的关于企业文化的演讲中描述了这些可见的指示物。"当我们到达这里时，我们看到了人类学家所谓的人造物，或者说文化的创造物。这些包括建筑物外观、人们的穿着方式、建筑构造、你进入这个地方的方式，所有这些东西都是文化中可见的、可闻的、可感知的部分，是真实的，但也只是显示出了表面。"企业文化的深层包含了他们所信奉的价值观：

---

① 美国空军、海军和 NASA 曾使用的双座双发教练机，NASA 使用这种飞机对宇航员进行飞行训练。——译者注

"'我们有创造力，我们动作迅速，我们是以团队为基础的'——这些内容是我们信奉的价值观。它们并不一定是日常行为背后更深层次的东西。我认为这种信奉的价值观是理所当然的假设。这是你们在这里学习行为的一种自动方式。"

NASA 信奉的价值观是职业文化与企业文化的复杂交织。NASA 的工作人员包括来自许多不同专业领域的工程师、科学家、医生、飞行员、航空航天专家、管理人员和支持人员。一个典型的 NASA 团队成员至少拥有一个硕士学位，其中许多人拥有多个硕士学位并拥有额外的工作经验。该机构吸引了最优秀和最聪明的人，因此，毫不奇怪，知识和学习是事实上被 NASA 信奉的价值。NASA 中存在的许多职业创造了一个混合职业文化的组织。的确，NASA 的文化主要是一种工程文化，更重要的是，这是一种受到其他 NASA 专业人员职业文化影响的工程文化。也许看待这种融合的职业文化所信奉的价值观的最佳方式是将各种差异视为重叠的维恩图[①]，并寻找共同元素。这些元素包括热情、承诺、强烈的职业道德、基于证据或数据的决策、知识和学习能力。

沙因将更深层次的 NASA 文化描述为"真正驱动行为"的基本设想。这些假设可能显而易见，也可能更微妙，它们反映了 NASA 的历史：顽强、称职、直言不讳、做正确的事情、真实、正直。它们通过朋辈之间的交流、领导和追随来传递、延续。它们在很大程度上取决于领导者如何使用权力、职位权威和影响力。尽管人们都承认应当直言不讳，但当领导者第一次嘲笑、直接或间接惩罚直言不讳的人时，信息流就枯竭了。如果对话和辩论只被允许在私下场合进行，分享想法的动机就会消失。企业态势感知能力对领

---

① 维恩图是表示集合或类的一种草图，用于展示在不同的事物群组（集合）之间的数学或逻辑联系，尤其适合用来表示集合或类之间的大致关系。——译者注

导者来说至关重要。正如宇航员、飞行员和任务控制团队必须保持行动态势感知一样，领导者必须了解组织中真正发生的事情，才能发挥效力。阿比是 NASA 最具企业态势感知能力的领导人之一。

> "重要的是不要停止提问。"
> ——阿尔伯特·爱因斯坦

早在专家们谈及正念 ① 和组织关系建设的重要性之前，阿比就在 NASA 内部和与承包商员工之间建立关系，以便让乔治·洛深入了解"阿波罗"飞船开发过程中的实际进展。乔治·洛的理解是，要想取得成功，他需要有关问题的信息，而在常规管理报告中鲜有这些信息。在空间站项目的早期，感知企业态势对美国国家航天委员会的成功至关重要。"我认为正是因为阿比加入了美国国家航天委员会，我们才真正能够有效地沟通，并且……能够从 NASA 的角度理解他们的要求，使'航天飞机－和平号'项目得以顺利推进。"阿尔布雷希特说。

韦瑟比回忆起与阿比一起工作的情景。"当你在 NASA 这样的大型社会－技术组织内工作时，作为一名领导者，你能帮助你的员工做得更好的最好方式就是了解他们的运作文化，懂得如何激励他们。你必须了解航天文化。阿比所做的就是改变文化应有的方式。"阿比关心他的团队，同时为项目做正确的事情。他将户外烧烤活动与安全日、长角牛项目 ② 与社区拓展相结合，以激发学生对科学和工程的兴趣。

---

① 正念是一种积极、开放地关注当下的状态。这种状态被描述为观察一个人的想法和感受，而不判断它们的好坏。——译者注

② 长角牛项目（The Longhorn Project）是阿比在约翰逊航天中心发起的一个教育项目，结合得克萨斯州当地特产的长角牛，邀请社区的居民参与养殖和相关的工作，一方面锻炼动手能力，另一方面普及农畜业与未来航天之间的联系及相关的知识。——译者注

　　阿比的基本设想渗透到当时约翰逊航天中心的文化中——投入、正直、能力、尊重、守时、做正确的事，并为有才能的人提供机会。他可能是NASA历史上最优秀的人才评判专家，他愿意给人们机会成为NASA的领导人。迈克尔·格里芬将他描述为"一位看人眼光犀利的评判专家。他可以挑选优秀的人。无论阿比本人有什么缺点和优点，他最大的优点就是能够判断出优秀的人。每个人都知道他选中的人值得信赖"。

　　肯尼迪航天中心前主任威廉·帕森斯曾以约翰逊航天中心副主任的身份与阿比紧密合作。他回忆道："这是阿比的影响力，而它可能来自乔治·洛的影响。也就是说，你挑选一个人并指导他，如果他有能力，你会让他担任不同的领导职位，如果他继续取得成功，你会不断提拔他。我与阿比和NASA的许多其他领导者一起工作，随着我对他们的深入了解，我也提升了自己。他们赋予了我越来越多的责任。如果我成功了，我还有机会做一些更有影响力的事情。我在整个职业生涯中受到导师们很棒的指导和栽培，这些导师给予了我机会，让我能在一定层次上充分表现自己，并在整个过程中不断学习。我并没有意识到这一点，当我获得机会时，我也不知道自己将一直在各种机会中积累技能和经验……当我得到机会时，我也不知道，自己其实已经具备了抓住机会的能力。我所知道的NASA是阿比领导的NASA，因为阿比对那个时代的载人航天飞行产生了深远的影响。杰伊·霍尼克特（Jay Honeycutt）与阿比共事，阿比的影响就传递到了我这里——这是一种师徒制的、学习的文化，让有才华的人承担越来越多的责任。"

> "命运不是偶然的，命运是由你选择的。它不是一件需要等待的事情——而是一件需要实现的事情。"
> ——威廉·布莱恩（William Bryan）[1]

---

[1] 美国第41任国务卿，政治家、演说家。——编者注

不过，阿比的做法并没有得到所有人的赞赏，许多人认为这不过是基于阿比的私心。一些人公开批评并使用"阿比的朋友"一词，暗示该词所指称的对象的晋升是基于阿比的偏袒。毫无疑问，阿比在会议期间提出的试探性问题以及他对问责的承诺让准备不足的人感到不安。阿比的问题是试探性的，但是不失公正。

韦瑟比回忆道："我那时是飞行乘组运营的主管，他会问我：上个星期发生了什么？下个星期有什么事？你学到了什么？你遇到了什么问题？你面临着什么挑战？你现在在做什么？我必须回答所有的问题。他让我打开书本，解释飞行乘组运营理事会的情况。这是一个问责的过程。"

韦瑟比明白了"你不必一定总有答案，但你必须诚实，并且有一个计划来解决你所面临的任何问题"。如果你没有发现某个特定的问题，阿比会问它是否重要。他总是知道发生了什么事，从不忘记任何事情，并且对安全和做正确的事情的原则寸步不让。一些人喜欢这种原则并且干劲十足，一些人不喜欢并且大加抱怨。但没有人能质疑他的成就。阿比建立了一种安全、能力、责任、指导和学习的文化，这与乔治·洛在"阿波罗"飞船时代建立的文化相似。在阿比的领导下，从来没有发生过灾难，因为每个人都知道发射将在安全的时候进行，而不一定是在预定发射的时候。所有的问题都得到了确认、处理和解决，NASA 在历史上飞行频率最高的时期没有发生过事故。

迈克尔·格里芬在"哥伦比亚号"航天飞机失事后成为 NASA 局长，他不得不评估由于工作人员的原因导致航天飞机失事的基本设想。不论好坏，这位领导者的价值观很快得到认可。并且，在他们任职期间，大部分价值观都融入企业文化的最深层次。鉴于他与 NASA 团队、媒体和政府的坦诚互动，他的价值观很容易被理解。这些都是航天飞机成功复飞的关键。他具有无畏的正直，坚持以数据为依据进行决策、讨论、辩论，深思熟虑地分析和寻找关键缺失信息以做出最佳决策，此外，他愿意倾听不同意见，这些都塑造了 NASA 的工作方式。NASA 文化的基本设想发生了根本性变化。他在 NASA 内部特别是管理团队内部的努力是取得成功的关键，如果没有他的领导，NASA 不一定能让航天飞机复飞并完成国际空间站的建造。

NASA 文化的故事也是 NASA 领导者的故事。随着时间的推移，形成 NASA 文化的价值观和基本设想随着重点的转移而变化。这是对其领导者遗产的研究。NASA 文化是在许多实现不可能的时刻塑造的，这就是 NASA 之道。

形成自己的风格，成长为真正的领导者

对那些有兴趣锻炼领导力的人来说，可供参考的书一点也不少。在书店里有关商业的书架上总能找到专门介绍这一主题的书，无论是关于军队的领导风格，还是基于语言的领导力课程。既然有这么多书，我们为什么还要另写一本关于这个主题的书呢？首先，这个问题的答案在于，我们在和本书中受访的许多个体共事及观察他们的领导风格如何带来成功时，产生了强烈的感受。其次，答案也许还在于，我们希望强调不断学习个人经验和其他领导者的故事的重要性，这可以帮助每个人建立自己的领导风格，并成长为真正的领导者。

简单来说，我们分享的关于 NASA 工程师思维的要点在历经 60 余年的载人航天飞行中得到了广泛的应用，应用的结果证实它们是可行的。它们对任何行业中有抱负的和经验丰富的领导者来说都很重要。而且，这些建议都将受到挑战、批评、分析，在特定情况下才会被采纳。工程师思维的一个共同要素是每个人都有自己的观点，但鲜有人认识到领导者、高级团队和更广泛的组织之间具有独特的关系，而这种认识对成功至关重要。

领导力专家兼作家约翰·马克斯韦尔用一个词来形容领导力：影响力。许多人说，领导力需要有远见，能鼓舞人心，积极乐观，应该专注于提供资源或使他人成功。对于不同的领导风格，我们有很多复杂的定义和描述，但最精确的往往是最简单的：影响力。领导力即影响他人的艺术。无论是在乔治·洛的安静质问还是在戈尔丁被人形容为"狂热"的风格中，这条简单的定义产生了优雅的共鸣。从克兰兹的"只准成功，不许失败"的方法，到伦尼在"阿波罗 13 号"飞船氧气罐爆炸后向任务控制小组提出的令人担心的问题，再到迈克尔·格里芬在"哥伦比亚号"航天飞机失事后推进航天飞机复飞时的正直和全程对数据驱动决策的坚持，不同时刻需要不同方式来影响团队以实现其最佳状态。

当领导者影响他人时，有 3 种不同的结果。领导者可能不会对组织产生什么影响，也可能产生消极影响或积极影响。那些致力于实现组织卓越的领导者通常是善于自省的，他们不断反问自己采取的方法是否有效。善于自省的领导者很快会意识到他们对组织的影响可能是积极的，可能是中性的，也可能是消极的。大型组织常常具有惯性，他们倾向于抵制改变，正如大滚球会显示出牛顿在其运动学第一定律中描述的惯性一样。物体和人倾向于"继续做他们正在做的事情"，除非受到外力的作用。一些领导者或是不渴望，或是永远找不到改变他们领导的组织的方法，结果组织内的事物与过去别无二致。在某些情况下，这在短期内可能是合适的，但随着时间的推移，很少有组织不需要改变和适应，以创新和敏捷的方式应对新的挑战。当领导者能够提供促使团队合作的积极影响时，就能解决问题、克服挑战，组织终将得以成长。

积极的影响并不总是受人欢迎。变革是困难的，尽管组织内许多人知道需要做什么，但总有人抵制。戈尔丁不得不面对许多止步不前的公务员，他们用"我们可以等他离开"的方式拖延，并且许多人认为"这确实行得通"。

其中一些人的方法是"马基雅维利式"①的，他们千方百计让戈尔丁离开，以保护他们珍视的组织稳定性，保护他们的惯性。

迈克尔·格里芬保持了自己的正直。尽管他的职业生涯可能面临风险，他还是做了正确的事情，以让 NASA 安全地推进航天飞机的复飞工作。阿比曾受到许多人的批评，但与他共事的人见证并理解他对做正确事情的不懈努力。虽然变革型领导听起来令人兴奋，但它不适合胆小的人。个人在面对公开的但往往是匿名的批评时如何振作起来是至关重要的。在做需要做的事情时，愿景、承诺和诚信说起来都很容易，甚至每个人都知道要这么做，但是往往极难实施。

自省可以帮助领导者确定他们是否对组织产生了消极影响。无论是积极的还是消极的变化都可能会遭遇阻力，而仅仅是抵制并不能帮助领导者判断他们前进的方向是否正确。我们要认识到糟糕的领导者，有时甚至是优秀的领导者，都可能会让组织走上错误的方向，最好的领导者会创造每日进行独自汇报的时间，以深思熟虑地评估事物的进展。反思自己信任的同事的意见，仔细考虑客观的绩效指标和简单地考虑事情向错误方向发展的可能性，对于确保最终成功都是重要的。

组织影响的过程也值得考虑。现代领导力正在从单一英雄式领导者的理念转变为通过领导力、追随力、团队合作和持续的能力提升来实现最佳结果。每个组织都有其管理结构的层次结构图，这通常是公司演示文稿中的前几张幻灯片之一。让我们暂时忘记组织层次结构图的好处，或将其从自我推

---

① 马基雅维利式（Machiavellian）的人或行为是指奸诈、狡猾，并且缺乏道德准则，为达目的不择手段。这个词来自意大利哲学家尼可罗·马基雅维利（Niccolò Machiavelli），他在 16 世纪撰写了政治著作《君主论》（*Il Principe*），鼓励"以目的证明手段"的行为，尤其是在政治家中。——译者注

销文档中拿开。考虑到大多数大型组织都是等级制的，我们应该关注这些组织中影响力的本质。

影响力随着相互交流而传递：它可能自上而下，这就是大多数人所说的传统领导；也可以是水平的，同层级相互影响；在一些组织中，还可以是自下而上的追随力。从阿比所描述的混乱激烈的团队会议的早期时代至今，NASA 在其整个历史中都有效地使用了追随力。在这个时代，美国国家户外领导力学校的领导力和追随力培训被纳入了要在空间站上长期驻留的宇航员的远征任务行为训练之中。

爱尔兰作家奥斯卡·王尔德（Oscar Wilde）说："模仿是平庸者可以为伟大付出的最真诚的奉承形式。"这句话常被缩短，"最真诚"一词经常被"最伟大"或"最高"所取代。尽管对此人们往往转移到关于剽窃或平庸的讨论中，一种解释认为，这段引语的本质是一种断言，即能够有效起作用的东西必会被重复。

我们应将直言不讳的核心价值融入企业文化中，这有助于高风险组织的成功，但前提是领导者能够倾听。与直言不讳紧密相连的是倾听，领导者在决定如何进行时，需要深思熟虑地评估他们所获得的信息。尽管不同的NASA 领导人之间存在许多个性差异，但他们能够取得成功的一个共同原因是他们都愿意倾听，乐于鼓励在分析可用性最高的数据时进行讨论和辩论，从而做出最佳决策。在高风险运营环境中确保准备就绪显得至关重要，为了满足进度要求或其他公司目标，误读数据或淡化数据所代表的内容可能是危险的。

那些与阿比密切合作的人都理解他的"准备好发射时再发射，而不是必须在预定时间发射"的思想体系。仅有几位 NASA 领导人先后目睹了

"阿波罗1号""挑战者号"和"哥伦比亚号"的灾难，阿比是其中一员。NASA从过去的悲剧中吸取的教训对人类航天事业的今天和未来都十分重要。确定准备情况的过程关系到许多不同领域，无论是展开新的临床操作、研发药物或疫苗，还是将新技术推向市场，确保准备就绪都至关重要。不同行业中有许多监管机构试图解答这个问题。如能在其企业中建立一个确定是否准备妥当的流程，许多组织将因此受益。

在大多数组织中，自上而下的影响力被认为是传统的领导方式。它可以是领导者通过告诉他人该做什么来影响他人，也可以是领导者通过倾听、信任、学习、指导和使用客观数据来评估绩效，同时确保责任。有效领导可以创造新的机会、职位、经济增长和繁荣，而无效领导则可能带来灾难性的后果。也许这就是为什么全行业都在教授领导力，试图复制行得通的东西，而不是理解成功的原因。肯尼迪学院公共领导中心创始主任芭芭拉·凯勒曼（Barbara Kellerman）在其著作《领导力的终结》（*The End of Leadership*）中对现状提出了挑战，她主张重点应该从单一英雄领袖的概念转向对领导力、追随力以及帮助组织实现最高绩效方面的更广泛的理解。从更广泛的层面审视组织内部的影响力，可能有助于领导者将其在实现预期成果中的作用联系起来。

朋辈影响，或常说的朋辈压力，通常被认为是人际交往的一个消极方面。在某些情况下，这可能是正确的，但如果领导者能从朋辈影响对组织的帮助的角度看问题，重新思考对朋辈影响的看法，就有可能认识到积极的朋辈影响的潜在好处。

在航天飞机时代的肯尼迪航天中心，维护一支可以说是历史上最复杂的航天器机队，是个人和组织的极大骄傲。在航天飞机轨道器处理设施中，团队成员通过培训和同行反馈很快了解到，工具在使用后必须在工具板上归位，以防止无意中将工具留在航天器内。如果工具丢失或原则没有得到遵守，人们不怕被指出，这就成为文化的一部分。如果一个人没有遵守原则，他们的同事通常会大声告诉他们："这是 NASA，我们不是这样做的。"在医院，对手部清洁的独立审查通常显示实际符合率为 80%～90%。如果想让团队成员愿意在有人没有做众所周知的必要工作时以诚恳的态度说出来这件事，朋辈压力可以发挥重要作用。

在信任度高、沟通受到尊重的组织中，朋辈影响是建立和保持组织卓越的非常有效的方法。当信任度低、沟通不畅、流言蜚语横飞或个人受到责难时，士气低落，错误难以被发现，团队绩效没有达到应到的水平，并且员工作为组织的一部分几乎没有自豪感。

许多资深领导者已经了解到，在一个组织中，有一些影响者并非指定的领导角色。他们的名字不会出现在组织图表中，他们没有正式的领导职责或权力，但他们在组织中却有着重大影响。这些人因其能力、指导意愿、对企业文化的了解以及对做正确事情的努力而受到朋辈的高度尊重。阿比明白了解真实情况的重要性。要想成功，领导者需要知道组织内部真正发生了什么。理想情况下，信息是通过常规管理渠道提供的，但有些人很容易误入歧途：只告诉领导者哪些是有效的，而不说哪些是无效的。那些与阿比直接合作的人知道，他想知道什么发挥了作用，什么没有发挥作用，而对于没有发挥作用的部分，他还想知道解决这些问题的计划如何，并且要求用指标来评估计划的进展。

韦瑟比和我在约翰逊航天中心担任空间与生命科学理事会主席期间密切合作。韦瑟比是飞行乘组运营部门的主管，我俩都直接向阿比汇报工作。谈论到决策过程时，韦瑟比回忆道："这不仅仅是做出正确的决定；你必须确保员工为你提供正确的信息以做出正确的决策。这是阿比专精的另一件事：

他不仅仅依靠他的直接下属向他提供信息，也会走出去向组织中较低级别的人员核实。因此，阿比知道发生了什么，他鼓励人们告诉他他们需要什么，以及他需要什么来做出决定。当我为他工作时，我创造了一个短语：阳光报告。太多的老板只想要阳光报告。阿比从不需要那种东西，你明白的，事实上，当我向他解释我们上个星期在做什么和下个星期要做什么时……当我告诉他一切进展顺利时……他用肢体语言暗示我他有点不感兴趣。但当我告诉他有问题时，他立刻振作起来，给了我所有积极的肢体语言暗示，他真的对我说的话感兴趣。他实际上是在奖励我搜索漏洞。如果你不想发生事故，这在技术组织中是非常重要的，即使我没有答案——你知道，有这样一句话：永远不要给你的老板一个你没有答案的问题。我不同意这一点。如果我不知道如何解决问题，我仍然会告诉阿比，这就是我们共同面临的问题。他很高兴我至少发现了这个问题，然后最迟在下个星期我会着手解决，即使我没有解决方案。也许他有办法，也许他也没有，但至少我发现了这个漏洞，我们正在努力解决它。所以这就是他鼓励我应该做的：寻找弱点。"

我每个星期与阿比会面时也有同样的经历，我从不害怕引起他的注意。韦瑟比回忆道："阿比设定了期望。他在那些基层载人航天工程师中设定了期望，他创造了一个问责的过程。"

领导者应该充分考虑到问责制、权力、职权、责任和领导的交织本质。很多人会说这很简单：高层的人是负责人，如果他们对你不满意，他们可以解雇你。你和你家人的生计在很大程度上掌握在他们手中。想要取悦老板是很自然的，而且很容易落入只做人们认为老板想要做的事情而不是专注于需要做的事情的陷阱。成功的 NASA 领导人专注于让团队做需要做的事情，做到最好并安全地完成。这是一个结果至关重要的环境：任务成功、行动成功是最重要的。NASA 的领导时刻是由领导者和员工团队通过合作确保成功的方式来定义的。这种关系依赖于对领导者和员工团队如何合作的清晰理解，但在一些组织中，领导层很少考虑权力、职权、领导力和问责制之间的细微差异。

典型的金字塔型企业组织图以图形的方式描绘了权力的分配。高层领导被授予管理该组织的职权。无论是经过任命还是由选举产生，他们都有职权和责任管理组织。职权带来了权力，他们有权力做他们认为需要做的事情。有些人选择利用自己的职位权威和指导性领导风格来行使权力。其他人则选择通过影响力进行领导，在指导、角色塑造和团队能力建设的同时明确传达责任和期望。大多数（但并非所有）领导人都明白，过度使用职务权威是没有成效的。

然而在某些情况下，领导者仍需要使用与职位权威相关的权力来实现目标。戈尔丁和迈克尔·格里芬都利用他们的职权更换了一些高级领导人，改变了组织的汇报结构，并实施了新的工作方式，以应对可能被取消的空间站计划和"哥伦比亚号"航天飞机失事带来的预算超支。这两种情况都需要采取果断行动，鉴于需要做出的改变，使用职位权威是适当的。做对组织有利的事往往不受欢迎，幸运的是，两位领导人都扛过了风暴。

克兰兹和伦尼对"阿波罗 13 号"的紧急状况做出了果断反应，并成功地利用影响力提升了任务控制团队和宇航员的能力。乔治·洛在不到 3 年的时间里，通过影响力实现了从"阿波罗 1 号"失火到实现载人登上月球这样似乎不可能完成的转变。在极少数情况下，当他别无他法时，他会利用自己的职位权威在承包商那里得到他所需要的结果。没有什么神奇的公式可以帮助领袖们领会什么时候使用他们的权力，什么时候使用他们的影响力；对大多数人来说，这是通过指导或经验一点一滴积累起来的。这就是在实践中成长。

认真思考一端是职位权威、另一端是个人影响力的连续模型可能会有所帮助。不同的领导风格属于连续模型的不同部分。指导和设置节奏这一类的风格与通过权力和权威领导更为一致，而远见卓识、亲和力和师徒制一类的风格与通过个人影响领导更为一致。一个成功的领导者几乎不可能只使用一种领导风格：领导者的目标是开发一套他们可以根据情况选择的领导风格。战略规划与富有远见的领导力保持一致，而选择和培养能力需要教练／指导型领导风格——最好的领导者了解具体情况下需要何种领导力，并且能在方法上灵活多变。虽然许多领导者注重通过个人影响力进行领导，但有选择地运用权力与表现不佳的个人打交道或做组织需要做的事情是重要的。幸运的是，NASA 有许多高效的领导人能够通过掌控好这种精妙的艺术来指导其他人。

无论领导人选择何种风格，组织中的每个人都应该清楚地了解自己的角色和相关责任。在组织内担任领导角色的人员应了解其权限范围、责任以及直接和间接报告的职责，并通过定期沟通保持问责制的实施，以确定下属是否履行了职责。定期的、尊重的、坦诚的沟通是成功的关键。经验丰富的领导者希望听到他们需要听到的，而不是那些向他们汇报的人认为的领导者想听的。

在一些组织中，如果个人不清楚自己的责任，不承担责任也不足为奇。沟通不畅会破坏问责制。没有问责制，工作质量就会下降，没有人能明确谁有责任解决问题。"杀死信使"的领导人很快就会发现，他们不会再听到问题，直到问题变得巨大，以至于所有人都不能忽视。到那时，问题就更难解决了，这给负责人带来了更多的挫折和愤怒。

回顾人类走过的近 60 年的太空探索历程，我们可以清楚地看到，在取得巨大成就的同时，也夹杂着更多的困难。关于导致"哥伦比亚号"爆炸、

"挑战者号"失事和"阿波罗 1 号"火灾的组织文化和决策已经有很多文章，但在高运营风险的世界中工作，还有另一个方面值得探索。这就是在前沿地带领跑，在个人和团队舒适区边缘领跑，开发风险控制的技术，不断拓展可能的疆界。

历史表明，在"水星"计划、"双子座"计划和"阿波罗"计划期间，NASA 是一个定义、重新定义并继续推动载人航天飞行极限的组织。在 10 年的时间里，NASA 从不知道如何进行太空飞行发展到成功地使人类登陆月球并从月球返回。实现这些成果需要勇气、投入、能力和在个人和组织舒适区的极限下工作的意愿，以实现许多看客认为不可能实现的目标。成功之后，显而易见的问题是：接下来呢？

答案并不总是直截了当的，政府计划受到国家政策、资金和相互竞争的政治优先事项的影响。越南战争、社会动荡和预算限制都促使尼克松总统决定不进一步在"阿波罗"计划的成功基础上实施大胆而昂贵的太空计划。可以说，光是取得公众支持，继续在空间探索上投入资金就是一个挑战。但对那些花了十年时间努力做到最好的 NASA 工程师和宇航员来说，他们有一种像是在奥运会上获得金牌的感觉并不奇怪。下一步是什么呢？什么事才能和他们刚刚实现的壮举具有同等的意义？

挑战个人极限，努力创造新纪录是艰难的，但也是值得的。在"阿波罗"计划时代取得如此成就之后，除了将人类送上火星，任何任务都会有点平淡无奇。虽然说 NASA 对天空实验室计划和"阿波罗 - 联盟测试"计划感到自满有些言过其实，但 20 世纪 70 年代的任务完全在 NASA 的舒适区里。随着这些项目将重点从高回报、高风险的载人深空探测任务，转移到建造航天飞机和最终建造一个近地空间站，会有大批的老员工退休。这些变化是否影响了团队传承关于如何在其知识和能力范围内安全工作的经验教训？

有些人可能会争辩说，随着时间的推移，NASA 从与任务成功相关的运营优先事项转移到了更为官僚化的管理优先事项，即监督与建造航天飞机相关的合同、成本和交付物。1981 年 4 月 12 日的第一次航天飞机飞行任务（STS-1 任务），是一架复杂的新型多用途航天器的一次出彩演示。这种新型多用途航天器增加了载荷发射能力并降低了进入近地轨道的成本。在接下来的 5 年里，航天飞机的发射频次逐渐增加，尽管存在运营问题，但发射商业航天器和满足其他项目需求的进度压力改变了 NASA 的工作重点。虽然一些人认识到载人航天飞行本身就有风险，航天飞机项目仍然是探索未知的实验测试项目，但其他人认为航天飞机能够作为商业航天器飞行这件事处于机构的舒适区内。

事后看来，我们可能容易认为，我们的目光正逐渐从探索测试极限的数据驱动决策，向频繁做同样事情而产生的经验驱动决策转移。21 世纪带来了一系列独特的、影响全球和国家经济的不可预见的情况。公司专注于提升组织敏捷性，以满足新的消费者需求或新的经营方式。这使得许多组织在试图开发新的创新技术或新的经营方式以维持经营和获得增长时，已经到了舒适区的边缘地带。NASA 在个人和组织舒适区边缘工作的经验与今日和过去一样重要。领导者只有雇用最好的人才，持续地组织学习和创新思维，建立高度信任的组织，做出数据驱动的决策并听取专家意见，才能使组织在这动荡的时代中蓬勃发展。

如同其他任何组织，NASA 也有自己的挑战和成功，但很少有人会说他们对在那里工作并不引以为傲。坐在最近重建的"阿波罗"任务控制中心，我们不可能不感受到当年任务成功时的自豪感，以及完成任务期间的许多艰难时刻的紧张——想象一下，成为这些团队中的一员会是什么样子。在 NASA 取得过辉煌成就的地方，NASA 的领导者能够依靠他们所建立的团队的能力及他们所帮助过的个人，成为掌握将人类送入太空的复杂课题的专家。NASA 的领导者在暗中信任着他们的团队，但也使用探索性的问题和数据以及独立的信息来源验证他们是否已经准备好迎接最艰巨的挑战：将人类送入太空。

航天与管理的奇妙融合

季节

中国空间技术研究院博士

"进入太空从来不是过家家。"载人航天工程是一个高复杂、高难度、高风险的超大型项目，在美国的载人航天历史上，大大小小的挫折一直和太空探索如影随形。"阿波罗 1 号"的致命火灾、"阿波罗 13 号"的惊险救援、"挑战者号"和"哥伦比亚号"的爆炸灾难，这些重大事故一次又一次地给 NASA 载人航天项目的前景蒙上阴影。在这本书里，我们能够看到 NASA 的团队是如何从一次次的挫折中吸取教训，重整旗鼓并继续挑战不可能的。其中很多故事都已成为管理学领域的经典案例，甚至成为美国文化的一部分。

这是一本能够同时引起航天工程和管理学两个领域的读者兴趣的书。这本书以 NASA 的载人航天发展历程为纲，虽然书中涉及的许多故事大家可能都已耳熟能详，但作者从组织和项目内部管理人员的视角审视了 NASA

是如何建立和运作的，对其任务背后的领导方法以及组织文化的塑造过程进行了研究。这是一本关于领导力、团队合作和组织文化的教材，又能把管理学理论与航天故事生动结合起来，让读者读来不觉枯燥和疲惫。追求极致的工程师文化、实事求是的组织文化、充分民主的管理文化，是 NASA 在数十年载人航天工程实践的失败与成功中留下来的宝贵财富。这本书的英文原著出版于 2021 年 7 月，而在本书的中文译本与读者见面时，世界发生变化之大、之快已经远超人们的预期，NASA 如何应对新的挑战仍需拭目以待。

对于我个人来说，能够在开始参加工作前，在这段还有些闲暇时光的读书日子里遇到这本书是幸运的。这本书的翻译工作于我更像是一次奇妙的旅程，为了能顾及"信"和"达"两方面，我查证原始资料、推敲行文逻辑、想象空间场景、体会人物情感，在这个过程中也随着书中内容在 NASA 探索太空的历史进程与传奇故事中穿梭往来。翻译的工作并不容易，但这也为我带来了很多乐趣，增长了知识和阅历。本书的专业内容涉及航天工程与管理学两大学科，书中的术语、概念具有很强的专业性，同时还有大量的故事和文化背景在原文中未做交代。为了方便中文读者，我们在翻译的过程中增加了较多页下注释，期望能够为有需要的读者提供必要的背景知识。

能够完成这本书，我需要感谢合作译者刘博洋博士，感谢闫文驰博士与陈子鹏在翻译和审校方面提供的大力帮助，感谢湛庐编辑团队的耐心帮助，也一并感谢在本书翻译工作中提供过帮助的朋友。最后，限于译者水平与翻译经验，译文难免有疏误和不妥之处，祈望专家不吝指教。

综合小组总结的太空飞行经验清单

14 条必须遵守的指导方针

1. 将宇航员的人身安全确立为第一优先事项。

2. 对项目的所有要素划定清晰的管理权限和责任，确保由一个组织或总承包商明确负责。

3. 建立切合实际的项目里程碑，为决策过程提供明确的进入和退出标准，并在每一阶段都创建实用的功能。

4. 确保 NASA 和美国国会清楚地了解《太空探索倡议》提出的技术和方案风险以及实际成本。

5. 规定子系统和模块之间必须有简单的接口。

6. 在程序的整个生命周期内最大限度地模块化，以保持灵活性。后续任务应以先前任务建立的能力为基础。根据需要提供整合新技术的能力。

7. 在需要或技术机会风险可接受的情况下，尽量采用最新技术。

8. 确保在生产循环中最高效地使用人力资源。如果机器能做得一样好或更好，就不要给人带来负担，反之亦然。

9. 限制开发技术的时间不超过 10 年，如果需要更长时间，成本会上升，投入程度会下降。

10. 将技术开发重点放在项目需求上。

11. 尽量减少或消除需要舱外活动的在轨建造任务。

12. 减轻载荷重量，降低轨道高度，从而降低成本。

13. 拥有冗余的主系统和独立的备份系统。设计冗余系统，而不是严重依赖在轨维护。

14. 雇用优秀的员工，并且相信他们。

7 条一定要避免的陷阱

1. 提出你会后悔的需求。例如，把愿望清单当作需求列表，却让需求的解决进展停滞不前。

2. 试图通过向太多人做太多承诺，并虚报技术和财务风险来赢得支持者。

3. 致力于没完没了的研究和技术演示，而没有坚定地执行真正可实施的项目。

4. 未尽快规定配置控制／基线标准，例如质量和电力要求。

5. 允许软件不受检查就运行，并让软件约束项目，而非作为项目的支持元素。

6. 制定不直接受项目管理控制的项目要素开发协议。

7. 当我们错了的时候，不承认我们错了。

未来，属于终身学习者

我这辈子遇到的聪明人（来自各行各业的聪明人）没有不每天阅读的——没有，一个都没有。巴菲特读书之多，我读书之多，可能会让你感到吃惊。孩子们都笑话我。他们觉得我是一本长了两条腿的书。

——查理·芒格

互联网改变了信息连接的方式；指数型技术在迅速颠覆着现有的商业世界；人工智能已经开始抢占人类的工作岗位……

未来，到底需要什么样的人才？

改变命运唯一的策略是你要变成终身学习者。未来世界将不再需要单一的技能型人才，而是需要具备完善的知识结构、极强逻辑思考力和高感知力的复合型人才。优秀的人往往通过阅读建立足够强大的抽象思维能力，获得异于众人的思考和整合能力。未来，将属于终身学习者！而阅读必定和终身学习形影不离。

很多人读书，追求的是干货，寻求的是立刻行之有效的解决方案。其实这是一种留在舒适区的阅读方法。在这个充满不确定性的年代，答案不会简单地出现在书里，因为生活根本就没有标准确切的答案，你也不能期望过去的经验能解决未来的问题。

而真正的阅读，应该在书中与智者同行思考，借他们的视角看到世界的多元性，提出比答案更重要的好问题，在不确定的时代中领先起跑。

湛庐阅读App：与最聪明的人共同进化

有人常常把成本支出的焦点放在书价上，把读完一本书当作阅读的终结。其实不然。

时间是读者付出的最大阅读成本

怎么读是读者面临的最大阅读障碍

"读书破万卷"不仅仅在"万"，更重要的是在"破"！

现在，我们构建了全新的"湛庐阅读"App。它将成为你"破万卷"的新居所。在这里：

● 不用考虑读什么，你可以便捷找到纸书、电子书、有声书和各种声音产品；

● 你可以学会怎么读，你将发现集泛读、通读、精读于一体的阅读解决方案；

● 你会与作者、译者、专家、推荐人和阅读教练相遇，他们是优质思想的发源地；

● 你会与优秀的读者和终身学习者为伍，他们对阅读和学习有着持久的热情和源源不绝的内驱力。

下载湛庐阅读 App，
坚持亲自阅读，
有声书、电子书、阅读服务，
一站获得。

本书阅读资料包
给你便捷、高效、全面的阅读体验

本书参考资料

☑ **参考文献**
为了环保、节约纸张，部分图书的参考文献以电子版方式提供

☑ **主题书单**
编辑精心推荐的延伸阅读书单，助你开启主题式阅读

☑ **图片资料**
提供部分图片的高清彩色原版大图，方便保存和分享

相关阅读服务

☑ **电子书**
便捷、高效，方便检索，易于携带，随时更新

☑ **有声书**
保护视力，随时随地，有温度、有情感地听本书

☑ **精读班**
2~4周，最懂这本书的人带你读完、读懂、读透这本好书

☑ **课　程**
课程权威专家给你开书单，带你快速浏览一个领域的知识概貌

☑ **讲　书**
30分钟，大咖给你讲本书，让你挑书不费劲

湛庐编辑为你独家呈现
助你更好获得书里和书外的思想和智慧，请扫码查收！

（阅读资料包的内容因书而异，最终以湛庐阅读App页面为准）

图书在版编目（CIP）数据

向NASA学工程师文化 ／（加）戴夫·威廉姆斯
（Dave Williams），（加）伊丽莎白·豪厄尔
（Elizabeth Howell）著；季节，刘博洋译. -- 杭州：
浙江教育出版社，2022.12
ISBN 978-7-5722-4848-1

Ⅰ．①向… Ⅱ．①戴… ②伊… ③季… ④刘… Ⅲ.
①空间探索－普及读物 Ⅳ．①V11-49

中国版本图书馆CIP数据核字(2022)第220230号

上架指导：商业管理

浙江省版权局
著作权合同登记号
图字：11-2022-199号

向NASA学工程师文化
XIANG NASA XUE GONGCHENGSHI WENHUA

[加] 戴夫·威廉姆斯（Dave Williams）　伊丽莎白·豪厄尔（Elizabeth Howell）　著

季　节　刘博洋　译

责任编辑： 李　剑

文字编辑： 苏心怡

美术编辑： 韩　波

责任校对： 姚　璐

责任印务： 陈　沁

封面设计： ablackcover.com

出版发行： 浙江教育出版社（杭州市天目山路40号　电话：0571-85170300-80928）

印　　刷： 唐山富达印务有限公司

开　　本： 710mm ×965mm　1/16

印　　张： 22.5　　　　　　　　　　　**字　　数：** 321 千字

版　　次： 2022 年 12 月第 1 版　　　　**印　　次：** 2022 年 12 月第 1 次印刷

书　　号： ISBN 978-7-5722-4848-1　　　**定　　价：** 109.90 元